Fritz Fraunberger
Jürgen Teichmann

**Das Experiment
in der Physik**

Facetten der Physik

Physik hat viele
Facetten: historische, technische,
soziale, kulturelle, philosophische und
amüsante. Sie können wesentliche und
bestimmende Motive für die Beschäftigung
mit den Naturwissenschaften sein. Viele
Lehrbücher lassen diese ,,Facetten der
Physik" nur erahnen. Daher soll
unsere Buchreihe ihnen
gewidmet sein.

Prof. Dr. Roman Sexl
Herausgeber

Eine Liste der erschienenen Bände
finden Sie auf der 3. Umschlagseite

Fritz Fraunberger
Jürgen Teichmann

Das Experiment
in der Physik

Ausgewählte Beispiele aus der Geschichte

Friedr. Vieweg & Sohn   Braunschweig/Wiesbaden

CIP-Kurztitelaufnahme der Deutschen Bibliothek

Fraunberger, Fritz:
Das Experiment in der Physik: ausgew. Beispiele
aus d. Geschichte/Fritz Fraunberger; Jürgen
Teichmann. — Braunschweig; Wiesbaden:
Vieweg, 1984.
    (Facetten der Physik; Bd. 14)
    ISBN 3-528-08544-4

NE: Teichmann, Jürgen:; GT

1984

Satz: Vieweg, Braunschweig
Druck und buchbinderische Verarbeitung: Lengericher Handelsdruckerei, Lengerich
Printed in Germany

ISBN   3-528-08544-4

Vorwort

Von Experimenten und vom Experimentieren wird heutzutage in vielerlei Hinsicht geredet, wenn man nicht Versuche und Versuchen sagen will. Es gibt Versuchsanstalten hier und dort, experimentiert wird in der Musik und Malerei, bei Film und Theater, im Schulwesen. In all diesen Beispielen geht es um Fragen, die das Leben stellt.

Große Zeichner und Maler der Renaissance und des Barock haben phantasievolle Einblicke in die Arbeitsräume von Alchemisten hinterlassen, die dem Betrachter suggerieren können, hier seien die wahren Brutstätten der Experimentierkunst. In Wirklichkeit ging es dort um die Suche nach dem Stein der Weisen, um die Umwandlung unedler Metalle in Gold.

Eine ganz andere Art des Experimentierens entsprang dem puren Drang nach Erkenntnis, nennen wir ihn den faustischen, oder sagen wir nüchterner: zweckfreie Forschung. In der Antike wurde die Notwendigkeit von Experimenten als Stütze und Kontrolle des reinen Denkens sporadisch erwähnt, etwa bei Plato. Sein Schüler Aristoteles hatte noch nichts dafür übrig. Er räumte dem Verstand absoluten Vorrang ein. Er leugnete die Existenz, ja sogar die Möglichkeit leerer Räume, Vakua, und seine Autorität ließ seine Anhänger fast zwei Jahrtausende für wahr halten, daß Körper um so schneller fallen, je schwerer sie sind, daß ein Stein vom hundertfachen Gewicht einer Münze hundertmal schneller am Boden ankomme, als die aus gleicher Höhe fallende Münze — drastisch ausgedrückt. Hatte man so viel Scheu, solches einfach auszuprobieren? In den Klöstern des Hohen Mittelalters, wo allein man die Schriften zu lesen verstand, regten sich erstmals Zweifel an solchen Weisheiten, wurden auch schon Anregungen wach, die Natur selber reden zu lassen. Wir müssen es hier bei Nennung von Namen wie Roger Bacon, Grosseteste oder Greathead, Oresme, Albertus Magnus bewenden lassen.

Die Erfindung des Buchdrucks machte es möglich, daß das Wissen der Alten Welt auch außerhalb der Klöster zugänglich wurde, das Zeitalter der Renaissance war angebrochen. Bald fanden sich neue Freunde des Erkennens und Wissens. Sie nannten sich nach antikem Vorbild ebenfalls Philosophen und ihr Anliegen Philosophie, wobei dieses Wort noch nicht in der heutigen Verengung verstanden wurde, sondern unter nachdrücklicher Einbeziehung all dessen, was die Natur als Seiendes und Werdendes umfaßt. In diesen Kreisen hat das Experiment, wie es in unserem Buch verstanden werden soll, seinen eigentlichen Ursprung. Dies kommt schon in den Titeln jener Bücher zum

Ausdruck, die erste Ergebnisse der neuen Forschungsrichtung lieferten und Rechenschaft darüber ablegten: Nicolo Cabeo: „Philosophia magnetica" (1629), Christoph Sturm: „Collegium experimentale seu curiosum" (1685), J. Theophil Desaguliers: „Course of Experimental Philosophy" (1685), Guil. Jac. s'Gravesande: „Physices elementa mathematica, experimentis confirmata" (1719), H. F. Teichmeyery: „Elementa philosophiae naturalis experimentalis" (1733), Sigaud de la Fond: „Descriptions et usage d'un cabinet de physique expérimentale" (1775), und last but not least: die „Philosophical Transactions", London ab 1665, das älteste Periodicum der Welt mit rein mathematisch-naturwissenschaftlichen Themen.

Damit hatte sich die Physik als eine eigenständige Disziplin etabliert, mit dem Experiment als Quelle und Prüfstein neuen Wissens. Wenn wir zwei Namen als Pioniere dieser neuen Forschungsrichtung nennen, Galileo Galilei — diesen insofern nicht ohne Vorbehalt, da nicht feststeht, ob er die von ihm angegebenen Experimente auch wirklich durchgeführt hat — und den Holländer Willebrord Snellius, so tun wir dies deshalb, weil die beiden erstmals erkannten, daß die Einbeziehung von Maß und Zahl es ermöglicht, die Ergebnisse mit den Mitteln der Mathematik in denkbar knapper und übersichtlicher Weise zu formulieren; sie kamen damit zu dem, was Descartes *leges naturae* nannte. Die Rede ist vom Gesetz der Brechung der Lichtstrahlen, von Snellius um 1620 gefunden und von Descartes in der heute gebrauchten Form 1637 publiziert, und vom Gesetz des freien Falls, das Galilei in seinem Alterswerk „Discorsi e dimostrazioni matematiche intorno a due scienze nuove" („Unterredungen und mathematische Beweise zu zwei neuen Wissenschaften", Amsterdam 1638) bekanntgab. An experimentellen Hilfsmitteln brauchte Snellius einen Maßstab, Galilei eine Art Uhr.

Endlich können wir nun eine Definition des Begriffs Experiment in der Physik versuchen: Es besteht in einer Frage an die Natur — die unbelebte —, in der Bereitstellung von Vorrichtungen, Apparaten und Instrumenten, um die Antwort zu ermöglichen, und in der Erfassung zahlenmäßiger Daten zum Zweck einer mathematischen Formulierung der Ergebnisse.

In diesem Buch sollen eine Anzahl von Beispielen angeführt werden, im allgemeinen in chronologischer Reihenfolge. In der Hauptsache handelt es sich um solche aus dem 18. und 19. Jahrhundert, bei denen die Fragen noch jedermann verständlich und einleuchtend und die Instrumente noch durchschaubar sind, anders als in der Gegenwart, wo selbst im Inventar der Schulsammlungen bereits Kästen mit Druck- und Drehknöpfen, Zeiger vor Skalen und Signallampen das Wesentliche verbergen. Mögen die Beispiele dartun, welch bedeutende Ergebnisse mit so einfachen Instrumenten zustande kamen wie der Waage, dem Thermometer, den Prismen und Kompaßnadeln in den sogenannten Multiplikatoren, den Urformen der Galvanometer, und wie etwa Elektroskope und Elektrometer der Radioaktivität zum Rang einer exakten Wissenschaft verhalfen.

Ganz ohne Formeln und primitive Rechnung sollte ein der Physik gewidmetes Buch allerdings nicht bleiben, denn nur so lassen sich die Gedanken und Überlegungen der Forscher wirklich nachvollziehen. Auch einige graphische Darstellungen in Form von Kurven sollten nicht fehlen, haben sie doch eine wesentliche denkökonomische Aufgabe. Einige der hier wiedergegebenen Bilder dürfte im übrigen noch kein Leser gesehen haben. Sie sollen Zeuge dafür sein, wie man in den vergangenen Zeiten dem Tun und den Erfolgen der Naturforscher noch Respekt und Bewunderung zollte! Da und dort wird auch Erwähnung finden, welche Rolle die Lebensumstände der Forscher, welche Rolle manchmal auch der Zufall spielte.

F. Fraunberger

Inhaltsverzeichnis

(Die mit F bezeichneten Kapitel stammen von Fritz Fraunberger, die mit T bezeichneten Kapitel von Jürgen Teichmann)

Bild 1

Die Welt wird von den Naturkündigern in drey Theile abgetheilt, welche sie Reiche nennen / und wird das erste den Thieren zugeeignet / in welchem der Mensch der König ist / das andere den Erdgewächsen, in welchem der Thau herrscht / und in dem dritten / dem unterirdischen Metallreiche / ist dem Gold die königliche Würde zugeeignet).

Philipp Harsdörfer (1653)

Oh du herrliches Rohr, köstlicher als ein Szepter! Wer dich in seiner Rechten hält, ist der nicht zum König, zum Herren über die Werke Gottes gesetzt!

Johannes Kepler and Galileo Galilei

Die Beschäftigung mit dem Teleskop führte Isaac Newton zur Entdeckung des Spektrums und Wilhelm Herschel zu Auffindung des Ultrarots. Ohne Fernrohr hätten weder Olaf Römer noch Armand Fizeau die Lichtgeschwindigkeit ermitteln können. Im Umgang mit Glas für Linsen und Prismen zeigten sich Joseph Fraunhofer die nach ihm benannten Linien.

F. Fraunberger

Einleitung:
Die Physik und das Experiment

Die Beziehung von Physik und Experiment wäre einer eingehenden Er-
örterung wert, doch können hier nur kurz die Absichten dieses Buches erläutert werden. Die wichtigste lautet: Durch den Zugang zu verschiedenen Fällen
in der Geschichte soll sich der Leser eine eigene Definition des Experimentes
bilden oder besser: seine bisherige Definition ergänzen können. In der Tat ist
wohl nur die Ergänzung schon gewonnenen oder wenigstens angeregten Wissens möglich, denn zu beschränkt muß notwendig die Auswahl der historischen Fälle bleiben, um alle wichtigsten Facetten gleichberechtigt vorführen
zu können. Es wurde weder eine gleichmäßige Verteilung über die Fachgebie-
te, über die historische Entwicklung, noch über die verschiedenen Experi-
mententypen angestrebt. Hier spielte natürlich auch die engere Fachkompe-
tenz der Autoren eine Rolle. Ein Anliegen war es, auch Leser anzusprechen,
die nicht Physik in ihrem Studium betrieben haben, seien es solche aus der
Technik oder auch aus den sogenannten Geisteswissenschaften, die sich für
grundlegende Fragen des Zusammenhangs Kultur/Naturwissenschaft anhand
konkreter Fälle interessieren. So wurden mitunter Beziehungen zur Meßtechnik oder zu direkten technischen Problemen ausführlich beschrieben,
bzw. Artikel mit stark kulturellen Bezügen eingefügt.

Bezüglich des Wechselspiels Hypothese/Experiment wurde mehr der
These Kants als der — mißinterpretierten[1] — These Newtons: ich ersinne keine Hypothesen, gefolgt. Kants bekanntestes Zitat dazu lautet: ,,Als Galilei
seine Kugeln die schiefe Ebene mit einer von ihm selbst gewählten Schwere
herabrollen, oder Torricelli die Luft ein Gewicht, was er sich zum voraus dem
einer ihm bekannten Wassersäule gleich gedacht hatte, tragen ließ, oder in
noch späterer Zeit Stahl, Metalle in Kalk und diesen wiederum in Metalle verwandelte, indem er ihnen etwas entzog und wiedergab: so ging allen Naturforschern ein Licht auf. Sie begriffen, daß die Vernunft nur das einsieht, was sie
selbst nach ihrem Entwurfe hervorbringt, daß sie mit Prinzipien ihrer Urteile
nach beständigen Gesetzen vorangehen und die Natur nötigen müsse, auf ihre
Fragen zu antworten, nicht aber sich von ihr allein gleichsam am Leitbande
gängeln lassen müsse; denn sonst hängen zufällige, nach keinem vorher entworfenen Plane gemachte Beobachtungen gar nicht in einem notwendigen

Gesetze zusammen, welches doch die Vernunft sucht und bedarf. Die Vernunft muß mit ihren Prinzipien, nach denen allein übereinstimmende Erscheinungen für Gesetze gelten können, in einer Hand, und mit dem Experiment, das sie nach jenem ausdachte, in der anderen an die Natur gehen, zwar um von ihr belehrt zu werden, aber nicht in der Qualität eines Schülers, der sich alles vorsagen läßt, was der Lehrer will, sondern eines bestallten Richters, der die Zeugen nötigt, auf die Fragen zu antworten, die er ihnen vorlegt."[2]

Hier wird also der Hypothesenbildung schon vor jedem Experiment ein wesentlicher Anteil an der Erkenntnis zugeschrieben — im Gegensatz zum Glauben eines Empirismus à la Bacon, daß vorurteilsfreies Sammeln aller Erfahrungen möglich sei und erst daraus induktives Schließen auf theoretische Sätze erfolgt. Der theoretische Physiker und Wissenschaftshistoriker Pierre Duhem verdeutlichte die Verflechtung zwischen experimentellen „Tatsachen" und ihrer Interpretation sowie darüber hinaus den Einschluß des Experiments in einen ganzen „Organismus" Wissenschaft kurz nach 1900 sehr klar:

„Treten Sie in dieses Laboratorium ein. Gehen Sie an diesen Tisch heran, den eine Menge von Apparaten bedecken: eine galvanische Säule, mit Seide umsponnene Kupferdrähte, mit Quecksilber gefüllte Näpfe, Spulen, ein Eisenstäbchen, das einen Spiegel trägt. Ein Beobachter steckt in kleine Löcher den metallischen Stiel eines Stöpsels, dessen Kopf aus Ebonit besteht. Das Eisen gerät in Schwingungen und vom Spiegel, der mit ihm verbunden ist, wird auf einen Maßstab aus Zelluloid ein leuchtender Streifen geworfen, dessen Bewegungen der Beobachter verfolgt. Das ist ohne Zweifel ein Experiment. Mit Hilfe des Hin- und Hergehens dieses leuchtenden Zeichens beobachtet der Physiker genau die Schwingungen des Eisenstückes. Wenn Sie nun fragen, was er tue, glauben Sie, daß er Ihnen dann antworten wird: ‚Ich studiere die Oszillationen des Eisenstabes, der den Spiegel trägt'? Keineswegs. Er wird Ihnen antworten, daß er den elektrischen Widerstand einer Spule messe. Wenn Sie in Erstaunen geraten und ihn fragen, welchen Sinn diese Worte hätten und welche Beziehung zwischen ihnen und den Phänomenen, die er gleichzeitig mit Ihnen konstatiert hat, bestünde, würde er Ihnen antworten, daß Ihre Frage allzulanger Erklärungen bedürfe und Ihnen anraten, einen Kursus in der Elektrizitätslehre zu nehmen."

„All dies zusammengefaßt ergibt sich, daß der Physiker niemals eine isolierte Hypothese, sondern immer nur eine ganze Gruppe von Hypothesen der Kontrolle des Experiments unterwerfen kann. Wenn das Experiment mit seinen Voraussagungen in Widerspruch steht, lehrt es ihn, daß wenigstens eine der Hypothesen, die diese Gruppe bilden, unzulässig ist und modifiziert werden muß.

Wir befinden uns da recht weit von der experimentellen Methode, wie sie gerne jene Leute, die ihrer Funktion fremd gegenüberstehen, auffassen. Man denkt gewöhnlich, daß jede Hypothese, deren sich die Physik bedient,

2

isoliert genommen und der Kontrolle des Experiments unterworfen werden kann. Wenn dann verschiedene und vielfache Prüfungen den Wert derselben konstatieren ließen, kann sie in definitiver Weise in dem System der Physik ihren Platz finden. In Wirklichkeit ist es nicht so. Die Physik ist keine Maschine, die sich demontieren läßt. Man kann nicht jedes Stück isoliert untersuchen und voraussetzen, daß nur genau auf ihre Festigkeit geprüfte Stücke montiert werden. Die physikalische Wissenschaft ist ein System, das man als Ganzes nehmen muß, ist ein Organismus, von dem man nicht einen Teil in Funktion setzen kann, ohne daß auch die entferntesten Teile dasselbe ins Spiel treten, die einen in höherem, die anderen in geringerem, aber alle in irgend einem Grade. Wenn irgend eine Störung, irgend eine Beschwerde in seiner Funktion auftritt, so ist sie in der Tat durch das gesamte System hervorgerufen, und der Physiker muß das Organ finden, welches in Ordnung gebracht oder modifiziert werden muß, ohne daß es ihm möglich wäre, dieses Organ zu isolieren und es einzeln zu prüfen. Der Uhrmacher, dem man eine Uhr gibt, die nicht geht, nimmt alle Räder derselben heraus und prüft jedes einzeln, bis er das gefunden, welches fehlerhaft oder gebrochen ist. Der Arzt, der einen Kranken untersucht, kann diesen nicht zerschneiden, um seine Diagnose aufzustellen. Er muß den Sitz und die Ursache des Übels einzig und allein durch die Feststellung der Unregelmäßigkeiten, die am Körper als Ganzes auftreten, erkennen. Diesem und nicht jenem gleicht der Physiker, der eine lahme Theorie wieder auf die Beine bringen soll."[3]

Doch Experimente machen nicht nur Theorien lahm oder helfen ihnen auf die Beine. Die Beispiele dieses Buches sollen zeigen, daß experimentelle Erfahrungen theoretische Überlegungen in ihrer Bedeutung erheblich steigern oder sogar in eine ganz neue Dimension wenden können (siehe zum Beispiel die Experimente zur Strahlung schwarzer Körper). Sie erweitern oft auch das Tatsachenwissen in nichtvorhersehbarer Weise. Dazu soll nun doch eine Typisierung des Experiments versucht werden. Methodisch kann man zunächst zwei Hauptgruppen des Erfahrungszugangs unterscheiden: die Beobachtung und das Experiment. Es gibt Wissenschaftler, die für einen scharfen Unterschied zwischen beiden plädieren. Das Experiment sei im Gegensatz zur Beobachtung ein direkter Eingriff in die Natur, nach der Methode einer Analyse der Naturerscheinungen in Einzelvorgänge und einer nachfolgenden (Teil-) Synthese zum interessierenden Gesamtgeschehen, also eine Veränderung des Normalablaufs von Ereignissen durch Ausschaltung bestimmter Faktoren, zum Beispiel Reibung, und durch Schaffung künstlicher Faktoren, zum Beispiel tiefe Temperaturen. Im Gegensatz zur Beobachtung erlaube das Experiment grundsätzlich die Wiederholung unter gleichen Bedingungen. Bei beiden allerdings wird Unabhängigkeit vom speziellen Beobachter gefordert. Betrachtet man schon jede künstliche und absichtliche Wiederholung von Beobachtungen als Experiment[4], ist dieser Begriff allumfassend geworden. Dann war Galileis Entdeckung der Jupitermonde ein Experiment! Erweitert man dagegen die Definition der Beobachtung, etwa auf alle Erfahrungsvorgänge, bei denen keine weitgehende Veränderung der physikalischen Randbedingungen (wie Reibung, Spektralzusammensetzung usw.) möglich ist, wird fast jedes Experiment zur Beobachtung, je nachdem wie der Begriff „weitgehend" spezifiziert wird. Ähnliches gilt, wenn man die Rolle der Versuchsapparatur zur Trennung heranzieht. Ist zum Beispiel die Beobachtung der kosmischen Strahlung in einer Nebelkammer ein Experiment oder eine Beobachtung? Ist Foucaults Pendel 1851 noch eine Beobachtung? – Richers Pendel 1676 war es wohl noch eher. Die Beispiele sollen hier helfen, einen fließenden Übergang aufzuzeigen, der – zumindest seit Beginn der klassischen Physik – andere Kriterien als wichtiger erscheinen läßt. So kann man, immer noch im Methodischen, zwischen Real- und Modellexperimenten unterscheiden. Letztere lassen sich weiter in Gedankenexperimente, in Computerexperimente und in Experimente mit real ausgeführten Modellen unterteilen. Zum Gedankenexperiment wird im Kapitel „Der freie Fall" ein wichtiges Beispiel erwähnt: Seine oft unterschätzte Bedeutung stellt etwa Max Planck mit folgenden Sätzen klar:

„Die Theorie führt uns in gewisser von vornherein gar nicht absehbarer Weise über die Messungen hinaus, vermittelst der sogenannten Gedankenexperimente, die uns weitgehend unabhängig machen von den Mängeln der wirklichen Instrumente.

Nichts ist verkehrter als die Behauptung, ein Gedankenexperiment besitze nur insofern Bedeutung, als es jederzeit durch Messung verwirklicht werden kann. Wenn das richtig wäre, so würde es z.B. keinen exakten geometrischen Beweis geben. Denn jeder Strich, den man auf dem Papier ziehen kann, ist in Wirklichkeit keine Linie, sondern ein mehr oder weniger schmaler Streifen, und jeder gekennzeichnete Punkt ist in Wirklichkeit ein kleiner oder größerer Fleck. Trotzdem zweifeln wir nicht an der strengen Beweiskraft geometrischer Konstruktionen.

Mit dem Gedankenexperiment erhebt sich der Geist des Forschers über die Welt der wirklichen Meßwerkzeuge hinaus, sie verhelfen ihm zur Bildung von Hypothesen und zur Formulierung von Fragen, deren Prüfung durch wirkliche Experimente ihm den Einblick in neue gesetzliche Zusammenhänge eröffnet, auch in solche Zusammenhänge, welche einer direkten Messung unzugänglich sind. Ein Gedankenexperiment ist an keine Genauigkeitsgrenze gebunden, denn Gedanken sind freier als Atome und Elektronen, auch fällt dabei die Gefahr einer kausalen Beeinflussung des zu messenden Vorgangs durch das Meßinstrument fort. Die einzige Bedingung, von der die erfolgreiche Durchführung des Gedankenexperiments abhängt, ist die Voraussetzung der Gültigkeit widerspruchsfreier gesetzlicher Beziehungen zwischen den betrachteten Vorgängen. Denn was man als nicht vorhanden voraussetzt, darf man auch nicht zu finden hoffen."[5]

Computerexperimente, die Abläufe eines theoretischen Modells simulieren, sind in der Gegenwart sehr wichtig geworden. Sie fehlen jedoch in diesem Buch, das stark der älteren, nicht so leicht zugänglichen Geschichte gewidmet ist. Experimente an real ausgeführten Modellen sind selten, soweit es sich um Forschungsexperimente handelt (so hat etwa J.J. Thomson um 1900 sein Atommodell anhand von schwimmenden Magnetchen untersucht, die von einer zentralen Magnetkraft zusammengehalten wurden).

An dieser Stelle ist eine Klärung nötig: Das Demonstrationsexperiment, das also nur bekannte Sachverhalte demonstrieren will, wird in dieser Geschichte nicht dargestellt – wenn auch in verschiedenen Kapiteln angeschnitten. Es hatte nichtsdestoweniger eine eminente Bedeutung für den Fortschritt der Physik, vor allem in einer Zeit, als es noch keine gleichmäßig hohe Ausbildung zu einer Physikergemeinschaft gab, als möglichst jedermann frappierend überzeugt werden mußte. Heute ist diese Bedeutung wohl vor allem auf den organisierten Physikunterricht für angehende Fachleute oder Laien beschränkt.

Weiter kann man Experimenttypen auch nach dem Ergebnis der Naturbefragungen gliedern. Es gibt Entdeckungsexperimente, die unvorhersehbare neue Phänomene liefern (wie die Röntgenstrahlen), Bestätigungs- und Widerlegungsexperimente, die bestimmte theoretische Behauptungen prüfen sollen (zum Beispiel zur Bewegung der Erde), und Naturkonstantenbestimmungen, die immer genauere Werte bestimmter Basisgrößen suchen. An den Beispielen des Entdeckungsexperiments kann die Frage studiert werden, wie Neues entsteht. Es müssen Anteile im Forschungsprozeß sein, die nicht durch die Kantsche „Vernunft" nach deren „Entwurfe" vorgeprägt sind.

Alle diese Einteilungen sind jedoch nachträglich dem Entwicklungsprozeß der Physik aufgesetzt worden, um ihn wissenschaftstheoretisch besser überschaubar zu machen. Jede Einteilung aber verwischt kompliziertere Zusammenhänge. Wichtiger ist es deshalb, den Gesamtkomplex eines Forschungsprozesses an Beispielen zu studieren.

Eine generelle Einsicht, die vielleicht aus den Beispielen nicht ganz klar wird, weil sie fast alle in unserer seit Galilei allzu selbstverständlich gewordenen Tradition stecken, soll hier zum Abschluß formuliert werden. Mit dem Fernrohr Galileis begann ein ganz neuer Zugang des abendländischen Wissens zur Naturerfahrung, die Wegwendung von der Grenze unserer natürlichen Sinne hin zu der Vermittlung bestimmter Aspekte der Natur nur noch durch Apparaturen. Von hier läuft ein direkter Weg zu den komplizierten Experimentalapparaturen der heutigen Mikrophysik. Heisenberg formulierte den Zwang dieses Weges, als er über die Kritik Goethes daran nachdachte: „Nun ist es zwar von vornherein klar, daß nur der die Zusammenhänge der Natur erkennen kann, dem ihr Verhalten in dem betreffenden physikalischen Gebiet vollständig vertraut ist. Ohne die genaueste Kenntnis vieler experimenteller Resultate ist noch kein Fortschritt in der Naturerkenntnis erzielt worden. Aber die Gefahren unserer heutigen Naturwissenschaft sind damit ja nicht überwunden; denn unsere komplizierten Experimente sind eben nicht die Natur selbst, sondern eine durch unsere auf Erkenntnis gerichtete Tätigkeit veränderte und verwandelte Natur. Wer an dieser Stelle ändern wollte, der müßte schon die ganze moderne Technik und die mit ihr verbundene Naturwissenschaft aufgeben wollen. Ob eine solche Umkehr auf dem von der modernen Wissenschaft beschrittenen Wege für die Menschheit ein Glück oder ein Unglück wäre, vermag niemand zu sagen. Aber wie das Urteil hierüber auch lauten mag, sicher ist eine solche Umkehr unmöglich, und wir müssen uns damit abfinden, daß es unserer Zeit bestimmt ist, den einmal beschrittenen Weg zu Ende zu gehen..."[6]

Es ist sicher verwunderlich, daß in dieser Einleitung über das Experiment drei theoretische Physiker und ein Philosoph zitiert werden und kein Experimentalphysiker. Dies mag wohl daran liegen, daß Experimentalphysiker vor allem Spaß an Handlungsdefinitionen ihrer Wissenschaft haben. Experimente sind das, was sie in der Ausnutzung von Apparaturen treiben können und wofür sie Anerkennung von Experimentalphysikern erhalten. Die philosophische Reflexion darüber stammt meist von anderen.[7]

J. Teichmann

Das Experiment in der Antike

Betrachtungen und Beispiele zur Entwicklung des Experiments erfordern einen wenn auch nur flüchtigen Blick auf die Anfänge der Naturwissenschaften überhaupt. Das alte China und mit Vorbehalt Indien sollen aber nur beim Namen genannt werden, zumal direkte Beziehungen zur Entwicklung im Abendland kaum eine Rolle spielen. Hier genügt es, von Mesopotamien und Ägypten, den großen Flußkulturen an Euphrat, Tigris und Nil, auszugehen. Man weiß vom Sternenkult der Babylonier, begründet auf dem Glauben, daß der Mensch den Willen der Götter zu erfüllen habe, den er aus den Vorgängen am Himmel ablesen könne. Begünstigt durch weitgehend wolkenlose Witterung, brachten sie es zu erstaunenswerten Leistungen. Sie kannten fünf Sterne als Wandelsterne. Im Vordergrund ihres Interesses stand der Mond; sie hatten Tabellen, nach denen sich Mondfinsternisse berechnen ließen. Sonne und Mond und die fünf Planeten ergaben die heilige Zahl sieben. Ihr Zahlensystem beruhte auf der Zahl 60, 60 hat mehr ganzzahlige Teiler als 100! Sie teilten den Kreis in 360 Grade, die Zeiteinteilung des Tages in 2 · 12 Stunden, die Stunde in 60 Minuten und die Minute in 60 Sekunden. Ein senkrechter Stab bildete eine Sonnenuhr; da sie auch die Änderung der Schattenlänge mit den Jahreszeiten kannten, bevorzugten sie Schattenrichtung und Schattenlänge zur Zeitansage. Sie kannten auch die zweiarmige Waage. Es sind Gewichte gefunden worden mit Gewichtsangaben, sogar Eichstempel. Erstere hatten häufig die Form von Zylindern, aber

Bild 2
Teil eines babylonischen
Gewichtssatzes

7

Bild 3
Symbolische Darstellung
einer Seelenwägung aus
einem ägyptischen
Totenbuch

auch die Formen von Tieren. Schönstes Beispiel ist der Gewichtsatz in Form bronzener Löwen (assyrisch), die der englische Archäologe Layard in Nimrud aufzufinden das Glück hatte. Die Gewichte mit dem Traghenkel über dem Rücken reichten von Fußlänge bis hinab zur Länge eines Zolls. Waagen, selbst oder auch nur Abbildungen davon, sind aus Mesopotamien keine bekannt, um so mehr aber aus Ägypten. Dort wird der ibisköpfige Gott Thot als Erfinder der Waage genannt.

Auf die Ägypter geht auch der Kalender zurück, in der Form, daß sie das Jahr in 12 Monate zu 30 Tagen und 5 Extratage einteilten. Sie wußten auch, daß sich der Kalender in vier Jahren um einen Tag verschiebt, was dann in der Kalenderreform Julius Caesars durch Einschieben eines Schalttages am Ende des (römischen) Jahres, d.h. Ende Februar, korrigiert wurde.

Sicher waren den Ägyptern auch die sogenannten einfachen Maschinen bekannt, Hebel, Rollen usw., anders wären der Bau der Pyramiden und der Transport der Obelisken nicht möglich gewesen. Zu unserem Thema, ob Anfänge des Experimentierens überliefert sind, gibt es keine Hinweise. Von Experimenten in unserem Sinn kann ohnehin nicht die Rede sein, sprechen wir lieber von probieren. Um noch einmal auf die Waage zu kommen, die ja zweifelsfrei das erste physikalische Meßinstrument darstellt: Ihre Fortentwicklung zur ungleicharmigen Waage, wie sie dann besonders als Waage mit

Laufgewichten als „römische" bezeichnet wurde — Exemplare aus dem Altertum sind erhalten —, beruht auf dem allgemeinen Hebelgesetz, das in einer als „Pseudo-Euklid" oder „Buch der Waage" bezeichneten Schrift so formuliert wird: „Wenn eine Stange in zwei ungleiche Abschnitte geteilt wird und die Drehachse sich im Teilpunkt befindet und zwei Gewichte angebracht werden, deren Teilverhältnis gleich ist dem Teilverhältnis der Stange, und das leichtere Gewicht am Ende des längeren Hebelteils angebracht wird und das schwerere am kürzeren, dann ist der Hebel im Gleichgewicht und horizontal."

Es wird dann ein „Beweis" geliefert unter Verwendung des Satzes: Wenn zwei gleiche Gewichte auf der linken Seite hängen, im Gleichgewicht mit anderen auf der rechten Seite, und man rückt eines der linken Gewichte nach innen und das zweite um die gleiche Strecke nach außen, dann bleibt der Hebel im Gleichgewicht. Dieser Satz, besonders auch der Umstand, daß die Gewichte gleich sein müssen, damit er in dieser Form gilt, konnte allein durch Probieren gefunden worden sein, wie der vorher zitierte „Lehrsatz" auch. Interessant ist noch, daß von der verschiedenen „Kraft des Gewichts" an verschiedenen Stellen des Hebels gesprochen wird, eine Vorahnung des Drehmoments.

Als Gipfelleistung der griechischen Wissenschaft gilt die Entwicklung der Geometrie zu einem System mit Voraussetzung, Behauptung und Beweis, Vorbild bis in die jüngste Vergangenheit, einen Wissenszweig überzeugend darzustellen. So verfaßte vor gut 200 Jahren der deutsche Arzt Kratzenstein eine „Theoria electricitatis more geometrico explicata". Es wird niemand widerlegen können, daß auch der wissenschaftlichen Geometrie ein Stadium des Probierens vorausging. Winkelmesser etwa hatten schon die Babylonier, und der Satz von der Winkelsumme des Dreiecks = $180°$ wurde sicher zuerst durch Ausmessen gefunden. Daß sich die Seitenhalbierenden, Winkelhalbierenden und Höhen in einem Dreieck je in einem Punkt schneiden, mußte längst bekannt gewesen sein, ehe die Beweise kamen. Und daß einer und nur einer (abgesehen vom gleichseitigen Dreieck) Schwerpunkt ist, ein Dreieck aus gleichmäßig dickem Material auf einer Spitze zu balancieren vermag, war ein echt physikalischer Befund, auf den man durch Probieren allein kommen konnte.

Die Lehre vom Schall, in unserer Zeit der Physik zugehörig, hat ihre Anfänge bis in die Steinzeit zurück. Funde bezeugen, daß die Leute wußten, daß man zur Erzeugung von Tönen unterschiedlicher Höhe Pfeifen verschiedener Länge braucht, dementsprechend Saiten unterschiedlicher Länge bei den Lyren der Griechen. Und daß es auch auf die Spannung ankommt, ergab sich aus der Erfahrung, die Anwendung war die Folge. Der Umgang mit tönenden Saiten brachte schließlich Pythagoras zu der Erkenntnis, daß die vom Ohr als angenehm empfundenen Tonschritte und Zusammenklänge durch ganzzahlige Verhältnisse der Saitenlängen (bei gleicher Spannung)

Bild 4 Ein Adler, Leibvogel Jupiters, führt vor, was Sokrates erzählte.
In den Krallen hält er einen Magnetstein,
die Quelle der die Eisenringe verbindenden Kraft.

bedingt sind. Dieser Befund machte nicht zuletzt auf Plato Eindruck. Er
wurde aber kaum durch Erraten, sondern durch Probieren gefunden, sei es
durch Hin- und Herschieben eines die Saite drückenden Fingers oder eines
Steges, wie er beim Monochord verwendet wird.

In seinem Dialog „Ion" läßt Plato seinen Lehrer Sokrates erzählen:
„Der Magnetstein zieht nicht nur eiserne Ringe an, sondern er teilt ihnen eine ähnliche Anziehungskraft mit. Und manchmal kann man sehen, wie Ei-
senstücke oder Ringe aneinander hängen, so daß sie eine ganze Kette bilden.
Aber die Kraft, die in allen Teilen wirkt, kommt vom Stein über sie." Dies
bedeutet die Entdeckung der Magnetisierung durch Influenz. Ob durch Spielerei mit Magnetstein und Eisen oder gezieltes Forschen gefunden, ist einerlei.

Wir wissen, daß im Altertum bekannt war, daß die magnetische Kraft
auch durch Materie hindurch wirkt. So wurde in Gesellschaften vorgeführt,

wie sich Eisenfeilspäne auf einem Teller aufrichten und hin- und herbewegt werden können, wenn ein Magnetstein unter den Teller gehalten und bewegt wird. Daß man die magnetischen Kraftlinien nicht entdeckte, lag nicht zuletzt an der Unförmigkeit der Steine. In einem alten Lexikon heißt es aber: „Dennoch blieben ihnen die eigentlichen magnetischen Figuren (die Kraftlinien) verborgen, weil die Kunst des Experimentierens als etwas Handwerkliches bei ihnen nicht in Ehren stand."

Zu den fesselndsten Epochen der abendländischen Geistesgeschichte gehört die Aneignung des aus der Antike stammenden Schrifttums im Hohen Mittelalter, dessen Erhaltung und Bewahrung zum größten Teil den Arabern zu verdanken ist, sei es, daß es sich um Texte in Griechisch selbst oder um Übersetzungen ins Arabische handelte. Ihren Erwerb begünstigte der immer reger gewordene Handel mit dem Osten infolge der fortgeschrittenen Schifffahrt. Verbindungen von Venedig, Pisa, Salerno, Tarent und Palermo zu Byzanz waren besonders ergiebig. Im Westen war die Sprache der Gelehrten Latein, und es waren Angehörige der großen Orden der Dominikaner und Franziskaner, die sich die Übersetzungen in die Sprache der römischen Kirche angelegen sein ließen. Die Hinwendung zu den Schriften der griechischen Philosophen, besonders des Aristoteles, drängte den Gelehrten der römischen Kirche der moslemische Aristoteles-Übersetzung und -Ausleger Averroës auf, der geschrieben hat: „Die Lehre des Aristoteles ist die Summe der Wahrheit, weil sie das Höchste darstellt, was menschliche Intelligenz erreichen kann. Es ist daher mit Recht gesagt worden, daß er durch die göttliche Vorsehung geschaffen wurde, auf daß wir wissen sollten, was zu wissen möglich ist."

Das wichtigste Verbindungsglied zwischen der islamischen und christlichen Welt war Spanien, wo noch im Hohen Mittelalter arabisch gesprochen wurde. So konnte Toledo ein Zentrum des Übersetzungswesens werden, Erzbischof Raymond hatte dort ein eigenes Übersetzungsinstitut errichtet, Ziel von Gelehrten aus ganz Europa. Von dem englischen Franziskaner Adelard von Bath wird berichtet, daß er sich Aussehen und Kleidung eines moslemischen Studenten verschaffte, um an die arabisch geschriebenen Bücher Euklids heranzukommen (1166). Eine Spanien vergleichbare Position nahm auch Sizilien ein sowie das südliche Italien, später im Besitz von Byzanz; nach den Vandalen kamen die Sarazenen und die Normannen, schließlich die Hohenstaufen mit der überragenden Gestalt Friedrichs II., dieser selbst begeisteter Förderer der Wissenschaften. Zu seiner Zeit wurde auf der Insel, wenn auch regional verschieden, noch griechisch, lateinisch und arabisch gesprochen, und in jüdischen, dem Handel zugetanen Kreisen soll es wie auch in Spanien wahre Polyglotten gegeben haben.

Uns interessiert hier natürlich allein, was dabei für die Naturwissenschaften, besonders auf physikalischem Gebiet, zum Vorschein kam. So befand sich der wahrscheinlich aus Byzanz stammende Codex A der Archimedes-

Schriften im Besitz von Friedrichs Sohn Manfred, gefallen in der Schlacht von Benevent (1266). Von da kam er in den Besitz des Papstes. Er lag der Übersetzung ins Lateinische des flämischen Mönches Wilhelm von Moerbeke zugrunde (1269). Moerbekes Handschrift wurde 1884 in der Vatikanischen Bibliothek aufgefunden. Die erste Archimedes-Ausgabe im Druck erschien in Venedig, lateinisch vom Arzt und Mathematiker Niccolo Tartaglia, 1543. Ihr folgte die Ausgabe in Griechisch und Lateinisch bei Geschauff Venatorius, Basel 1544, schließlich die lateinische Übersetzung des Federigo Commandino von Urbino, Venedig 1558. Wir befinden uns inzwischen in der Hochrenaissance.

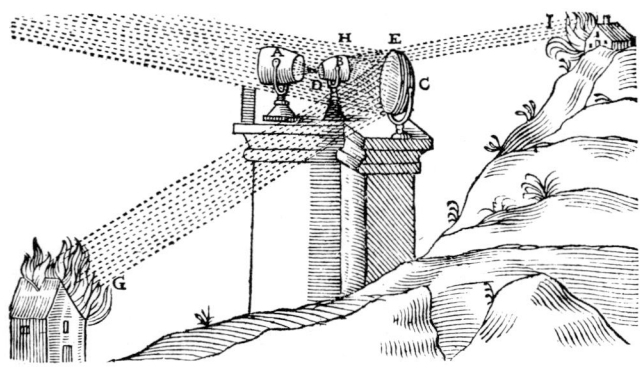

Bild 5 In den „Mathematischen und philosophischen Erquickstunden", Nürnberg 1651—1653, findet sich, wahrscheinlich als Hommage an Archimedes, die Aufgabe: Mit einem Spiegel an zwey Orten zugleich anzuzünden.

Archimedes gilt als der größte Mathematiker des Altertums. Was wir heute zur Physik rechnen, sind seine Fragmente über den Hebel, den Schwerpunkt und über das Archimedische Prinzip des Auftriebs mit dem Begriff des spezifischen Gewichts. Er war Konstrukteur von Kriegsmaschinen, der Erfinder des Flaschenzugs, der Archimedischen Schnecke zur Hebung von Wasser. Daß er aber feindliche Schiffe mittels riesiger Hohlspiegel in Brand gesteckt haben soll, ist Legende, schon deswegen, weil sie erst Jahrhunderte nach seinem Tod in Umlauf kam. Man traute dem genialen Griechen einfach alles zu, so etwa der Kirchenvater Tertullian auch die Erfindung der Orgel, was eindeutig falsch ist. Die Sache mit den Brennspiegeln spukte aber auch noch in der Barockzeit in manchen Köpfen (Bild 5).

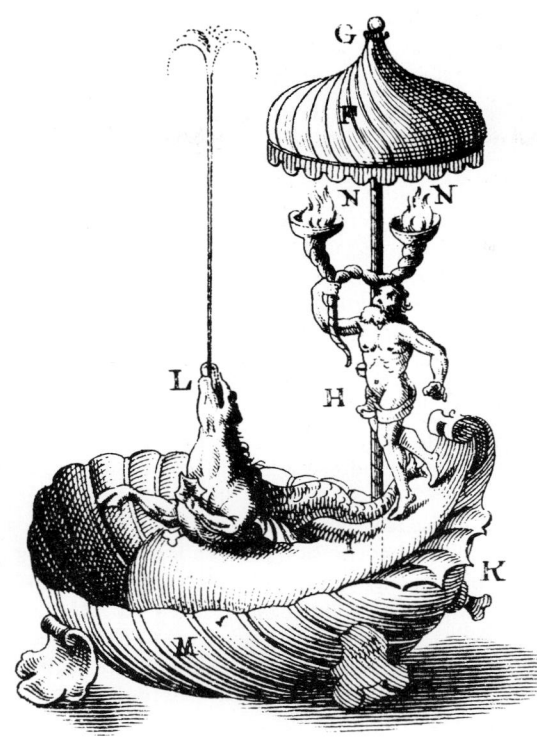

Bild 6
Im Geist Herons:
Barockes Modell
einer von Flammen
aktivierten Fontaine.

Die größte Verbreitung fand die „Pneumatik" des Heron von Alexandria (1. Jahrhundert n. Chr.). Sie war schon den Scholastikern bekannt, die erste Übersetzung ins Lateinische lieferte wieder Commandino, Urbino 1575. Das griechische „Pneuma", von Commandino mit *spiritus* übersetzt — „Heronis Alexandrini Spiritualium Liber" lautet der Titel des Buches —, bedeutet Luft. Es geht um die Eigenschaften komprimierter und verdünnter Luft und um Wirkungen des Luftdrucks, dessen Ursache in der Schwere aber noch nicht erkannt ist. Hinsichtlich der Anwendungen geht es dem Autor vordergründig um Verblüffendes und Unterhaltendes, etwa zur Vorführung in Gesellschaften. Ein Beispiel ist der Zauberkrug, der nach Belieben Wasser oder Wein weißen oder roten, spendet. Die Dampfkraft findet mannigfache Anwendung, das wasserspeiende Krokodil und die sich selbst löschende Öllampe sind bereits Variationen im Stile des Barocks.

Heron bringt nicht nur eigene Erfindungen, sondern auch solche des Philon von Byzanz und des Ktesibios. Letzterer (ca. 300—230 v. Chr.), in seiner Jugend Bartscherer, wie sein Name besagt, ein Talent von Rang, ist der Erfinder der Kolbenpumpe mit Anwendung auf Feuerspritze und Orgel. Von schriftlichen Zeugnissen ist nichts erhalten geblieben. Philon, eine Generation jünger, ebenfalls in Alexandria tätig, läßt den Leser seiner Schriften auch wissen, welche Vorstellungen ihn bei seinen Entdeckungen leiteten. So findet er es bemerkenswert, daß Luft ein Körper ist, weil sie Raum braucht, wie mit einem unter Wasser getauchten Topf, den Boden nach oben gerichtet, zu demonstrieren ist. Ein Löchlein im Boden, mit Wachs verschlossen, läßt nach Entfernung desselben die gefangene Luft in Form von Blasen frei. Wir Heutigen haben es leicht, man braucht ja nur ein Trinkglas mit der Öffnung nach unten unter Wasser zu drücken, um den Raumbedarf der Luft vor Augen zu haben. Aber Philon hatte kein Glas, und es ist reizvoll, wie er sich in einem anderen Fall zu helfen wußte.

Ein uraltes Behelfsmittel des Menschen ist der Trinkhalm — Aristoteles oder sein Kreis erklärte das Ansteigen des Wassers im Halm mit der These des Meisters, die Natur dulde nichts Leeres. Anders Philon: Seiner Vorstellung nach wirkt die Grenzfläche zwischen dem Wasser im Halm und der darüber stehenden Luft wie ein Leim, und wenn der Trinkende Luft einsaugt, wird das Wasser vermittels des Leims nachgezogen. Um diesen Mechanismus noch einsichtiger oder überzeugender zu machen, kam Philon auf folgendes Experiment: Ein Bleirohr verband ein mit Wasser gefülltes Gefäß A mit einem zweiten Gefäß B, das mit einem Hahn versehen war und ebenfalls Wasser enthielt. Die im Verbindungsrohr enthaltene Luft sollte die beiden Wasserspiegel wie ein Seil verbinden und folglich das Wasser im Rohr bei A in die Höhe ziehen — gegen die Schwere in die Höhe ziehen —, wenn durch Öffnen des Hahns bei B der Spiegel in diesem Gefäß gesenkt wurde. Heutzutage läßt

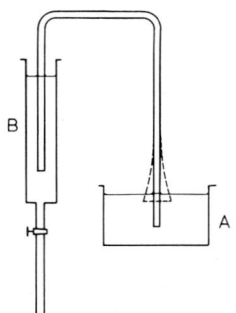

Bild 7a
Zum Experiment von Philon

Bild 7b Anscheinend haben die Herren Probleme
mit dem Experiment. Vermutlich war sich auch der
Zeichner nicht im klaren.

sich der Versuch mit einem gebogenen Glasrohr oder einem Stückchen Kunst-
stoffschlauch und einer Pipette im Handumdrehen improvisieren. Philon
hatte aber nur ein undurchsichtiges Bleirohr. Deshalb fügte er an dasselbe
bei A ein dünn geschabtes Ochsenhorn an, damit man das aufsteigende Wasser sehen konnte.

Philons griechische Texte wurden erst gegen Ende des vorigen Jahrhunderts in Leiden entdeckt. Aber mit dem Ochsenhorn hatten die Philologen ihre Not. Einer übersetzte mit ,,rein'', ein anderer mit ,,poliert'', was sinn-
gemäß durchsichtig bedeuten sollte. In einem Buch Robert Boyles von 1669
findet sich das Bild 7b, das Experiment kannte er aus einem lateinischen
Text. Obwohl die Herren sicher mit Glasröhren arbeiteten, verzichteten
sie nicht auf das deutlich erkennbare Horn. Es wurde dieser Episode mit

Absicht viel Platz eingeräumt. Zum einen haben wir hier ein echtes Experiment vor uns, eine Frage an die Natur aufgrund einer gewissen Vorstellung, zum andern die Herstellung einer Vorrichtung, eines Apparates, von dem man sich die Antwort erwartete. Die Folgerung Philons war zutreffend, die zugrundeliegende Vorstellung falsch, ein Fall, der in der Geschichte des Experiments nicht einzig blieb. Immerhin ist dies eines der ganz seltenen Beispiele eines echten Experiments aus der Antike und ein Beispiel dafür, welche Hindernisse seiner Realisierung zuwider sein konnten.

F. Fraunberger

Die okkulte Kraft des Magneten

„Experimentum solum certificat" — dieses Wort des Dominikaners Albertus Magnus, des Doctor universalis, beweist, daß man in den Klöstern des Hohen Mittelalters neben dem Studium der Literatur der Antike auch die eigene Erfahrung schätzen gelernt hatte. Für die Franziskaner der Oxforder Schule galt das Studium der Natur als „Aufdecken der Spuren Gottes in der Schöfung", als eine andere Art der Offenbarung. Und da Gott sein Werk mit der Erschaffung des Lichts begann, erhoffte man sich von der Erforschung desselben besonderen Gewinn. Bedeutendster Vertreter dieses Vorhabens war Roger Bacon (ca. 1214—1294). Von ihm stammt der Satz: „Ohne Erfahrung kein wirkliches Wissen", Wort und Begriff „Scientia experimentalis", und er erklärte die Mathematik als die Grundlage aller Wissenschaft. Bacon gilt als Erfinder der Camera obscura, er untersuchte die Vergrößerung von Linsen, dachte bereits an die Möglichkeit von Fernrohren, und da zu seiner Zeit die Brillen aufkamen, war es naheliegend, auch diese Errungenschaft ihm zuzuschreiben. Von Erkenntnissen und Entdeckungen, die für die Zukunft der Naturwissenschaften von Einfluß waren, läßt sich nichts berichten.

Die einzige bemerkenswerte Leistung aus der Zeit der Hochscholastik lieferte ein Nichtkleriker, Petrus Peregrinus von Maricourt (Picardie), Begründer der Wissenschaft vom Magnetismus. Er war vermutlich von adeligem Stand, konnte Latein, der Beiname Peregrinus läßt darauf schließen, daß er im Heiligen Land gewesen war, sei es als Pilger oder Kreuzfahrer. Wir kennen ihn aber nicht allein als Verfasser der „Epistola Peregrini", sondern auch durch das Zeugnis eines Zeitgenossen, und dieser war Roger Bacon. In dessen noch ungedrucktem „Opus tertium" fand der Italiener Bertelli voriges Jahrhundert eine geradezu schwärmerische Erwähnung eines Petrus von Maharn Curia, womit nur Maricourt gemeint sein kann: „Es gibt nur zwei vollendete Mathematiker, nämlich Magister Johannes in London und Magister Petrus Maharn Curia. Da, wo andere geblendet zu schauen sich bemühen, wie die Fledermaus das Licht der Sonne in der Dämmerung, sieht er klar wie beim hellen Schein des Blitzes, weil er Meister der Experimente ist."

Petrus ist der Verfasser einer wissenschaftlichen Monographie, die als die erste eines abendländischen Autors auf dem Gebiet der Naturwissenschaften anzusehen ist. Sie entstand auf Wunsch eines Chevaliers de Foucaucourt während der Belagerung der Festung Lucera in Apulien, die sich in den

Händen Kaiser Friedrichs II. befand und deren Verteidigung er Sarazenen anvertraut hatte. Zu ihrer Eroberung rief der Papst die Franzosen unter Führung Karls von Anjou, des Bruders von König Ludwig dem Heiligen, auf. In ihrem Gefolge befand sich Petrus, wahrscheinlich als Militäringenieur. Peters Brief, die „Epistola Peregrini", kam in Abschriften in viele Hände, die Universität Oxford und der Vatikan haben mehrere, die Bibliotheken in Genf, Paris, Leiden, Florenz und Turin besitzen Einzelexemplare. Kepler, Galilei, Porta, Gilbert kannten den Inhalt, vielleicht aus der gedruckten Ausgabe, die der Lindauer Arzt Achilles Grasser in Augsburg 1558 in Auftrag gab.

Der in Latein verfaßte Text ist in zehn Kapitel gegliedert und beginnt mit dem Satz: „Amicorum intime, quandam magnetis lapidis occultam virtutem, a te interpellatus, rudi narratione tibi reserabo utcumque..." („Liebster meiner Freunde, auf Deinen Wunsch hin werde ich Dir, so wie ich es gerade kann, über eine gewisse geheimnisvolle Kraft des Magnetsteins mit einfachen Worten berichten.") Nach Erwähnung der Vorkommen des Steins und einiger Eigenschaften, auf die man beim Erwerb zu achten habe, heißt es:

„Du mußt wissen, mein sehr Lieber, daß dieser Stein eine Ähnlichkeit mit dem Himmelsgewölbe hat, wie ich nachher mit Experimenten erweisen werde. Ähnlichkeit deswegen, weil das Himmelsgewölbe zwei ausgezeichnete Punkte besitzt, um die es sich wie um eine durch sie gehende Achse dreht und deren einer arktischer Pol oder Nordpol, deren anderer antarktischer oder Südpol heißt. Genauso wirst Du an dem Stein eindeutig zwei Punkte unterscheiden lernen, einen nördlichen und einen südlichen...

Wird nämlich so ein Stück Stein zu einer Kugel geformt, wie es die Edelsteinschleifer können, und werden auf sie kurze Stückchen von Eisen, z. B. Bruchstücke einer Nähnadel, aufgelegt und deren jeweilige Lage auf der Kugel markiert, so findet man, daß sie sich ordnen nach Art der Meridiane auf einem Himmelsglobus, die auf zwei gegenüberliegende Stellen, die Pole, zulaufen. Aber folgendes Verfahren ist einfacher (und der Stein muß nicht eine Kugel sein): Man lasse eine Magnetnadel oder kurze Eisenstückchen mehrmals auf den Stein fallen. Wo die Stückchen am häufigsten hängen bleiben, ist einer der gesuchten Pole. Um seinen Ort noch genauer zu bestimmen, sehe man zu, wo die Eisenstückchen sich senkrecht zur Oberfläche stellen. Dasselbe wiederhole man auf der anderen Seite des Magnets. Du wirst finden, daß die Pole exakt einander gegenüberliegen wie die Pole des Himmels."

Um zu erfahren, welcher von beiden der Nordpol ist, lege man den Stein auf einen hölzernen Teller oder ein Schüsselchen, und zwar so, daß die Pole vom Rand gleich weit entfert sind. Dieses Boot lasse man auf einem mit Wasser gefüllten Bottich schwimmen und achte darauf, daß es dem Rand desselben nicht zu nahe kommt. „Dann wird es sich so wenden, daß einer der Pole sich dem nördlichen Himmelspol zukehrt, und dieser ist dann der Nord-

Bild 8 Ein Gelehrter der Nautik im Gehäuse.
Im Becken im Vordergrund ein „Schiffchen" mit einem Magnetstein.

pol des Steins, und wenn man diesen Versuch tausendmal wiederholt, wendet
er den betreffenden Pol tausendmal dem Nordpol des Himmels zu, virtute
Dei, dann markiere den Pol mit einem Zeichen, entsprechend den Südpol."
   Hierauf beschreibt der Autor das Verhalten zwischen zwei Steinen.
Nähert man dem Nordpol des Steins auf dem Schiffchen den Südpol des in
der Hand gehaltenen anderen Steins, so wird er angezogen, als wollten sich
die Pole vereinigen. Ein genäherter Nordpol hingegen führt zur Abstoßung,
eine Annäherung von der Seite dreht das Boot, so daß wieder entgegengesetzte Pole sich nahe kommen. Dann schildert Petrus, daß, wenn ein läng-
licher Stein in der Mitte geteilt wird, man dann nicht zwei Stücke mit je einem Pol erhält, sondern wieder zwei ganze Magnete mit Nord- und Südpol.
   „Notum est omnibus expertis... es ist allen, die damit zu tun haben,
bekannt, daß, wenn ein längliches Stück Eisen (z.B. eine Nadel zum Flicken
der Segel) mit einem Ende an einen Stein gehalten (oder an ihm gerieben)
und dann auf ein Stückchen leichten Holzes gelegt oder in ein Stückchen
eines Schilfrohrs gesteckt wird, damit es auf dem Wasser in einer Schüssel

19

schwimmen kann, sich ein Ende der Nadel dem Polarstern zuwendet." Es ist anzunehmen, daß die Seeleute, die sich so einen Kompaß zurechtmachten, wußten, daß ein Magnetstein Stellen größten Magnetisierungsvermögens hat, daß sie also die Existenz der Pole kannten. Aber erst Petrus klassifizierte sie und beschrieb ihren gegensätzlichen Charakter.

Sofort nach Bekanntwerden der Voltasäule wurde dieselbe als elektrisches Gegenstück zu einem Stabmagneten angesehen, weshalb ihre Enden ebenfalls als Pole bezeichnet wurden, und zwar zuerst von Henry Haldane im August 1800.

Als Beweis dafür, welche Faszination der Schwimmversuch des Petrus noch zu Anfang des 18. Jahrhunderts ausübte, mag jene Stelle in Felix Maurers „Observationes curioso-physicae" von 1713, wenn auch schon etwas variiert, dienen: „Wenn in zwey Schifflein von Pantoffelholtz ein Magnetstein und ein Stück Stahl geleget / und in ihren Krafft- oder Wirkungskreiß gestellet werden, so bewegt sich nicht das eine Schifflein und das andere bleibet stehen: sondern sie ziehen gleichsam alle beyde die Segel auf / und schiffen aufeinander zu. Dannenhero / wenn der Magnet die Krafft soll haben etwas an sich zu ziehen / so muß der Stahl dergleichen Anziehungskrafft auch haben Denn in diesem Stück ist ihre Liebe und Verbindniß auf beyden Seiten gar hefftig / und wenn eins des andern inne wird / so begeben und nahen sie sich einander / und lauffet jedes dem andern in die Armen."

Während St. Augustinus den Magneten den „mirabilem ferri raptorem", den wunderbaren Eisenräuber, nannte, schrieb ein Achilles Statlus, „er sey der Stein / der das Eisen lieb hat". Noch heute heißt im Französischen ein Magnet „aimant", der Liebende. Interessant an obigem Zitat ist, daß von einem Wirkungs- oder Kraftkreis gesprochen wird, Vorwegnahme jenes Begriffs, den Faraday im nächsten Jahrhundert als magnetisches „Feld" einführte.

Was aber hat es mit dem Magnetismus für eine Bewandtnis, woher rührt das wunderliche Anziehungsvermögen? Thales von Milet (um 500 v. Chr.) war es Anlaß, von einer Beseeltheit des Steines zu reden, nur ein beseeltes Wesen kann eine Begierde haben, Eisen an sich zu ziehen. Peregrinus glaubte an eine Einwirkung des Kosmos. Goethe zählt den Magnetismus zu den Urphänomenen, die man nur aussprechen darf, „um sie erklärt zu haben... Das Urphänomen ist die Grenze, über die der forschende Mensch nicht hinausgehen darf... Den Menschen ist der Anblick eines Urphänomens gewöhnlich nicht genug; sie denken, es müßte noch weitergehen, und sind den Kindern ähnlich, die, wenn sie in einen Spiegel geguckt, ihn sogleich umwenden, um zu sehen, was auf der anderen Seite ist."

Seit rund 50 Jahren ist bekannt, daß Träger der magnetischen Eigenschaften die Elektronen sind, dank ihrer elektrischen Ladung und ihrer Rotation um eine ausgezeichnete Achse. Sind dann nicht diese das Urphänomen?

F. Fraunberger

20

Der freie Fall

Freier Fall und Wurf von Gegenständen haben schon in der Antike zu grundsätzlichen Beobachtungen und Überlegungen geführt. So teilte Aristoteles den freien Fall als eine Art der „Ortsbewegung" den natürlichen Bewegungen zu — für die keine Kraft erforderlich war — und schob die Wurfbewegung zu den künstlichen Bewegungen — bei denen ständig eine Kraft zur Aufrechterhaltung erforderlich sein sollte. Das führte jedoch bei einem Wurfgeschoß, zum Beispiel einem Pfeil, bald zu erheblichen gedanklichen Schwierigkeiten. Kraft war dabei proportional dem Gewicht und umgekehrt proportional dem Widerstand des Mediums gedacht. Bei den natürlichen Bewegungen, etwa dem freien Fall, gab es ein Streben des Gegenstandes, zu seinem „natürlichen Ort" — hier dem Erdmittelpunkt — zurückzugelangen. Dabei war es ziemlich plausibel, auch dieses Streben proportional zum Gewicht anzunehmen (und umgekehrt proportional zum Widerstand des Mediums). Schwere Körper mußten also nach dieser Annahme schneller fallen als weniger schwere. Vom Experimentellen her können hier Beobachtungen beim Fall in zähen Medien, etwa in Wasser oder Öl, qualitative Unterstützung gewähren Doch sind keine systematischen Experimente aus der Antike und dem Mittelalter dazu bekannt. Übrigens war dieses Konzept der relativen Schwere schroff unterschieden von der Einteilung absolut schwer — absolut leicht bei den Elementen. Das absolut leichte Element Feuer stieg immer nach oben, ebenfalls zu seinem „natürlichen Ort", das absolut schwere Element Erde fiel immer nach unten. Die natürliche Bewegung der mittleren Elemente Luft (Gas) und Wasser hing davon ab, wo sie sich befanden. Vor jeder Beobachtung stand also die Tradition eines allgemein anerkannten naturphilosophischen Lehrgebäudes. Es war das des Aristoteles.

Galileische Untersuchungen zum Problem des freien Falls haben besondere Berühmtheit erlangt, weil in ihnen die Schwierigkeit eines Neuanfangs — des Neuanfangs der „klassischen" Physik — besonders deutlich wird, aber auch die grundsätzlichen Eigenschaften eines Experiments gut diskutiert werden können. Noch 1590 schrieb Galilei (damals noch in Pisa): „Es ist wahr, daß sich Holz zu Beginn der natürlichen Bewegung schneller bewegt als Blei. Aber ein wenig später ist die Bewegung des Bleis so beschleunigt, daß es das Holz hinter sich läßt. Und wenn man sie beide von einem hohen Turm fallen läßt, bewegt sich das Blei weit voraus. Das habe ich oft nachgeprüft."[1]

21

In Wirklichkeit hätten Blei und Holz keineswegs so unterschiedlich fallen dürfen. Die Behauptung — immer noch weit verbreitet —, er hätte sein Fallgesetz am schiefen Turm von Pisa entdeckt, ist also pure Legende. Er war da noch strammer Aristoteliker. Doch nicht ganz so stramm! So hatte er sich schon ein Gedankenexperiment, so kann man es nennen, von anderen (zum Beispiel G. Benedetti 1530—1590) zu eigen gemacht, das die Thesen des Aristoteles einschränkte: Der Fall konnte danach nur vom spezifischen Gewicht (genauer von der Differenz der spezifischen Gewichte des Körpers und des Mediums, in dem er fiel), nicht mehr vom Gewicht selbst abhängen. Körper gleichen spezifischen Gewichts aber fielen, das war ihm schon klar, gleich schnell zur Erde!

„Salv[iati]. Ohne viel Versuche können wir durch eine kurze, bindende Schlußfolgerung nachweisen wie unmöglich es sei, daß ein größeres Gewicht sich schneller bewege als ein kleineres, wenn beide aus gleichem Stoff bestehen; und überhaupt alle jene Körper, von denen Aristoteles spricht. Denn sagt mir, Herr *Simplicio*, gebt Ihr zu, daß jeder fallende Körper eine von Natur ihm zukommende Geschwindigkeit habe; so daß, wenn dieselbe vermehrt oder vermindert werden soll, eine Kraft angewandt werden muß oder ein Hemmnis.

Simpl. Unzweifelhaft hat ein Körper in einem gewissen Mittel eine von Natur bestimmte Geschwindigkeit, die nur mit einem neuen Antrieb vermehrt, oder durch ein Hindernis vermindert werden kann.

Salv. Wenn wir zwei Körper haben, deren natürliche Geschwindigkeit verschieden sei, so ist es klar, daß, wenn wir den langsameren mit dem geschwinderen vereinigen, dieser letztere von jenem verzögert werden müßte, und jener, der langsamere, müßte vom schnelleren beschleunigt werden. Seid Ihr hierin mit mir einverstanden?

Simpl. Mir scheint die Konsequenz völlig richtig.

Salv. Aber wenn dieses richtig ist, und wenn es wahr wäre, daß ein großer Stein sich z. B. mit 8 Maaß Geschwindigkeit bewegt, und ein kleinerer Stein mit 4 Maaß, so würden beide vereinigt eine Geschwindigkeit von weniger als 8 Maaß haben müssen; aber sie beiden Steine zusammen sind doch größer, als jener größere Stein war, der 8 Maaß Geschwindigkeit hatte; mithin würde sich nun der größere langsamer bewegen, als der kleinere; was gegen Eure Voraussetzung wäre. Ihr seht also, wie aus der Annahme, ein größerer Körper habe eine größere Geschwindigkeit, als ein kleinerer Körper, ich Euch weiter folgern lassen konnte, daß ein größerer Körper langsamer sich bewege als ein kleinerer.

Simpl. Ich bin ganz verwirrt, denn mir will es nun scheinen, als ob der kleine Stein, dem größeren zugefügt, dessen Gewicht und daher durchaus auch dessen Geschwindigkeit vermehre, oder jedenfalls, als ob letztere nicht vermindert werden müsse.

Salv. Hier begeht Ihr einen neuen Fehler, Herr *Simplicio*, denn es ist nicht richtig, daß der kleine Stein das Gewicht des größeren vermehre.

Simpl. So? das überschreitet meinen Horizont.

Salv. Keineswegs, sobald ich Euch von dem Irrthume, in dem Ihr Euch bewegt, befreit haben werde: und merket wohl, daß man hier unterscheiden müsse, ob ein Körper sich bereits bewege, oder ob er in Ruhe sei. Wenn wir einen Stein auf eine Waagschale tun, so wird das Gewicht durch Hinzufügung eines zweiten Steines vermehrt, ja selbst die Zulage eine Stückes Werch wird das Gewicht um die 6—10 Unzen anwachsen lassen, die das Werchstück hat. Wenn Ihr aber den Stein mitsamt dem Werch von einer großen Höhe frei herabfallen lasset, glaubt Ihr, daß während der Bewegung das Werch den Stein drücke, und dessen Bewegung beschleunige: oder glaubt Ihr, daß der Stein aufgehalten wird, indem das Werchstück ihn trägt? Fühlen wir nicht die Last auf unseren Schultern wenn wir uns stemmen wollen gegen die Bewegung derselben; wenn wir aber mit derselben Geschwindigkeit uns bewegen, wie die Last auf unserem Rücken wie soll dann letztere uns drücken und beschweren? Seht Ihr nicht, daß das ähnlich wäre, wie wenn wir den mit der Lanze treffen wollten der mit derselben Geschwindigkeit vor uns herflieht? Zieht also den Schluß, daß beim freien Fall ein kleiner Stein den großen nicht drücke und nicht sein Gewicht, so wie in der Ruhe, vermehre.

Simpl. Aber wenn der größere Stein auf dem kleineren ruhte?

Salv. So würde er das Gewicht vermehren müssen, wenn seine Geschwindigkeit überwöge; aber wir fanden schon, daß, wenn die kleinere Last langsamer fiele, dies die Geschwindigkeit der großen vermindern müßte, und mithin die zusammengesetzte Menge weniger rasch sich bewegte, als ein Theil; was gegen Eure Annahme spricht. Laßt uns also feststellen, daß große und kleine Körper, von gleichem spezifischen Gewicht, mit gleicher Geschwindigkeit sich bewegen."[2]

Wie kam nun Galilei zu seinen zwei berühmten Folgerungen: 1. Alle Körper — auch die unterschiedlichen spezifischen Gewichts — fallen gleich schnell (sofern keine unterschiedlichen Luftwiderstände existieren); 2. Der freie Fall ist eine beschleunigte Bewegung; die Wege dabei sind proportional zum Quadrat der Zeit.

Erst 1609 ist dieses Wissen nachzuweisen. Der Weg von 1590 bis dahin bleibt recht dunkel. Doch ist ziemlich sicher, daß Galileis technische Interessen eine wesentliche Anregung bildeten. Sein Hauptwerk, die „Discorsi" (1638), beginnen denn auch mit einem Teil zur Festigkeitslehre. Hier spielt die Tradition des in der Renaissance hochentwickelten Handwerks eine bedeutende Rolle. Die andere wichtige Tradition war die Spätscholastik mit ihren anti-aristotelischen Gedankensätzen — etwa bei Benedetti.

1638 beschrieb Galilei qualitative Experimente, die die erste der obigen Folgerungen nahelegten: „Wir sahen, daß die Differenz der Geschwindigkeiten verschiedener Körper von verschiedenem (spezifischen) Gewicht im Allgemeinen größer war in den stärker widerstehenden Medien: aber im Queck-silber sinkt Gold nicht nur schneller als Blei, sondern Gold allein sinkt über-haupt, während alle anderen Metalle und Steine emporsteigen und schwim-men; andererseits aber fallen Gold, Blei, Kupfer, Porphyr und andere schwere Körper mit fast unmerklicher Verschiedenheit in der Luft; Gold von 100 Ellen Höhe kaum vier Fingerbreit früher als Kupfer: Angesichts dessen glau-be ich, daß, wenn man den Widerstand der Luft ganz aufhöbe, alle Körper ganz gleich schnell fallen würden."[3]

Über Galileis Weg zur zweiten Folgerung hat man in neuester Zeit sehr aufschlußreiche Manuskripte aufgefunden.[4] Man wußte schon länger, daß Galilei noch 1604 daran glaubte, daß die Geschwindigkeit beim freien Fall proportional den Fallstrecken zunehme, was eigentlich absurd ist. Diese Absurdität wies Galilei 1638 selbst nach. Aus den neuen Manuskripten kann man zunächst schließen, daß der Geschwindigkeitsbegriff für Galilei ein gro-ßes Problem war. Meßbar waren ja nur Durchschnittsgeschwindigkeiten. End-geschwindigkeiten als Momentangeschwindigkeiten sind experimentell nicht direkt erfaßbar. Ihre begriffliche Vorstellung macht ohne Differentialrech-nung ebenfalls große Schwierigkeiten. Galilei nahm als eines seiner Maße die Einschlagtiefe, die eine fallende Ramme bei einem Pfahl erzielte — auch dies übrigens ein Beispiel, wie sehr seine Entwicklung über technische Erfahrun-gen lief. Diese Einschlagtiefe verstand er proportional zu v^2 (d.h. zur kine-tischen Energie). Er kann also bei seinem ursprünglichen Ansatz, Geschwin-digkeit sei proportional zum Weg, den Geschwindigkeitsbegriff so aufgefaßt haben, daß er dem späteren der Geschwindigkeit zum Quadrat, also der En-ergie, entsprach.

Es gibt jedenfalls Manuskriptblätter aus der Zeit um 1604 bis 1609, die zeigen, daß Galilei Experimente verschiedener Art zu Fall- und Wurfproble-men durchgeführt hat. So enthält ein Blatt Wurfparabeln und Meßwerte (Bild 9a + b), die auf die Benutzung eines Apparats nebenstehender Art hinweisen — also auf eine Art Sprungschanze (Bild 10). Man kann sich nun vorstellen, daß Galilei damit testen wollte, ob die Geschwindigkeit bei Abwesenheit von Kräf-ten erhalten blieb. Diese Erhaltung würde sich hier auf die horizontale Ge-schwindigkeitskomponente bei vernachlässigbarer Luftreibung beziehen. Dazu mußte Galilei aber das Fallgesetz und das Superpositionsprinzip der Bewegun-gen voraussetzen. Er könnte aber dieses Experiment auch zur Bestätigung (oder gar zur Entdeckung) des Fallgesetzes Weg ~ Zeit^2 benutzt haben[5] — mit ent-sprechend anderen Voraussetzungen. Auch eine Auffindung oder Bestätigung des Superpositionsprinzips wäre damit denkbar. Im Verlauf des Forschungspro-zesses könnten alle diese Möglichkeiten einzeln vorgekommen sein. Ja, das Ex-periment kann Galilei auch zur Befestigung seines Glaubens an alle drei gleich-zeitig geführt haben — was zwar gegen die Logik verstößt, aber öfters in der Geschichte nachzuweisen ist. Die Benutzung zur Bestätigung des Fallgesetzes ist sehr naheliegend, da dazu keinerlei Zeitmessung direkt nötig wurde.

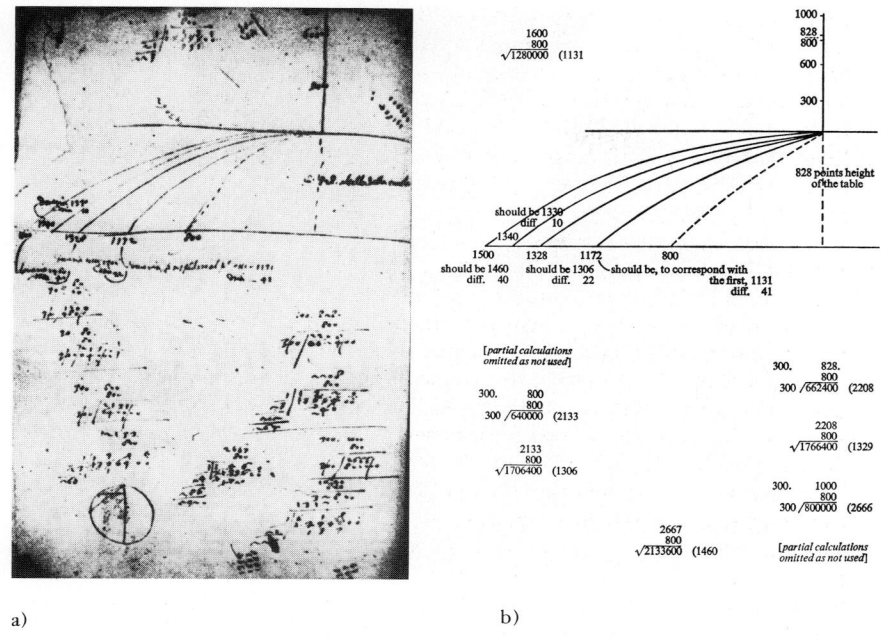

a)   b)

Bild 9 Ein neu gefundenes Manuskript von Galilei und dessen englische Umschreibung:
Die Parabelbahn eines horizontal geworfenen Körpers. Wahrscheinlich lief eine Kugel eine
schiefe Ebene herunter und sprang an deren Ende von einer Art „Sprungschanze" horizontal ab.

Man kann bei diesen Experimenten folgende Größen definieren: Flug-
weite = D; Höhe des Absprungs über der Aufprallebene = h = 77,7 cm (aufgrund existierender Meßgeräte von Galilei aus seinen Angaben auf moderne
Einheiten umgerechnet); Laufhöhe auf der schiefen Ebene = H; Endgeschwin-
digkeit beim Absprung = v; Zeit = t. Man erhält dann aus dem Experiment
den Zusammenhang: $D^2 \sim H$. Damit rechnete Galilei unter Benutzung des ersten erhaltenen experimentellen Wertes seine theoretischen Vergleichswerte
im Manuskript aus. Wenn man annimmt (bzw. experimentell feststellt), daß
alle Fallbewegungen in der gleichen Zeit stattfinden, muß gelten $D \sim v$.
Daraus folgt: $v^2 \sim H$. Dies ist nur mit dem Ansatz des Fallgesetzes $t^2 \sim H$ verträglich, wie modern über einen einfachen Integralschritt nachgewiesen
werden kann, wie aber auch mit Galileischen Überlegungen geometrischer Art
plausibel zu machen ist.

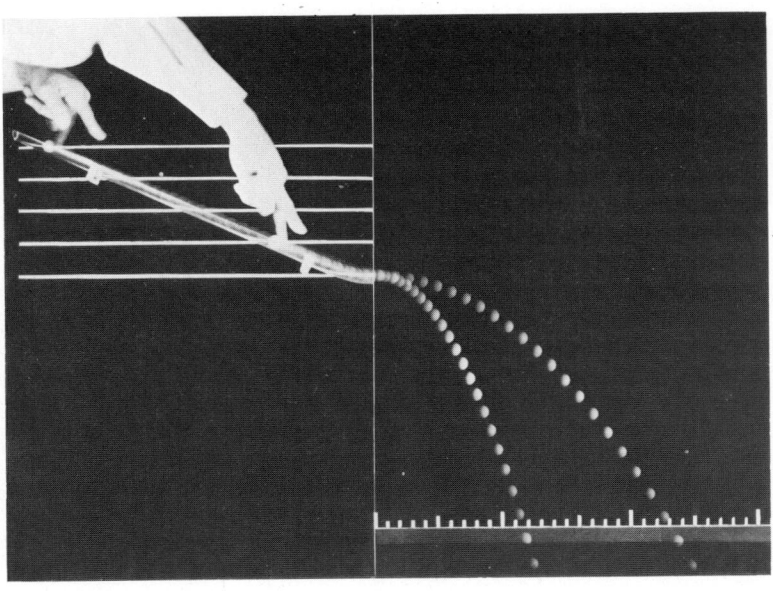

Bild 10 Eine Rekonstruktion von Galileis „Sprungschanzen''-Experiment in verkleinerter Ausführung.

Die Galileischen Werte stimmen recht gut mit modern berechneten (nach D = 2 $\sqrt{5/7}$ Hh) überein, wie nebenstehende Tabelle zeigt:

H nach Galilei (cm)	D beobachtet nach Galiei (cm)	D theoretisch modern (cm)
28,2	75,1	79,1
56,3	110,0	111,8
75,1	124,7	129,1
77,7	125,8	131,3
93,9	140,8	144,4

Natürlich könnte Galilei mit einer solchen Apparatur auch die Beziehung Geschwindigkeit ～ Zeit getestet haben (die Geschwindigkeit gemessen durch den Abstand D), wenn er eine so lange und schwach geneigte schiefe Ebene benutzt hätte, wie in den „Discorsi'' 1638 angegeben: „Auf einem Lineale, oder sagen wir auf einem Holzbrette von 12 Ellen Länge, bei einer halben Elle Breite und drei Zoll Dicke, war auf dieser letzten schmalen Seite eine Rinne von etwas mehr als einem Zoll Breite eingegraben. Dieselbe war sehr gerade gezogen, und um die Fläche recht glatt zu haben, war inwendig ein sehr glattes und reines Pergament aufgeklebt; in dieser Rinne ließ man eine sehr harte, völlig runde und glattpolierte Messingkugel laufen. Nach Aufstellung des Brettes wurde dasselbe einerseits gehoben, bald eine, bald zwei Ellen hoch; dann ließ man die Kugel durch den Kanal fallen und verzeichnete in sogleich zu beschreibender Weise die Fallzeit für die ganze Strecke: häufig wiederholten wir den einzelnen Versuch, zur genaueren Ermittlung der Zeit, und fanden gar keine Unterschiede, auch nicht einmal von einem Zehntel eines Pulsschlages. Darauf ließen wir die Kugel nur durch ein Viertel der Strecke laufen, und fanden stets genau die halbe Fallzeit gegen früher. Dann wählten wir andere Strecken, und verglichen die gemessene Fallzeit mit der zuletzt erhaltenen und mit denen von $2/3$ oder $3/4$ oder irgend anderen Bruchtheilen; bei wohl hundertfacher Wiederholung fanden wir stets, daß die Strecken sich verhielten wie die Quadrate der Zeiten: und dieses zwar für jedwede Neigung der Ebene, d.h. des Kanales, in dem die Kugel lief. Hierbei fanden wir außerdem, daß die auch bei verschiedenen Neigungen beobachteten Fallzeiten sich genau so zueinander verhielten, wie weiter unten unser Autor dasselbe andeutet und beweist. Zur Ausmessung der Zeit stellten wir einen Eimer voll Wasser auf, in dessen Boden ein enger Kanal angebracht war, durch den ein feiner Wasserstrahl sich ergoß, der mit einem kleinen Becher aufgefangen wurde, während einer jeden beobachteten Fallzeit: das dieser Art aufgesammelte Wasser wurde auf einer sehr genauen Waage gewogen; aus den Differenzen der Wägungen erhielten wir die Verhältnisse der Gewichte und die Verhältnisse der Zeiten, und zwar mit solcher Genauigkeit, daß die zahlreichen Beobachtungen niemals merklich (di un notabile momento) von einander abwichen."[6]

Vergleicht man das Sprungschanzen-Manuskript im Methodischen mit diesem berühmten veröffentlichten Experiment, so fallen charakteristische Unterschiede auf. In den „Discorsi" werden keinerlei Meßwerte angegeben und mit berechneten verglichen. Die Genauigkeit wird zum Teil unglaubwürdig gut herausgestellt. Dafür werden einige Einzelheiten zum Versuchsablauf mitgeteilt, die natürlich auf einem Manuskriptblatt fehlen. Diese saloppe Beschreibung in den „Discorsi" hat zusammen mit anderen nachweisbaren Ungenauigkeiten Galileischer experimenteller Behauptungen (etwa daß Pendelschwingungen auch bei 80° Auslenkung aus der Ruhelage noch isochron seien) im 20. Jahrhundert dazu geführt, daß Galileis experimentelle Sorgfalt stark angezweifelt wurde. Galileis Entwicklung wurde dann vor allem auf die scholastische Tradition zurückgeführt.[7]

Doch zeigten Rekonstruktionen des „Discorsi"-Experiments, daß zumindest teilweise die von Galilei angegebene Genauigkeit möglich war.[8] Und die neuen Manuskripte beseitigten nun jeden Zweifel: Galilei hat Experimente durchgeführt, die den Ansprüchen an ihn als „Vater" der klassischen Physik standhalten, auch wenn man keine Meßreihen findet. Die strengen Regeln einer Experimentaphysik entwickelten erst die Nachfahren. Auch die Rekonstruktionen zum Sprungschanzenexperiment zeigen übrigens, daß es wirklich, vor allem auch in kleineren Dimensionen als in den „Discorsi"-Experimenten, zu ausgezeichneten Ergebnissen bezüglich des Zusammenhangs Weg $\sim$ Zeit^2 führen kann. Allerdings ist die absolute Bestimmung der Erdbeschleunigung g so nur über eine Betrachtung des Rollenergieverlustes auf der schiefen Ebene möglich; g ergibt sich dann aus der gemessenen Beschleunigung g' mit

$$g = \frac{7\,g'}{5\,\sin\alpha},$$

wobei α die Neigung der schiefen Ebene angibt. Diese Problematik war für Galilei noch nicht lösbar.

Fragt man, warum Galilei mit den „Discorsi" unsere Gegenwart in solche Urteilsschwierigkeiten stürzte, bietet sich eine Antwort an: Für seine aristotelischen Gegner bedeutete das Experiment als Richter gar nichts. Ein naturphilosophisches System war für sie eine Mauer, ein Experiment höchstens ein Stein darin. Wenn er herausbrach, tat das insgesamt wenig. So weigerten sie sich ja schon, ein *Beobachtungs*instrument, das Fernrohr, zu benutzen, weil es eine unzulässige Veränderung des unmittelbaren Kontakts zur Natur bedeutete. Entscheidend war für sie die aristotelische (bzw. platonische) Tradition und darauf aufbauend die scholastische Vorgehensweise bei wissenschaftlichen Disputen. Wenn Galilei mit ihnen diskutieren wollte, mußte er sich anpassen und seine „Discorsi" entsprechend aufbauen: als wissenschaftliches Streitgespräch, bei dem solche experimentellen Aspekte nur verklausuliert eingesetzt werden konnten, um überhaupt Interessenten im gegnerischen Lager zu einer Diskussion zu gewinnen. Das ist jedoch sicher nur ein Teil der Antwort. Wahrscheinlich konnte sich auch Galilei selbst nur wenig von der Tradition freimachen. Gedankenexperimente und logisches Schließen auf den Spuren seiner scholastischen Vorläufer waren mitentscheidend für ihn. Auf der anderen Seite stand sein Interesse und das seiner Zeit an allen nützlichen technischen Vorgängen und deren Erklärung und Verbesserung mit Hilfe praktischer Untersuchungen.

In späterer Zeit wurden andere Methoden ersonnen, um den freien Fall zu verlangsamen und damit die Zeitmessung zu erleichtern. So gab es Vorschläge von Thomas Hooke und Christiaan Huygens dazu. Berühmt, weil am häufigsten gebaut, wurde die Atwoodsche Fallmaschine 1784 (Bild 11), bei der es im Gegensatz zur schiefen Ebene keine Probleme mit Rotationsenergie gab. Um diese Zeit war jedoch aus dem Forschungsexperiment des Galilei schon zum Teil ein Demonstrationsexperiment geworden, jedenfalls, was den quadratischen Zusammenhang zwischen Weg und Zeit anbetraf. Niemand zweifelte mehr an diesem Ergebnis, das durch die Newtonsche Mechanik in ein allseits gesichertes Gedankengebäude eingebaut war. Doch ging es noch darum, genauere Werte für die Erdbeschleunigung zu erhalten.

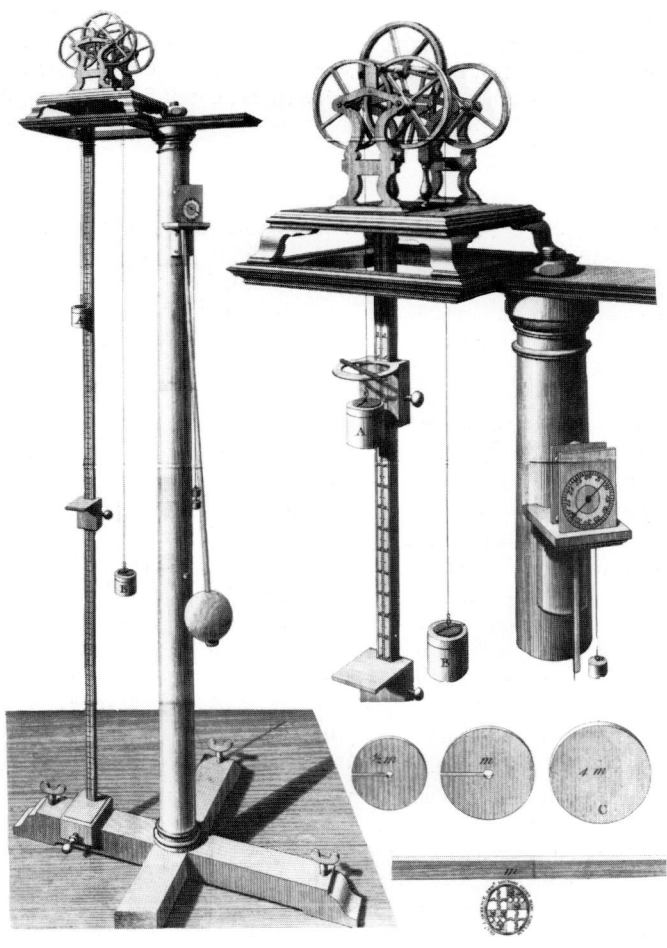

Bild 11 Die Atwoodsche Fallmaschine von 1784. Sie verlangsamte durch ein Getriebe den freien Fall und dient damit zur Demonstration des Fallgesetzes.

So selbstverständlich uns heute die Galileische Auffassung des Experiments scheint — als Eingriff in den natürlichen Ablauf durch Veränderung der Versuchsbedingungen, durch Weginterpretation störender Einflüsse (wie des Luftwiderstands) —, so sollte doch klar werden, daß es eine Revolution gegenüber vorherigen Auffassungen einer kontemplativen, untechnischen Wissenschaft war. Die Anerkennung technischer Instrumente und des Experiments führte schließlich zu ganz neuen Problemen der Wissenschaftstheorie bis in unsere Gegenwart, zum Beispiel zu der Frage: Was ist noch wirklich an den Atomen? Hier zeigte sich bald, wie stark auch moderne Naturwissenschaft seit Galilei hypothetische — nicht experimentell belegbare — Voraussetzungen besitzt.

J. Teichmann

Das Brechungsgesetz der Lichtstrahlen

Am Anfang der Schöpfungsgeschichte steht die Erschaffung des Lichts. Auch die ersten Naturgesetze handeln vom Licht. Die Griechen kannten den Sachverhalt von der Gleichheit von Einfalls- und Reflexionswinkel, er war die Grundlage der Katoptrik, der Lehre von den Spiegeln, der ebenen und gekrümmten. Desgleichen wußten Sie natürlich von der scheinbaren Knickung eines ins Wasser gehaltenen Stabes. Daß eine am Boden eines leeren Gefäßes liegende Münze, aus einer gewissen Richtung zur Gefäßwand betrachtet, nicht mehr gesehen werden konnte, aber durch Eingießen von Wasser sichtbar wurde, hat im 1. Jahrhundert v. Chr. erstmals Kleomedes als beliebtes Zauberkunststück beschrieben. Die Gelehrten erkannten den Grund in einer Änderung der Strahlenrichtung bei Übergang von Wasser in Luft oder umgekehrt.

Es war naheliegend, als Gegenstück zum Reflexionsgesetz auch nach einem Brechungsgesetz zu suchen. Da die Technik der Winkelmessung vorzüglich den Astronomen geläufig war, sie auch über geeignete Instrumente verfügten, ist es nicht verwunderlich, daß einschlägige Untersuchungen von dem großen Claudius Ptolemäus, gestorben um 160 n. Chr., überliefert sind. Die Ergebnisse seiner Arbeiten hat er in seiner Optik niedergelegt; den Apparat, den er zu seinen Versuchen benutzte, stellt nach seiner Beschreibung die Zeichnung 12 dar. „Er tauchte einen in 360° geteilten Kreis, der zwei um

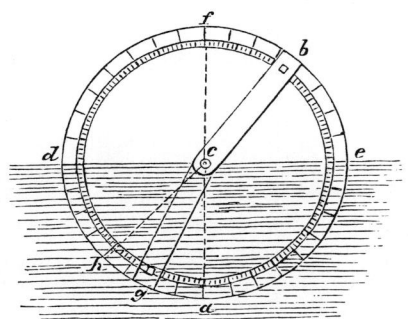

Bild 12

Des Griechen Ptolemäus Vorrichtung zur zahlenmäßigen Erfassung der Strahlbrechung.

31

eine Achse drehbare, mit Öffnungen versehene Lineale trug, bis zur Mitte in Wasser und rückte das untere Lineal so, daß die Stifte *b*, *c* und *g* eine gerade Linie *bcb* zu bilden schienen. Dann nahm er den Kreis aus dem Wasser und verglich die Winkel *fb* und *ga*. Er fand als zusammengehörige Werte die folgenden:

Einfallswinkel	10°	20°	30°	40°	50°	60°	70°	80°
Brechungswinkel	8°	$15\frac{1}{2}$°	$22\frac{1}{2}$°	28°	35°	$40\frac{1}{2}$°	45°	50°,

woraus sich ein Brechungskoeffizient von 1,311 mit einem mittleren Fehler von 0,014 ergeben würde. Was also mit seinem einfachen Apparate zu erreichen war, hatte Ptolemäus erreicht." (Aus: E. Gerland/F. Traunmüller.)

Ein konstant bleibendes Verhältnis zwischen zusammengehörigen Winkeln wurde als naheliegend betrachtet, konnte aber nicht bestätigt werden. Wie nach rund 1500 Jahren Willebrord Snellius, Mathematiker an der Universität Leyden, um 1620 zum wahren Gesetz kam, ist nicht bekannt. Er hatte es nicht veröffentlicht, sondern nur in seinem Vorlesungsmanuskript stehen, wie wir von seinem Landsmann Christiaan Huygens sowie von Vossius wissen.

Snellius' Ergebnis erinnert an das oben erwähnte Zauberkunststück mit der Münze und besagt in der von ihm gegebenen Form: Erscheint ein Punkt C eines Gegenstands nach der Stelle D gehoben und unabhängig von der Eingießhöhe, so ist das Streckenverhältnis c : d eine konstante Zahl, die allein vom brechenden Medium abhängt, von Glas, Wasser, Weingeist. In der altertümlichen Winkelfunktion Cosecans lautet es: cosec γ : cosec δ = konst. = n. In der heute geläufigen Form sinα : sinβ = n stammt es von René Descartes, definitiv veröffentlicht 1637. Von Zeitgenossen, vor allem von Huygens, wurde ihm unterstellt, er hätte es Snellius abgeschaut und es nur anders geschrieben, freilich für die Anwendung ungleich praktischer. Man braucht ja nur die Strecken c und d unter Ersatz der Winkel γ durch β und δ durch α zu berechnen.

Wie Snellius zu dem Gesetz gekommen ist, ob er tatsächlich umständlich die Strecken gemessen und damit gerechnet hat, an einer entsprechenden Figur die Strahlstrecken c und d als charakteristisch vermutete und dann erst eine Bestätigung suchte, ist unbekannt und auch nicht mehr interessant, seit vor einigen Jahren der Norweger Johannes Lohne im Nachlaß des rühmenswerten englischen Mathematikers und Astronomen Thomas Harriott (1560–1620) im Britischen Museum das Gesetz aufspüren konnte. Neben Tabellen zusammengehöriger Winkel, datiert mit 1597, ließ sich ermitteln, daß sie das Brechungsgesetz mit n = 1,335 für Luft/Wasser (und Raumtemperatur) exakt darstellen. Wie Harriott die Winkel auf Minuten genau erhielt, ist nicht angegeben, anders als mit wassergefüllten Hohlprismen war es nicht gut möglich. Dabei fand er auch die Dispersion, die Abhängigkeit der n-Werte von den Farben.

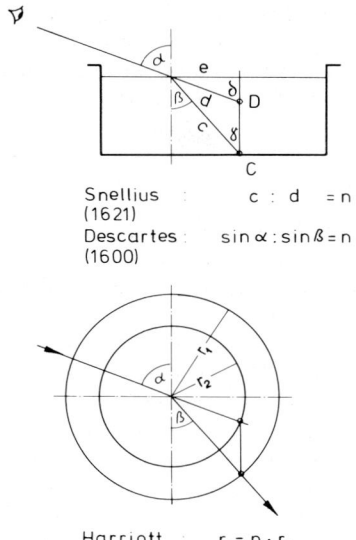

Snellius :   c : d = n
(1621)
Descartes :   sin α : sin ß = n
(1600)

Harriott : $r_1 = n \cdot r_2$
(um 1600)

Bild 13
Das Brechungsgesetz bei Snellius
und Harriott.

Harriott war mit seinen Fernrohren Galilei voraus, bei ihm fand man auch schon eine Mondkarte. Weshalb er seine Ergebnisse nicht preisgab — auch Johannes Kepler, der von seinen Erfolgen wußte, bat den Engländer dringend, aber vergebens um Mitteilung seines Gesetzes —, ist nicht mehr zu eruieren.

Man mag einwenden, das Brechungsgesetz sei gar kein echtes Naturgesetz, sondern lediglich die Gegenüberstellung zweier Folgen von Winkelgrößen, zwischen denen ein mathematisch ausdrückbarer Zusammenhang besteht. Dann würde man einerseits übersehen, daß die Zuordnung durch eine Naturerscheinung, das Licht, erfolgt, andererseits, daß der Mensch eingreift, indem er die einen Winkel variiert, um zu sehen, wie die andern reagieren. Doch dies ist Experimentieren: eine Frage stellen, eine Antwort suchen und ein passendes Werkzeug, ein Instrument, dazu bereithalten!

Wenn Descartes von *leges naturae*, Naturgesetzen, sprach, wie vor ihm auch schon Kepler, besagte dies: Die Natur hält sich an eine Ordnung, diese Ordnung läßt sich in Worte fassen, am elegantesten und fruchtbarsten in der Sprache der Mathematik. Ein Gesetz, einmal gefunden, erspart es, weitere Messungen durchzuführen, und ist in mehrfacher Hinsicht anwendbar. Descartes konnte den Halbmesser des Regenbogens auf das Brechungsgesetz zurückführen. Christiaan Huygens, der große Holländer, war mit dem Gesetz

33

imstande, die Fernrohre so weit zu verbessern, daß er 1659 endgültig den Saturnring als wirklichen Ring erkennen konnte, während Galilei, freilich auch bei ungünstiger Lage desselben, nur glauben konnte, dem Planeten stünden zwei Adjutanten zur Seite; und Gassendi sah eine Kugel mit zwei Henkeln.

Die Verbesserung der Fernrohre war eine praktische Seite des Gesetzes. Die Physik im eigentlichen Sinne begann aber erst mit den Fragen: Warum kommt es überhaupt zur Strahlenbrechung, weshalb hat das Gesetz die gefundene Form, warum gerade diese, was steckt dahinter? Wenn das Licht aus unvorstellbar kleinen, den leeren Raum, die durchsichtige Luft und andere durchsichtige Stoffe durcheilenden Partikeln besteht, was bedeutet der Brechungsexponent n physikalisch?

Newton glaubte, daß die Teilchen des Lichts, die *globuli*, sich in einem Medium wie Wasser oder Glas n-mal schneller bewegen als in Luft. Derselben Ansicht war Descartes, dem es nichts ausmachte, daß er sie auch durch den leeren Raum schon mit unendlicher Geschwindigkeit fliegen ließ. Aber auch Newton konnte von Physikern vorgehalten werden, daß er, der so viel zur Aufklärung von Kraft und Beschleunigung getan hatte, nicht bedachte, wie diese Geschwindigkeitssteigerung zustandekommen sollte. Beschränken wir uns auf senkrechten Lichteinfall, senkrecht zur Trennfläche Luft-Medium! Dann müßten die sie passierenden Teilchen auf einer Wegstrecke von angenommen $1/1000$ Zoll ihre Geschwindigkeit um das $4/3$fache beim Eintritt in Wasser und um das $1\frac{1}{2}$fache beim Eintritt in Glas steigern, und das in rund einer Billionstel Sekunde! Die Schwerkraft würde dazu 15 Millionen Sekunden brauchen!

Im Gegensatz zu Newton nahm Christiaan Huygens an, die Ausbreitungsgeschwindigkeit im Medium sei n-mal kleiner. Seine Vorstellung vom Licht war auch nicht mehr die von fliegenden *globuli*, sondern diejenige einer Fortpflanzung von elastischen Stößen innerhalb eines den leeren Raum, die Luft und wenigstens die durchsichtigen Körper durchdringenden „Äthers", den er als dichteste Packung von Ätherteilchen dachte. Die Huygenssche Konstruktion mit den Ausbreitungskreisen hat man vielleicht noch in Erinnerung, sie erlaubte es ihm, das Brechungsgesetz zwanglos herzuleiten und einsichtig zu machen.

Bei Heron ist zu lesen, daß ein Lichtstrahl auch nach mehrfachen Spiegelungen gerade den Weg einschlägt, der dem kürzest möglichen entspricht. Er hätte auch sagen können, den Weg der minimalsten Zeit. Der französische Mathematiker Pierre de Fermat, gestorben 1665, berechnete, daß dies auch bei gebrochenen Strahlen der Fall ist, unter der Voraussetzung, daß die Ausbreitungs- bzw. Fortpflanzungsgeschwindigkeit in einem Medium den n-ten Teil von der in Luft beträgt.

Eine neue Frage an die Natur, wird sie sich äußern und wie?
Davon später.

F. Fraunberger

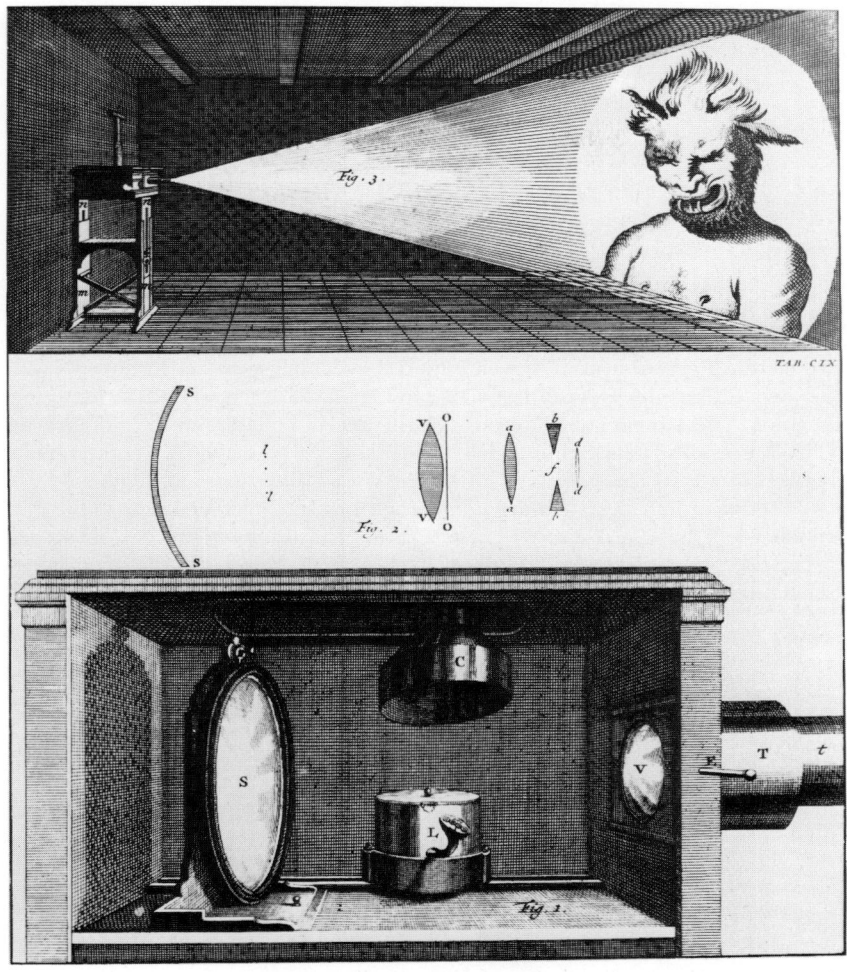

Bild 14 Angewandte Optik. Die Laterna magica. Man findet die Zauberlaterne bereits in einem Buch von Athanasius Kircher SJ von 1671. „Er hielt sie für sehr geeignet um die Gottlosen durch rechtzeitige Vorführung eines Abbildes des Teufels zur Einkehr zu bringen". W. C. Röntgen, Rektoratsrede, Würzburg 1894.

Isaac Newton und die Farben

Zu den eindrucksvollsten Erscheinungen in der Natur gehört der Regenbogen, bei den alten Griechen ein Spiel der Göttin Iris. Ein wißbegieriger Beobachter wird fragen: Weshalb Kreisbogen, gelegentlich auch deren zwei, woher die Farben? Unter Anwendung des Brechungsgesetzes konnte Descartes den Radius des Hauptbogens zu rund 42 Grad im Winkelmaß richtig berechnen. Die von ihm benützte Brechungszahl war natürlich die mittlere für Luft-Wasser. Zu dem Schluß, daß das rote Licht eine andere Brechungszahl haben könnte als das violette, kam der Philosoph allerdings nicht.

Hinsichtlich des Grundes der Farben machte er es sich leicht: Sie entstünden auf dieselbe Weise wie beim Prisma. Ein dreikantiges, vor die Augen gehaltenes Glasstück, ein Trigonum nach Marcus Marci, übersät eine Landschaft, besonders eine winterliche mit verschneiten Bäumen, mit den Farben

Bild 15
Blick durch ein
Trigonum

der Iris. Poetisch Veranlagte nannten solche Gläser deshalb „Maler der Natur“. Schon in der Rennaissance waren sie sehr begehrt und entsprechend teuer. Diese Farben, hier mit Fleiß hervorgezaubert, traten auch in den um 1600 erfundenen Fernrohren auf, wurden dort aber als recht störend empfunden, und zwar, weil sich um die Figuren farbige Säume bildeten.

Mit Fernrohren und deren Farbfehlern nun beschäftigte sich Isaac Newton, nachdem er seine Studienstadt Cambridge aus Furcht vor der nahenden Pest verlassen und sich in sein elterliches Anwesen in Woolsthorpe zurückgezogen hatte. Von dort aus schrieb er an Heinrich Oldenburg, den Präsidenten der Royal Society zu London, am 6. Februar 1671:

„Um das Ihnen kürzlich gegebene Versprechen zu erfüllen, will ich ohne weitere Umstände mitteilen, daß zu Beginn des Jahres 1666 (zu welcher Zeit ich mit Schleifen von Linsengläsern zu tun hatte) ich mir ein dreiwinkeliges Prisma besorgte, um damit die bekannten Farberscheinungen zu untersuchen. Und nachdem ich mein Zimmer verdunkelt und ein kleines Loch in meinen Fensterladen gemacht hatte, um eine passende Menge Sonnenlicht einzulassen, brachte ich hinter der Öffnung mein Prisma an, damit jenes an die gegenüberliegende Wand gebrochen wurde. Es war anfangs recht vergnüglich, die lebhaften und kräftigen Farben anzuschauen. Aber als ich sie dann genauer betrachtete, war ich überrascht, daß sie eine längliche Form hatten, während ich nach entsprechenden Gesetzen der Brechung erwartete, daß sie rund wären.

Sie waren seitlich von geraden Linien begrenzt, aber an den Enden nahm die Helligkeit so rasch ab, daß es schwierig war, ihre Form genau zu bestimmen, dennoch schien sie halbkreisförmig zu sein.

Beim Vergleich der Länge dieses farbigen Spektrums mit seiner Breite fand ich sie rund fünfmal größer. Eine so außergewöhnliche Disproportion, daß sie mich ungewöhnlich neugierig machte, wovon sie herrühren mochte...“ (Philosophical Transactions, VI, 1671.)

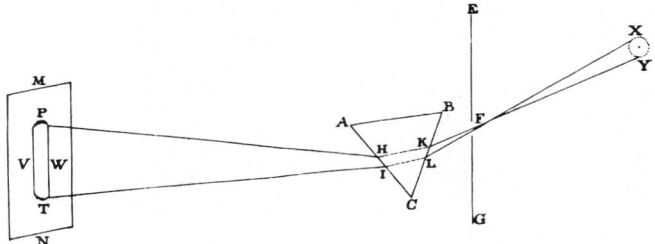

Bild 16 Newtons Anordnung, die wider Erwarten statt eines weißen Sonnenscheibchens ein farbiges Band an die Wand zauberte. Die Rolle des Löchleins F im Fensterladen hat der Zeichner nicht verstanden.

In dem Wort „Spektrum" kommt Newtons Verblüffung zum Ausdruck, als er es zum erstenmal erblickte; das Wort bedeutet nämlich eine Geistererscheinung, ein Gespenst. Das verdunkelte Zimmer mit dem Löchlein im Fensterladen war nichts anderes als eine riesige Camera abscura. Wegen des schrägen Lichteinfalls erschien das Bild der Sonne elliptisch verzerrt auf dem Boden, mit einem Prisma wollte Newton es auf die dem Fenster gegenüberliegende Wand lenken.

Ein anderer Versuch, als experimentum crucis bezeichnet, weil er entscheidend für das weitere Vorgehen wurde, galt der Frage, ob ein Strahl, ein roter oder grüner, der mit Hilfe eines Löchleins in einem als Auffänger des Spektrums dienenden Brett ausgesondert wird, durch ein zweites Prisma abermals zerlegt werden könne. Doch ein roter Strahl blieb ein roter, und ein blauer blieb ein blauer. Solche Strahlen nannte er homogen, heute heißen sie monochromatisch. Endlich war sich der Forscher klar geworden: Das Sonnenlicht ist ein Gemisch von homogenen Strahlen verschiedener Farben, was heißen soll, daß diese zusammen im Auge oder im Gehirn des Beobachters die Empfindung „weiß" hervorrufen. Die einzelnen Farben werden im Prisma verschieden stark gebrochen, die violetten am stärksten, die roten am wenigsten. Jede Farbe erzeugt ihr eigenes Sonnenbild, und das Spektrum ist lediglich eine Aneinanderreihung mit Überlappungen derselben. Wenn Newton glaubte, sieben Hauptfarben unterscheiden zu müssen, dann weil er sie in Analogie zu den sieben Tönen einer diatonischen Tonleiter bringen wollte.

Der Prager Arzt Marcus Marci, der sich schon ein Vierteljahrhundert vorher mit dem Prisma befaßte (1642), war noch der Ansicht, die Farben entstünden erst im Prisma, durch unterschiedlich starke Kompression des Lichtstoffes da die austretenden Strahlen im Prisma verschieden lange Wege zurücklegen.

„Als ich dies begriffen hatte" — so Newton —, „gab ich meine Beschäftigung mit den Glasarbeiten (der Linsenschleiferei) auf, weil das (weiße) Licht eine Mischung von Strahlen unterschiedlich brechbarer Strahlen ist und folglich noch so vollkommen geschliffene Gläser die Strahlen nicht in ein und demselben Punkt vereinigen, parallel einfallende Strahlen sich in verschiedenen Brennpunkten sammeln. Deshalb wird es nie möglich sein, Fernrohre ohne Farbstörungen herzustellen." (Phil. Transactions, ebd.) Als Folge dieser Erkenntnis entstand das Spiegelfernrohr.

Der überzeugendste Beweis, daß das weiße Licht sich aus verschiedenen Farben zusammensetzt, bestand darin, daß es Newton gelang, die Farben wieder zu Weiß zu vereinigen. Am einfachsten ist dies, wenn man ein Spektrum mit einem Prisma betrachtet.

Verhältnismäßig spät ersetzte der Forscher das Löchlein im Fensterladen durch einen horizontalen rechteckigen Spalt. Das Spektrum des Prismas hinter dem Spalt F fing er mit der Linse MN auf. Auf dem Schirm DE im Brennpunkt der Linse erhielt er dann einen weißen Streifen. Mit dem Kamm

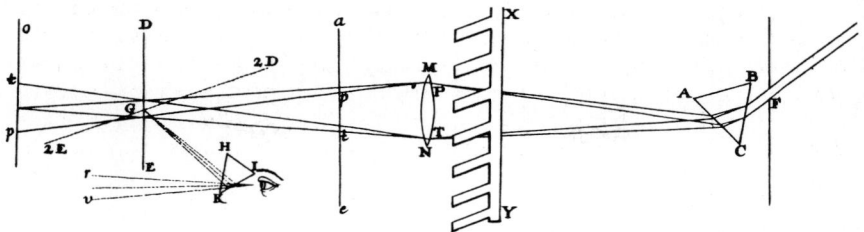

Bild 17 Newtons Anordnung zur Wiedervereinigung der Farben des Spektrums zu weiß, die sich durch einen horizontalen weißen Streifen auf dem Schirm ED darstellt. Wird mit dem Kamm XY eine der Farben abgefangen, wird aus dem Streifen ein in der Komplementärfarbe veränderter.

XY ließen sich eine oder mehrere Farben zurückhalten. Dann wurde der vorher weiße Streifen farbig. Wurde Grünblau ausgeschieden, antwortete das Spaltbild mit Rot, Weiß minus Blauviolett lieferte Gelb. Solche Farbpaare heißen Gegenfarben oder Komplementärfarben. Newtons Schluß, daß die Farben von Blumen oder die Körperfarben und Anstrichfarben Mischfarben sind wie die Farben auf dem Schirm im Brennpunkt, dadurch entstehend, daß aus dem auffallenden weißen Licht einzelne Komponenten des Spektrums vom Farbstoff verschluckt werden, gab der Lehre von den Farben eine neue, ungeahnte Richtung.

Allein diese Erkenntnis hätte Newton unvergänglichen Ruhm verschafft. Aber auch ihm blieben Irrwege nicht erspart — welcher Trost für alle Suchenden! Seinen Befund, daß das Spektrum rund fünfmal so lang wie breit sei, hielt er für so grundlegend, daß er einfach nicht glauben wollte, daß man in Belgien Spektren erhielt, bei denen dieses Verhältnis bis etwa drei betrug, je nachdem, aus welchem Glas die Prismen bestanden. Sollten verschiedene Materialien verschiedene Grade der Farbauffächerung, des Dispersionsvermögens, besitzen, so hätte dies seiner Behauptung, Fernrohre ohne Farbstörung seien prinzipiell nicht möglich, den Boden entzogen. Aber ein Newton hatte nichts zu widerrufen, wie ihm ein neues Experiment bestätigte.

Voraus sei daran erinnert, daß ein Strahl weißen Lichtes beim Durchgang durch eine planparallele Platte keine Farbaufspaltung erfährt. Newton kombinierte nun ein Glasprisma mit einem formgleichen, mit Wasser gefüllten Hohlprisma so, daß beide zusammen eine planparallele Platte bildeten. Wider Erwarten traten Farben auf. In der Annahme, daß die unterschiedlichen Brechungszahlen von Glas und Wasser schuld daran seien, erhöhte er die des letzteren durch Auflösen von Bleizucker. Nun geschah es, daß der Bleizucker auch das Dispersionsvermögen des Wassers änderte, und zwar ausgerechnet so, daß es dasjenige des Glases kompensierte. Also hatten alle durchsichtigen Stoffe ein und dasselbe Disperionsvermögen — Newton hatte, was er wollte.

Newtons prominentester Gegner, was die Farben betraf, erstand ihm in dem gut hundert Jahre jüngeren J.W. von Goethe, welcher der Meinung war, seine Farbenlehre überrage sein dichterisches Werk bei weitem. In Goethes Lehre ist das Weiß ein Urphänomen und als solches unzerlegbar; daher sein Zorn auf den Engländer, der das Licht mit einem Spalt malträtieren mußte, um zu seinen absurden Behauptungen zu gelangen. Um den Engländer endgültig zu widerlegen, ersann Goethe folgendes Experiment: Analog zum Zauberkunststück des Kleomedes wurde auf den Boden eines viereckigen Gefäßes anstelle einer Münze ein viereckiges Stück Blech gelegt, bemalt mit Streifen verschiedener Farbe in der Reihenfolge des Spektrums. Die allen Streifen gemeinsame Berandung lag parallel zu einer oberen Kante des Kastens. Ein Beobachter blicke über diese Kante so, daß man die Streifen nicht sieht. Hätte Newton mit seiner Farbabhängigkeit der Brechungszahl recht, so dürften bei Eingießen von Wasser die Streifen nicht zugleich sichtbar werden, sondern zuerst der violette und zuletzt der rote. Keine Spur davon! So triumphierte Goethe, „die Newtonische Theorie von Grund auf zerstört zu haben". Nur hatte der Herr Geheimrat, jeglicher Rechnerei abhold, nicht bedacht, wie nahe beieinander die Brechungszahlen der einzelnen Farben liegen (bei Wasser für äußerstes Rot 1,333, für äußerstes Violett 1,342). Laut Rechnung darf selbst im Idealfall, daß es sich um monochromatische Farben handeln würde, der Rand des violetten Streifens bei einem Abstand Auge — Kastenrand von $\frac{1}{2}$ m nur um $\frac{1}{100}$ Zoll (0,25 mm) gegenüber dem roten gehoben erscheinen, was unmöglich zu erkennen ist.

Daran erkenn ich den gelehrten Herrn!
Was ihr nicht tastet, steht euch meilenfern,
Was ihr nicht faßt, das fehlt euch ganz und gar,
Was ihr nicht rechnet, glaubt ihr, sei nicht wahr.

(Goethe, Faust II, 1. Akt)

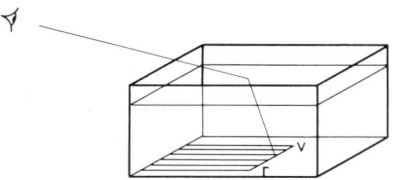

Bild 18
Goethes Angriff auf Newton

Obige Rechnung erklärt auch, weshalb bei den Messungen von Ptolemäus und Snellius die Farbzerstreuung nicht in Erscheinung trat.

Goethes Farbenlehre erschien 1810, als Newtons Lehre wenigstens bei den Physikern, soweit es um die Farben ging, längst anerkannt war. Eine gewisse Resignation spricht aus den Worten des Großen aus Weimar: ,,Daß ich die Farbenlehre geschrieben, gereut mich keineswegs, obgleich ich die Mühe eines halben Lebens hineingesteckt habe. Ich hätte vielleicht ein halb Dutzend Trauerspiele mehr geschrieben, das ist alles, und dazu werden sich noch Leute genug nach mir finden.''

F. Fraunberger

Gibt es einen luftleeren Raum?

Die Stadt Regensburg, Standort einer Legion der Römer, jahrhundertelang Herzogstadt der Bajuwaren, seit dem Hohen Mittelalter Stätte der Reichs- und Fürstentage und von 1663–1806 Sitz des immerwährenden Reichstags, war im Jahre 1654 Schauplatz einer Begebenheit, die den Würzburger Professor Caspar Schott schwärmen ließ, „er glaube nicht, daß die Sonne seit Erschaffung der Welt jemals etwas Ähnliches, geschweige Wunderbareres beschienen habe". Hauptperson war der vierte Bürgermeister von Magdeburg, Otto Gericke (erst von 1663 an Otto von Guericke). Ihm war der Ruf vorausgegangen, mit einem von ihm erfundenen Apparat luftleere Räume herstellen zu können und damit Dinge zu zeigen, daß dem Zuschauer Hören und Sehen vergehe.

Dabei wußte jeder, der auf einer Hohen Schule gewesen — und einige der in Regensburg versammelten Herren werden ja wohl darunter gewesen sein —, daß Aristoteles wie sein Lehrer Plato die Möglichkeit leerer Räume, auch luftleerer, strikte leugnete und dies auch rein vom Verstand her beweisen zu können glaubte.

Doch hören wir Guericke selbst! „Meine Mühe war nicht verschwendet: ich habe einige Geräte zum Nachweis der immer geleugneten Leere erfunden. Als ich von Staats wegen zu dem im Jahre 1654 in Regensburg abgehaltenen Reichstag geschickt wurde und einige Liebhaber solcher Dinge von meinen erwähnten Versuchen etwas vernommen hatten, setzten sie es bei mir durch, daß ich ihnen einige vorführte, was ich auch meinen schwachen Kräften entsprechend einzurichten verstand.

Es ereignete sich aber gegen Ende des Reichstages, zu der Zeit, als er bereits in Auflösung begriffen war, daß auch zu Sr. Kaiserlichen Majestät selbst, wie auch zu den Kurfürsten und einigen Fürsten, die schon zum Aufbruch rüsteten, die Kunde von diesen meinen Versuchen drang, und daß sie noch vor ihrer Abreise sie zu sehen wünschten. Diesen Wunsch konnte und durfte ich nicht abschlagen.

Vor allen am meisten entzückt zeigte sich jedoch Seine Eminenz der Herr Kurfürst Johann Philipp, Erzbischof von Mainz und Bischof von Würzburg, der mich deshalb bat, für ihn entsprechende Geräte anfertigen zu lassen. Da aber solche bei der Kürze der Zeit von den Handwerkern nicht fertiggestellt werden konnten, bat mich Seine Eminenz inständig, daß ich ihm meine nach Regensburg mitgebrachten Geräte verkaufte, die er dann nach seiner erzbischöflichen Residenz in Würzburg schaffen ließ.

Sobald die Hochwürdigen Väter der Gesellschaft Jesu und öffentlichen Professoren der Universität unter dem Vorsitz Sr. Eminenz des Herrn Kurfürsten diese meine Versuche [auf der Marienburg!] wiederholt nachgeprüft hatten, setzten sie Schreiben auf, übermittelten sie den Gelehrten zu Rom und anderwärts und baten diese zugleich um ihr Urteil. Insonderheit aber trat aus ihrem Kreise der hochwürdige Pater Caspar Schott, Professor der mathematischen Wissenschaften an der dortigen Universität, mit mir in einen diesbezüglichen Briefwechsel und erbat zu seiner besseren Unterrichtung über ein und das andere Auskunft von mir. Schließlich fügte er dann seiner ,Angewandten Mechanik der Flüssigkeiten und Gase' [,Mechanica hydraulica-pneumatica'] vom Jahre 1657 meine neuen Versuche als Anhang an, nannte sie ,die Magdeburger' und machte sie durch Druck bekannt."

Guerickes eigenes Werk „Experimenta Nova (ut vocantur) Magdeburgica de vacuo spatio" erschien erst 1672 in Amsterdam bei Jansson von Waeßberge, obwohl das Buch am 14. März 1663 fertig war; die Kupferstecher hätten ihn hängen lassen. Otto von Guericke, 1666 in Wien von Kaiser Leopold geadelt, entstammte einer angesehenen Magdeburger Patrizierfamilie, hatte Jura studiert und ging dann nach Leiden zum Studium der Festungs- und Wasserbaukunst. Nebenher betrieb er auch Sprachen und Naturwissenschaften. Nicht zuletzt die neue Lehre des Kopernikus brachte ihn auf die Frage, ob die Planeten sich nicht allein in einem leeren Raum ohne Widerstand endlos bewegen könnten. Aber gibt es denn einen solchen, in Widerspruch zur herrschenden Lehre der Philosophen?

Man mußte es versuchen. Zu seinem von den Eltern ererbten Anwesen gehörte eine kleine Brauerei, was ihm sehr gelegen kam. „Leer heißt, wo kein Körper ist, aber einer sein könnte", hieß es bei Aristoteles. Wasser ist etwas Körperliches, es braucht ja Raum und hat Gewicht. Also, dachte Guericke, entferne ich aus einem Faß voll Wasser das Wasser, dann habe ich einen leeren Raum. Um das Wasser herauszuholen, baute er eine „Feuersprutz", eine Handspritze, so um, daß das angesaugte Wasser nicht wieder in das Faß zurückgedrückt wurde, sondern seitlich entweichen konnte. Zwei „vierschrötige" Bräuburschen mußten die Pumpe bedienen. Das Pumpen war eine ziemliche Plackerei; im Innern des Fasses begann es zu brausen und wie zu sieden, es erwies sich als nicht luftdicht genug.

Guericke überlegte, ob man denn überhaupt Wasser brauche. Da sich Luft immer ausdehnt, würde sie ja ohnehin dem Kolben im Pumpenstiefel folgen, wenn dieser zurückgezogen wird. Anstelle des Fasses ließ er von einem Kupferschmied eine Kugel aus Kupferblech fertigen, gut verlöten und mit einem rohrförmigen Ansatz mit Hahn versehen. Auch die Spritze wurde dem neuen Vorhaben angepaßt. Den Gehilfen fiel auf, daß das Pumpen um so schwerer ging, je länger es dauerte. Da geschah es: Mit lautem Knall wurde die

Kupferblase zerknüllt, als ob sie Papier wäre. Dies könnte eine der Vorführungen in Regensburg gewesen sein. Ein anderer Versuch, nicht minder eindrucksvoll, war das stürmische Einschießenlassen von Wasser in einen leergepumpten Glasballon.

Guericke führte in Regensburg natürlich nur vor, was er in Magdeburg wohlerprobt hatte, und dazu gehörte auch das Überströmen von Luft aus einer als Reservoir dienenden Kugel in eine wenigstens teilweise evakuierte Glaskugel, in die etwas Spreu gebracht war. Sofort nach Öffnen des Verbindungshahns zeigten sich Nebel, und die Spreu wurde durcheinandergewirbelt wie bei einem Sturm, eine Demonstration, daß Wind und Wetter durch Druckunterschiede in der Atmosphäre entstehen.

Nach Aristoteles sollten Körper um so schneller fallen, je schwerer sie sind. Nichts falscher als dies! Ein evakuierbares Glasrohr mit ein paar Daunen und Steinchen, erst vertikal gestellt, braucht nur rasch umgekehrt zu werden. Solange es Luft enthält, geschieht, was man erwartet, die Federchen brauchen länger, bis sie am Boden angelangt sind. Im Fall der Evakuierung ist die Daune so schnell wie Steinchen und Schrot! Alle Körper fallen im Vakuum gleich schnell.

Von Regensburg aus verbreitete sich die Kunde von dem Geschehen rasch, Schotts und Guerickes Werke trugen das ihre dazu bei. Von etwa 1700 an war es Leuten, denen die Sache zwei- bis dreihundert Gulden wert war, ein Leichtes, sich eine handliche Antlia selber zuzulegen. Antlia, genauer Antlia pneumatica, war der Name, den Pater Schott den Luftpumpen gab. Natürlich waren die Künstler, wie die Mechaniker damals hießen, um mannigfache Verbesserungen bemüht, die Kolben luftdicht in den Stiefeln gleiten zu machen, Hähnen, Ventile zu verbessern. Besonders bewährte es sich, den Pumpenstiefel mit einem „Teller" zu verbinden und auf diesen eine Glasglocke, die „Cabane", luftdicht aufzusetzen. Das Vakuum oder das Spiel mit dem Vakuum war Mode geworden, der Besitz einer Antlia war für Vorführungen in Gesellschaften en vogue. Und nicht nur gut sollten die Apparate sein, auch daß sie schön waren, ließ man sich einiges kosten.

Selbstredend lieferten die Hersteller auch Gebrauchsanweisungen und Anregungen für die Schaustücke.

„Nehmet einen runzlichen Apfel, je runzlicher, je besser ist er hiezu, setzt ihn auf das Teller und die Glocke darüber, pumpet die Luft heraus, so werdet ihr sehen, daß der Apfel sich aufblehet und so gut und voll wird, als ob man ihn als lezest abgebrochen hätte. Sobald ihr die Luft wieder einlaßt, wird er aussehen wie zuvor."

„Nehmet ein kleines Glas, schüttet ein wenig Bier hinein und pumpet die Luft weg. Das Bier wird ganz in Schaum verwandelt werden, welcher aber plötzlich verschwindet, wenn Luft eingelassen wird. Das Bier zeigt hernach einen ganz verrochenen Geschmack."

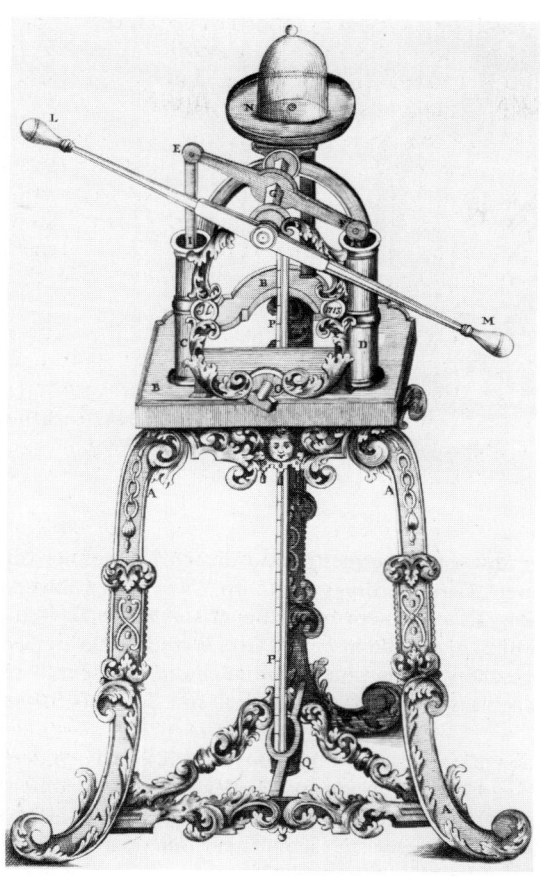

Bild 19 Luxuspumpe für Vorführungen in Gesellschaft

Alle Tiere sterben im luftleeren Raum. „Dieses bemerkt man zum Ex-
empel an einem Kaninchen, welches man unter die Glocke bringt, dann, wenn
man die Luft auspumpet, so fangt es an sehr hart Athem zu holen, es sucht
Luft, wird aufgeblehet, die Augen stehen ihm zum Kopf heraus, es gibt endlich seinen Kott von sich, es sucht durchzukommen und richtet sich alle Augenblick in die Höhe, es wird sein Athem schneller, es bekommt Ohnmachten
und Zuckungen, fällt endlich zurück und stirbt." (Alle drei Zitate aus Joh.v.
Muschenbroek.)

Bild 20
Ein Versuchskaninchen aus dem
18. Jahrhundert

„Wie das Wasser mit Lufft vermengt und dessen Einwohner ohne die-selbe nicht leben können. Daß allerdings Lufft im Wasser seyn müsse, zeigen die vielfältigen Blähslein, so aus einem beym Feuer stehenden Haffen hervor-steigen, ingleichen die Blasen, welche in einem Glas Wasser unter der evakuier-ten Glocke sich häufig sehen lassen, sonderlich auch die Fische selbsten, wel-che in dem evakuierten Wasser ihren Geist zugleich mit der Luft fortschicken müssen."

Die Demonstration stammt von Robert Boyle (1627—1691), der in Ver-ein mit Robert Hoocke die Luftpumpe mit Teller und leicht abnehmbarer Glasglocke ausrüstete. Boyle, Mitgrüder der Londoner Royal Society, einer der Väter der Chemie, interessierte sich lebhaft für den Atmungsprozess. Er verglich das Sterben des Kaninchens beim Evakuieren der Glocke mit dem Er-löschen einer Kerze unter gleichen Verhältnissen.

Nachdem Elektrisiermaschinen die Antlias aus den Salons verdrängt hatten, schrieb ein Verfasser „elektrischer Spielwerke", und das paßt mit Vor-behalt auch auf das obige: „Solche Versuche wird niemand tadeln, welcher weiß, daß die meisten Menschenkinder am liebsten spielend lernen und daß selbst große Physiker ihren ernsthaftesten Versuchen ein angenehmes Gewand umgeworfen haben."

F. Fraunberger

Experiment, Allegorie, Spiel und Magie

Das Experiment erhielt im Laufe des 17. und 18. Jahrhunderts eine Bedeutung, die weit mehr als fachwissenschaftlich war. Es gab ja noch längst keine Fachwissenschaft im modernen Sinn. Jedes wissenschaftliche Ereignis konnte noch allgemein symbolische Bedeutung erhalten, und da die neue naturwissenschaftliche Methode sich gegen die allumfassende Philosophie des Mittelalters wenden mußte, wurde ihr Sieg in der Aufklärung der Sieg einer neuen rational-empirisch bestimmten Philosophie nach dem Vorbilde der neuen Mechanik. Dies wird aus folgenden Worten von David Hume (1711–1776) besonders deutlich: „Überblicken wir, von diesen Prinzipien überzeugt, die Büchereien — welche Verwüstung müßten wir nicht anrichten? Nehmen wir irgendeinen Band, aus der Gottesgelehrtheit oder Schulmetaphysik z.B., in die Hand, so fragen wir: Enthält er irgendeinen abstrakten Schluß über Größe oder Zahl? Nein. Enthält er irgendeinen Erfahrungsschluß über Tatsache und Existenz? Nein. Also ins Feuer damit; denn er kann nichts als Sophisterei und Täuschung enthalten!"[1]

Das zeigten auch schon die Luftpumpenexperimente des Magdeburger Bürgermeisters Otto von Guericke um 1650: Sie waren nicht in erster Linie Untersuchungen, ein möglichst gutes Vakuum für wissenschaftliche und technische Zwecke zu erzielen, sondern vor allem kosmologisch-philosophischer Natur. Die Frage: Gibt es einen leeren Weltraum? konnte und sollte auf Erden experimentell geklärt werden.

„5. Das Größte von allen ist dieser unermeßliche Abstand, der Raum oder das Ausgedehnte, das die sämtlichen Sternkugeln, wie viele und wie zahlreich sie auch sein mögen, umfaßt. Im Vergleich zu ihm sind alle diese Weltkörper insgesamt nur einem winzig kleinen Teilchen, einem Atom gleichzuachten.

Als ich dies lange erwog und zugleich immer wieder dem Geheimnis des Weltenbaues nachsann, ließ mich nicht nur der Gedanke an die Riesenmassen dieser Gestirne und an ihre jedem menschlichen Verstande völlig unzugänglichen Entfernungen erschauern, insbesondere bannte mich dieser ungeheure, zwischen ihnen sich breitende, ins Grenzenlose erstreckte Raum und entfachte in mir die unauslöschliche Begierde nach seiner Erforschung. Was mochte das für ein Etwas sein, das jegliches Ding umfaßt und ihm die Stätte seines Seins und Bleibens darbeut? Ist es wohl irgendein feuriger Himmelsstoff, fest (wie die Aristoteliker wollen) oder flüssig (wie Kopernikus und Tycho Brahe lehren)? Ist es eine zarte Quintessenz? oder am Ende doch der stets geleugnete, jeder Stoffheit bare Raum? Oder was sonst?...

Aristoteles kennzeichnet das Leere als ‚einen körperlich nicht ausgefüllten Platz, der aber des Erfülltwerdens fähig ist‘.

Das Vorhandensein eines Leeren in der Natur erkennt er jedoch nicht an, sondern wendet vielmehr folgendes dagegen ein:

‚Was nicht Ursache irgendeiner Wirkung in der Natur ist, darf vom Philosophen nicht als vorhanden in der Natur gesetzt werden.
Das Leere ist nicht Ursache irgendeiner Wirkung in der Natur.
Also darf das Leere nicht gesetzt werden.‘

Doch wahrlich, wenn das Leere ein von keinem Körper erfüllter Ort ist, der aber fähig ist, erfüllt zu werden, so ist es zweifellos Etwas, und wenn nichts Wirkliches, doch etwas Bezügliches; und zwar ist es die Ursache der allergrößten Wirkung in der Natur, daß nämlich ein Ding, das hier ist, sich danach anderswo befinden und mit seiner Gegenwart einen Ort (oder vielmehr Raum) erfüllen kann, der dort von keinem Körper eingenommen wird, aber fähig ist, innegehabt zu werden. Wenn z.B. Saturn im Steinbock steht, ist sein Platz im Krebs leer, aber trotzdem imstande, ihn aufzunehmen. Mithin ist das Leere Ursache der größten Wirkung in der Natur. Mehr noch! Wenn es das Leere, nämlich den leeren Raum, in der Natur nicht geben könnte, sondern aller Raum erfüllt wäre, dann würde kein Körper an den Platz eines anderen treten und sich nicht von Ort zu Ort bewegen. Das Gegenteil davon werden die Versuche des folgendes Buches augenscheinlich nachweisen, insofern Luft sowohl wie Wasser mit großer Gewalt in entleerte Glasgefäße einströmen und gegen die natürliche Ordnung in ihnen aufsteigen....

Wir fassen aber das Leere, vom Begriff der Leerheit selbst her verstanden, nicht als etwas Wirkliches auf, sondern als ein Beraubtsein oder ein Ermangeln. Wie z.B. Finsternis ein Ermangeln des Lichtes, Blindheit ein der Sehkraft Beraubtsein und also nichts Wirkliches ist; oder: wie der Tod das Auslöschen des Lebens, aber als Tod nichts Wirkliches darstellt, so ist das Leere ein Beraubtsein des Vollen. Daraus folgt noch lange nicht, daß solche Beraubung oder ein Ermangeln dieses oder jenes Dinges (das man gemeinhin Leere nennt) etwas Wirkliches ist.

Weil aber sowohl das Volle wie das Leere immer einen Raum, ein Gefäß oder ein Behältnis als voll oder leer voraussetzt (denn einfach von voll oder leer zu sprechen ohne Bezeichnung oder Nennung des Gefäßes oder Behältnisses heißt: nichts sagen), so folgt notwendigerweise auch, daß es in Hinsicht auf die Dinge am Himmel, d.h. die Himmels- oder Weltkörper, ein Gefäß, einen Raum oder irgendeinen Behälter gibt. Da dies jedoch nicht gesehen und auch nicht leicht begriffen werden kann, haben sich über sein Ob und Wo, sein Leer- oder Erfülltsein soviel verschiedene Meinungen gebildet.

Dies Behältnis der Weltkörper ist aber nichts anderes als das Raumall oder das Allgefäß, das alles in sich faßt. Voll nennen wir es dort, wo sich ein solcher Weltkörper mit seinen Ausströmungen befindet; leer da, wo kein dergleichen Weltkörper mit seinen Ausströmungen vorhanden ist.

Wir sprechen also nicht von einem Leeren schlechthin (das ja in Wahrheit ein Nichts ist und weder begriffen noch verstanden werden kann), sondern von dem leeren Raume und welche Vorteile seine rechte Erkenntnis für die ganze Philosophie nach sich zieht."[2]

Damit wurde die philosophische Frage nach der Denkbarkeit und Existenz eines Nichts in die Urteilsbefugnis der Naturwissenschaft einbezogen. Naturbeobachtung und Experiment erhielten allegorische Bedeutung, weil sie im Einheitsrahmen des Barocks gesehen wurden. Dessen Lebensschau versuchte eine letzte Synthese von Philosophie, Theologie, Wissenschaft, Technik und Kunst — allerdings nicht mehr unter dem ausschließlichen Primat der Theologie wie im Mittelalter. Die Diesseitsbejahung (Spielfreude, Sinnengenuß, Natürlichkeit, Nützlichkeitsdenken) sollte jedoch gepaart bleiben mit idealer Frömmigkeit. Rationale Welterklärung und empirische Welterfassung mußten deshalb in Einklang gebracht werden mit der gläubigen Anerkennung letzter unerfaßlicher Dinge. Man versuchte es in dieser Zeit über die Darstellung allegorischer Zusammenhänge. So gab der jesuitische Wissenschaftler Athanasius Kircher eine Reihe von Büchern heraus, die Naturwissenschaft und Glauben gleichermaßen bereichern sollten. Im Titelbild der „Ars magna lucis et umbrae" (Die große Kunst von Licht und Schatten), 1646, werden Optik und Erkenntnistheorie von theologischer Warte aus allegorisch in Entsprechung gesetzt (Bild 21): Über allem schwebt Gott („Jehova" in hebräischer Schrift) als Urquell des Lichtes. Ein Teil dieses göttlichen Lichtes fällt in ein Buch (die Offenbarung in der Bibel) als „auctoritas sacra". Auf gleicher Ebene steht jedoch die „ratio", versinnbildlicht als Buch der Natur, das in mathematischen Zeichen geschrieben ist. Die strahlende Gestalt links stellt den Tag dar (Licht, Sonne), mit Sternbildzeichen auf dem Körper und dem Äskulapstab mit den Planetenzeichen in der Hand. Zu ihren Füßen liegt ein doppelter Adler — das Symbol der Geistigkeit. Die dunkle Gestalt rechts versinnbildlicht die Nacht (Schatten, Mond), auf einem Stab die Eule als Nachtvogel, zu ihren Füßen der doppelte Pfau als Symbol der Sinnlichkeit. Auf der irdischen Ebene werden „auctoritas profana" (weltliche Autorität) und „sensus" (Sinneserfahrung) in Entsprechung gesetzt. Von der Sonne kommt das physikalische Licht auf die Erde, reflektiert durch den Mond, über die Zwischenschaltung von Instrumenten, d.h. Refraktion oder Brechung durch das Fernrohr, sowie durch natürliche Verhältnisse auf der Erde ausgeblendet (Loch in einer Erdhöhle). Vielleicht stehen sich hier unberührte, aber doch der empirischen Forschung zugängliche Natur und künstliche Landschaftsgestaltung durch den Menschen gegenüber.

Bild 21 Eine Allegorie von Licht und Naturerkenntnis im 17. Jahrhundert.

Konsequente Aufklärer wie der Dichter und Physiker Georg Christoph Lichtenberg hatten im 18. Jahrhundert für diese Allegorien der frühen Barockzeit nur Spott übrig. Er nannte Kircher den „größten aller Foliantenschmierer", der Gott unter die Magneten zähle (zu einer Allegorie Kirchers über die anziehende Kraft Gottes und des Magneten). Unabhängig von der Polemik dieses Spotts traf die Kritik die Problematik allzu bildlicher Allegorien zwischen irdischem Denken und dessen metaphysischen Voraussetzungen. Allerdings war die unmittelbare Information über Naturwissenschaft – natürlich populär, d. h. mit Legenden ausgeschmückt – in diesen Büchern oft durchaus verläßlich, soweit es sich um einfachere und allgemein anerkannte Ergebnisse handelte.

Satirische Schriftsteller wie Jonathan Swift zeigten in ihrem Zerrspiegel der Zeit gerade die überhöhte Bedeutung von Experiment, Beobachtung und Nützlichkeit als Symbol der Wissenschaftlichkeit und des Fortschritts. In den folgenden Beispielen aus „Gullivers Reisen" (1726) – den Reisen nach Laputa und Balnibarbi – wird speziell die berühmte Royal Society von London aufs Korn genommen, mit der Académie des Sciences in Paris die erste und damals einflußreichste wissenschaftliche Gesellschaft der Welt:

„Die Herren, denen mich der König anvertraut hatte, bemerkten, wie schlecht ich gekleidet sei, und ließen deshalb am nächsten Morgen einen Schneider kommen, damit mir dieser das Maß zu neuen Anzügen nehme. Dieser Handwerker verfuhr nach einer von der europäischen durchaus verschiedenen Weise. Er nahm zuerst meine Höhe mit einem Quadranten auf und alsdann mit Maßstab und Kompaß die Dimensionen und Umrisse meines ganzen Körpers. Die Beobachtungen warf er aufs Papier. Nach sechs Tagen brachte er meine Kleider, die durchaus nicht paßten, da sich ein Fehler in die algebraische Berechnung eingeschlichen hatte. Ich hatte jedoch Ursache, mich zu trösten, denn dergleichen Vorfälle waren sehr häufig und wurden durchaus nicht beachtet."

„Das Gebäude der Akademie besteht nicht aus einem einzelnen, sondern aus einer Reihe mehrerer Häuser an beiden Seiten der Straße, die zu diesem Zweck gekauft und eingerichtet wurden, da sie bereits leer standen und in Verfall gerieten. Ich wurde von dem Direktor sehr gut aufgenommen und besuchte darauf mehrere Tage die Akademie. Jedes Zimmer beherbergte einen oder mehrere Projektmacher, und ich glaube, ich bin in nicht weniger als fünfhundert Zimmern gewesen. Der erste, den ich erblickte, war ein magerer Mann mit schmutzigen Händen und Gesicht, langem Bart und Haar, zerzaust und an mehreren Stellen versengt. Kleider, Hemd und Haut waren bei ihm von derselben Farbe. Er hatte acht Jahre lang das Projekt verfolgt, Sonnenstrahlen aus Gurken zu ziehen, welche in hermetisch geschlossenen Phiolen verwahrt und in rauhen Sommern herausgenommen wurden, weil sie die Luft erwärmen sollten. Er sagte mir, ohne Zweifel werde er in acht Jahren oder vielleicht in noch längerer Zeit imstande sein, die Gärten des

Gouverneurs zu mäßigen Preisen mit Sonnenschein zu versehen. Er beklagte sich jedoch über Mangel an Kapital und bat mich, ihm zur Ermutigung des Genies etwas zu geben, besonders da die Gurken in jetziger Jahreszeit sehr teuer gewesen wären. Ich gab ihm ein kleines Geschenk, denn der adlige Herr hatte mich zu dem Zwecke mit Geld versehen, weil er die Gewohnheit jener Leute kannte, von jedem, der sie besuchte, etwas zu erbetteln...

Ich sah einen anderen, welcher Eis zu Schießpulver kalzinieren wollte. Dieser zeigte mir auch eine Abhandlung, die er über die Hämmerbarkeit des Feuers geschrieben hatte und die er herausgeben wollte. Auch befand sich dort ein wahrhaftes Genie von Architekt, er hatte eine neue Baumethode erfunden, nach welcher man mit dem Dach anfangen und so bis zum Fundamente fortfahren sollte. Er rechtfertigte dieses Verfahren mit dem Hinweis auf die Bauart der klügsten Insekten, der Bienen und Spinnen.

Ein Blindgeborener hatte dort mehrere Lehrlinge, die sich in demselben Zustand befanden. Ihre Beschäftigung bestand darin, daß sie Farben für Maler mischten; ihr Lehrer hatte sie nämlich unterrichtet, dieselben durch Gefühl und Geruch zu unterscheiden. Zu meinem Unglück hatten sie damals noch keine großen Fortschritte gemacht, und auch der Professor versah sich jeden Augenblick. Dieser Künstler findet aber bei der ganzen Bruderschaft viel Ermutigung und Achtung."[3]

Die berühmtesten Geschichten aus „Gullivers Reisen", die heute, leider wichtiger satirischer Details entkleidet, nur noch als Kindergeschichten angeboten werden, die Reisen nach Brobdingnag (zu den Riesen) und nach Liliput (zu den Zwergen), sind aus der Übertragung der Möglichkeiten des Fernrohrs ins Dichterische entstanden: Vergrößerung bzw. bei umgekehrtem Hindurchschauen Verkleinerung der Welt.

Der Dichter und Professor für Experimentalphysik in Göttingen, Georg Christoph Lichtenberg, der so boshaft über Kircher geurteilt hatte, benutzte nun doch auch Beobachtungen und Experimente als Metaphern für erkenntnistheoretische und dichterische Betrachtungen. So war Verkleinerung und Vergrößerung wie bei Swift (und auch bei anderen des 18. Jahrhunderts) für ihn eine Erkenntnismethode: „Wenn Scharfsinn ein Vergrößerungsglas ist, so ist der Witz ein Verkleinerungsglas. Glaubt ihr denn, daß sich bloß Entdeckungen mit Vergrößerungsgläsern machen ließen? Ich glaube mit Verkleinerungsgläsern, oder wenigstens durch ähnliche Instrumente in der Intellektualwelt, sind wohl mehr Entdeckungen gemacht worden."[4]

Ja sogar mit Ideen sollte experimentiert werden: „Wie viel Ideen schweben nicht zerstreut in meinem Kopf, wovon manches Paar, wenn sie zusammen kämen, die größte Entdeckung bewirken könnte. Aber sie liegen so getrennt, wie der Goslarische Schwefel vom Ostindischen Salpeter und dem Staube in den Kohlenmeilern auf dem Eichsfelde, welche zusammen Schießpulver machen würden. Wie lange haben nicht die Ingredienzen des Schießpulvers existiert vor dem Schießpulver? Ein natürliches aqua regis gibt es nicht. Wenn wir beym Nachdenken uns den natürlichen Fügungen der Verstandesformen und der Vernunft überlassen, so kleben die Begriffe oft zu sehr an anderen, daß sie sich nicht mit denen vereinigen können, denen sie eigentlich zugehören. Wenn es doch da etwas gäbe, wie in der Chemie Auflösung, wo die einzelnen Teile leicht suspendirt schwimmen und daher jedem Zuge folgen können. Da aber dieses nicht angeht, so muß man die Dinge vorsetzlich zusammen bringen. Man muß mit Ideen experimentiren.

Ein bequemes Mittel mit Gedanken zu experimentiren ist, über einzelne Fragen aufzusetzen: z. B. Fragen über Trinkgläser, ihre Verbesserung, Nutzung zu anderen Dingen etc. und so über die größten Kleinigkeiten."[5]

Das heißt, der Denkanteil der Wissenschaft (einschließlich der Philosophie in der Aufklärung) sollte nach dem Vorbild des experimentellen Teils strukturiert werden. Lichtenberg war gerade wegen seiner Vielseitigkeit — die wissenschaftliche Exaktheit in seinen Arbeiten nicht ausschloß — berechtigt, an allzu schwülstiger Allegorie Kritik zu üben. Einen tiefsinnigeren Weg zur Lösung des Problems Empirie — Ratio — Metaphysik als die Barockzeit wies bald darauf Immanuel Kannt, der auch Lichtenberg tief beeindruckte. Mit ihm begann zum letzten Mal der Versuch eines allumfassenden philosophischen Systems.

Auf der Ebene der populären Darstellungen von Naturwissenschaften und Technik in Bild und Schrift, sei es in Deckengemälden von Schloß- und Klosterbibliotheken, in Ölbildern, Grafiken, Illustrationen, sei es in Büchern oder Zeitschriften, ging das Experiment auch ohne philosophisch-theologische Absichten im barocken Gewand der Zeit einher und kann uns heute ebenfalls als Zeichen für die Verklärung dienen, die es im Bereich des Bildungsbürgertums dieser Zeit erfuhr. Im Vordergrund stand meist weniger die sachliche Information als vielmehr die „Pose" des Geschehens, das Aufregend-Unterhaltsame bis Unheimlich-Machtverleihende.

Spiel und Magie waren zumindest auf den Jahrmärkten der Barockzeit noch untrennbar verbunden. In den Salons des gehobenen Bürgertums und des Adels spielte man ebenfalls gerne — das scheinbar Magische an vielen Erscheinungen und spielerisch-technischen Erfindungen war aber rational auflösbar (Bild 22 + 23). Auch die berühmte Erfindung der Montgolfière, die Verwirklichung des Traumes vom Fliegen also, wurde aus dieser Mischung geboren. So bedauerte es Georg Christoph Lichtenberg, hier selbst im Spielerischen des Experiments mit wasserstoffgefüllten Seifenblasen steckengeblieben zu sein, während andere den Weg zum technischen Nutzen gegangen waren. Ballonfahren erhielt viel metaphorische Verzierung weit über seine — zunächst sehr bescheidene — technische Nützlichkeit hinaus: vor allem als Eroberung des Luftraums, als Abstand von der Erde.

Die Symbolhaftigkeit des Experiments im Bereich von philosophischer Reflexion und praktischer Bildung ging im 19. Jahrhundert verloren. Die

Bild 22
Elektrischer Kuß —
eine Spielerei
des 18. Jahrhunderts

Spaltung der Welt — im deutschen Sprachbereich besonders deutlich in den Begriffen Kultur und Zivilisation — führte zu fachwissenschaftlichem Eigenleben. Die moderne Entwicklung von Naturwissenschaft, Technik, Industrie und Massengesellschaft hat jedoch andere Symbole gebracht (zum Beispiel das Statussymbol Auto), die für die allgemeine Öffentlichkeit nur noch als „black box", das heißt als Kasten, in dem unverständliche Dinge passieren, erscheinen — jedenfalls nicht mehr besonders aufregend und unheimlich, da alltäglich geworden. Und wenn doch unheimlich, dann aus einem ganz anderen Grund als im 18. Jahrhundert, aus Angst vor einer völligen Umfassung durch Technik und Wissenschaft.

J. Teichmann

Bild 23 Magisch-physikalische Experimente. Um die Wende zum 19. Jahrhundert gab es viele Demonstrationen, die den aufregenden naturwissenschaftlichen Entdeckungen romantisch-magische Bedeutung unterlegten. Sie hatten viel Zulauf, vom „tierischen Magnetismus" Mesmers bis hier zu den Vorführungen Robertsons.

55

Entdeckungen mit dem Thermometer

Man weiß nicht, ob das aus der Antike überlieferte Thermoskop mehr Schaustück war als ein wirklich gebrauchtes Instrument zur objektiven Beurteilung von Kälte oder Wärme im Raum. Es wurde in der Renaissance aus den Schriften Herons bekannt und nachgebaut. Das älteste Instrument ist das Thermoskop des Philon von Byzanz (um 200 v. Chr.), es beruht auf der Ausdehnung bzw. Zusammenziehung der Luft bei veränderlicher Temperatur.

„Beyspiel einer solchen Weiterung haben wir an einer halb aufgeblasenen Schweinsblasen / welche / so sie bey dem Ofen aufgehenkt / oder an die warme Sonne gelegt wird / völlig sich aufdähnet / und hingegen sich widerum einläßt / oder einfallt / oder luck wird / so man sie von bedeutetem warmen Orth hintragt in ein kaltes... weilen die innere Theil weiter voneinander stehen / oder getriben werden... hingegen in der Verdichtung... näher an- oder aufeinander zu ligen kommen" (Joh. Jac. Scheuchzer, Physica, 1. Teil, Kap. XXI).

Die Philonsche Demonstration: Eine Hohlkugel aus Blei mit angesetztem, nach unten gerichtetem Rohr (Glas) wird mit diesem ins Wasser getaucht. Das Erwärmen der Kugel mit der Hand oder mit Sonnenstrahlen treibt die Luft aus, und die nachfolgende Abkühlung zieht das Wasser hoch. Richtet man es so ein, daß das Wasser bis etwa zur Mitte steigt, und markiert man diese Stelle, so zeigt der höhere Stand Kälte, der tiefere Wärme im Raum an. Heron wandelte die Vorrichtung nach seinem Gutdünken ab. Ein Galilei zugeschriebenes Thermoskop war nichts anderes. Ebenfalls nur eine geringfügige Abwandlung war das Instrument des meist als Erfinder des Thermometers genannten Holländers Cornelius Drebbel. Im Kreis der Florentiner Accademia del Cimento (Akademie für Versuche, 1657—1663) wurde die Volumenausdehnung der Luft durch diejenige von Flüssigkeiten ersetzt, Urtyp aller künftigen Thermometer. Statt Wasser kam wegen seiner stärkeren Ausdehnung und des tieferen Gefrierpunkts Weingeist zur Anwendung, außerdem wurde das Rohr oben zugeschmolzen.

Die Weingeistthermometer hatten den Nachteil, daß Alkohol einen tieferen Siedepunkt als Wasser hat (78°). Das Verdienst, das Wasser durch Quecksilber zu ersetzen (1714), kommt dem in Danzig geborenen Glasbläser und Barometermacher Daniel Gabriel Fahrenheit zu, der das Handwerk in Amsterdam lernte und praktizierte. Er führte auch Fixpunkte zur Festlegung einer verbindlichen Skala ein. Vor ihm empfahl schon Christiaan Huygens Gefrierpunkt und Siedepunkt des Wassers als Fixpunkte (1665), und Newton, der wegen des viel höheren Siedepunkts Leinöl statt Weingeist den Vorzug gab, wollte die Temperatur des schmelzenden Eises und die menschliche Körpertemperatur als Fixpunkte nehmen. Die Spanne dazwischen sollte in 12 Abschnitte geteilt werden. Anders Celsius, er schlug die hundertteilige Skala vor, gab aber dem Gefrierpunkt des Wassers 100° und dem Siedepunkt 0°. Erst der Botaniker Carl von Linné kehrte die Celsius-Skala um (1743). Die Abhängigkeit des Siedepunkts vom Luftdruck war Fahrenheit bekannt, man wußte davon aber schon von Versuchen mit der Luftpumpe.

Für den praktischen Gebrauch sind Flüssigkeitsthermometer das Geeignete, für wissenschaftliche Bedürfnisse hingegen Gasthermometer. Nachdem die Änderung eines Volumens bei gleichbleibendem Druck oder des Druckes — früher Spannkraft genannt — bei gleichbleibendem Volumen bei jeweils veränderlicher Temperatur vom französischen Physiko-Chemiker Louis Joseph Gay-Lussac (1778—1850) gründlich untersucht worden waren, war Gas als Thermometersubstanz naheliegend. Anfänge dieser Entwicklung gehen auf den Franzosen Guillaume Amontons (1663—1705) zurück, der auch schon die Idee eines absoluten Nullpunkts geäußert hat.

Die praktische Form eines Instruments, das zum idealen Eichinstrument wurde und nach dem sich alle Thermometer der Welt richten, schuf der an der Universität München wirkende Physiker Philipp von Jolly (1874). Die theoretische Begründung auf der Basis der Thermodynamik lieferte schon 1848 der englische Physiker William Thomson, der spätere Lord Kelvin. Er führte den absoluten Nullpunkt ein mit −273,16 °C, die von da an gezählten

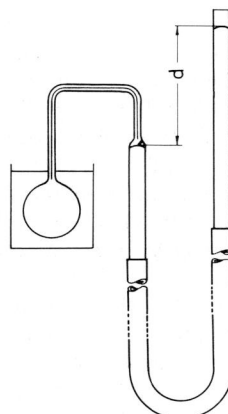

Bild 24
Die wesentlichen Teile des Jollythermometers, ohne Stativ.

Temperaturgrade heißen Kelvin-Grade, $^{\circ}$K (seit 1970 nur noch K). Man bezeichnet sie mit T, und es gilt: T $^{\circ}$K = t $^{\circ}$C + 273,16 $^{\circ}$C oder annähernd 273,2 $^{\circ}$C. Die Gefriertemperatur des Wassers erhält dann den Wert T_o = 273,2 $^{\circ}$K.

Das Gay-Lussacsche Gesetz, das dem Luft- oder Gasthermometer zugrunde liegt, lautet unter der Voraussetzung, daß das Volumen konstant gehalten wird: $p = p_o \, T/T_o$; p_o = Druck bei T_o._

Ursprünglich hatte Jolly als Gas Luft verwendet, neuerdings benützt man entweder Wasserstoff oder Helium. Als Behälter dient bei Temperaturen unter 400 $^{\circ}$C eine Kugel aus Glas, bei hohen oder sehr hohen Temperaturen Hohlkugeln aus Platin oder Porzellan, die über eine Kapillare mit einem Quecksilbermanometer verbunden sind. Eine Kapillare ist notwendig, damit das in ihr befindliche Gasvolumen gegenüber dem der Kugel vernachlässigbar ist. Die Kugel steckt in einem Temperaturbad, das es z. B. mit einem zu eichenden Thermometer teilt. An der Übergangsstelle von der Kapillare zum Manometer befindet sich eine Marke, zum Beispiel in Form eines Dorns. Durch Heben oder Senken des beweglichen Manometerteils wird die Quecksilberkuppe im linken Schenkel zur Berührung mit der Dornspitze gebracht. Damit ist die geforderte Konstanz des Gasvolumens gewährleistet. Aus der zugehörigen Höhendifferenz der Quecksilbermenisken in den beiden Schenkeln, vermehrt um den Luftdruck, erhält man den Druck p des Gases, mit obiger Formel schließlich die Temperatur T in $^{\circ}$K. Neuzeitliche Variationen des Jolly-Apparats umgehen den die Manometerschenkel verbindenden Schlauch.

Der eigentliche Zweck dieses Instruments besteht darin, daß es mit seiner Hilfe möglich wurde, die Temperaturskala über die Fixpunkte hinaus festzulegen, obige Formel ordnet jedem Gasdruck eine bestimmte Temperatur zu. Nur auf diese Weise kann man wissen, daß flüssiger Sauerstoff bei $-182,97$ $^{\circ}$C siedet oder Silber bei 960,5 $^{\circ}$C schmilzt.

Kehren wir noch einmal ins 18. Jahrhundert zurück! Damals dienten die Thermometer vor allem zur Wetterbeobachtung, weshalb man sie wie die Barometer zu den Wettergläsern zählte. Uns interessiert hier jedoch allein ihre Rolle in der Physik. In jener Zeit war es naheliegend, für die Erscheinungen der Wärme ein unsichtbares und unwägbares Medium verantwortlich zu machen, einen sogenannten Wärmestoff, wenn man salopp auch nur Wärme sagte und mit diesem Wort auch Temperatur meinte. Einige Forscher sagten dafür auch schon „Wärmestärke". Zum Vergleich: Je mehr Zucker in 1 Gramm Kaffee oder Tee gelöst ist, um so süßer schmeckt er, um so größer ist der Süßungsgrad, soweit wir der Zunge trauen. Je mehr Wärmestoff in 1 Gramm Wasser gelöst ist, um so höher ist sein mit einem Thermometer meßbarer Wärmegrad, die Wärmestärke oder Temperatur, und Thermometer sind sicher zuverlässigere Instrumente als die Zunge.

58

Werden m_1 Gramm Wasser der Temperatur t_1 mit m_2 Gramm Wasser der Temperatur t_2 gemischt, so verteilt sich nach gehörigem Umrühren der Wärmestoff gleichmäßig auf die $(m_1 + m_2)$ Gramm und wird eine zwischen den Ausgangstemperaturen liegende Mischungstemperatur t_{mi} annehmen, so daß gilt:

$$m_1 t_1 + m_2 t_2 = (m_1 + m_2) t_{mi}$$

und daraus: $t_{mi} = (m_1 t_1 + m_2 t_2) / (m_1 + m_2)$.

Dies bestätigte durch Messungen der schwedische Physiker Georg Wilhelm Richmann (1750), Professor an der Kaiserlichen Akademie in Petersburg, sie heißt daher Richmannsche Mischungsregel. Sie gilt auch, wenn man Öl mit Öl oder Quecksilber mit Quecksilber mischt. Da Schnee auch Wasser, nur gefrorenes Wasser, ist, erwartete der deutschstämmige Johann Carl Wilke (1732—1796), besonders verdient um die Förderung der Elektrizitätslehre und Sekretär der Schwedischen Akademie der Wissenschaften in Stockholm, daß beim Mischen von siedendem Wasser (100 °C) mit derselben Grammzahl Schnee (0 °C) Wasser von 50 °C entsteht. Das Thermometer zeigte aber nur Temperaturen bis 12°! Demnach mußte die im heißen Wasser enthaltene Wärmemenge auch noch zu etwas anderem gedient haben, vielleicht zur Umwandlung des Schnees in Wasser von 0°? Er suchte durch fortgesetztes Probieren, welche Temperatur Wasser haben mußte, daß sie gerade hinreichte, um die gleiche Masse Schnee von 0° in Wasser von 0° zu verwandeln, und kam auf 72°. Wegen der gleichen Massen von Wasser und Schnee entspricht diese Zahl der Schmelzwärme des Schnees, nach heutiger Kenntnis 80 cal/gr, seit 1970 330 Joule/gr.

Mischversuche mit Schnee waren also nicht ideal, mit Wasser von 0°, Eiswasser, war es einfacher. Nun wollte Wilke wissen, was sich ergibt, wenn er eine in siedendem Wasser auf 100° erhitzte Goldmünze mit der gleichen Masse (dem gleichen Gewicht) Eiswasser zusammenbrachte. Angenommen, die Münze wog 20 Gramm, dann wären dies 20 Gramm Wasser gewesen, etwas wenig für eine exakte Temperaturmessung mit den damals üblichen Thermometern. Auch mit anderen Metallen erhielt er Mischtemperaturen, die weit unter 50° lagen, sie waren von Metall zu Metall verschieden, aber doch charakteristisch für jedes Metall.

Verfolgen wir sein Vorgehen mit dem Begriff der spezifischen Wärme, wie man es heute schon in der Elementarschule lernt. Mit den Bezeichnungen m, t und c für Masse, Temperatur und spezifische Wärme, t_2 für die obere Temperatur, t_1 für die kalte Temperatur und t_{mi} für die Mischtemperatur, den Indizes m für Metall und w für Wasser und der Annahme, die vom kalten Wasser aufgenommene Wärme sei gleich der vom Metall angegebenen Wärmemenge, ergibt sich:

$$m_m \cdot c_m (t_2 - t_{mi}) = m_w \cdot c_w (t_{mi} - t_1).$$

Wegen $m_m = m_w$ gilt: $c_m = c_w (t_{mi} - t_1)/(t_2 - t_{mi})$.

Zwei Temperaturdifferenzen ergäben tatsächlich die spezifische Wärme der Metalle als Vielfaches der oder bezogen auf die spezifische Wärme des Wassers. Dabei ist es einerlei, ob man die Temperaturen mit einem Celsius- oder Fahrenheitthermometer mißt, nur wären im letzteren Fall $t_2 = 212\,°F$, $t_1 = 32\,°F$ zu setzen. Außerdem empfiehlt es sich, $c_w = 1$ zu setzen; c_m wäre dann die relative spezifische Wärme ohne Benennung.

Wilke machte es anders. Er berechnete anhand der Richmannformel, welche Mengen W siedenden Wassers nötig gewesen wären, um bei Mischung mit Eiswasser der Masse $m_w = m_m$ dieselben Mischtemperaturen zu erhalten, die er gemessen hatte. Tatsächlich waren diese äquivalenten Mengen W den spezifischen Wärmen proportional, wie man sieht, wenn man schreibt:

$$m_m \cdot c_m \, (100 - t_{mi}) = W \cdot c_w \, (100 - t_{mi}).$$

Daraus folgt bei $m_w = m_m$: $c_m / c_w = W / m_w$.

Jedenfalls ist Wilke der Erstentdecker der „eigentümlichen" Wärmen, der nachmaligen spezifischen Wärmekapazitäten oder spezifischen Wärmen, und gab ein Verfahren zu ihrer Ermittlung an. Charakteristisch für seine Methode ist, daß $m_w = m_m$ sein mußte, daher die einfachen Formeln. Ob Wilke auch das Phänomen der Schmelzwärme selbständig fand, ist insofern ungewiß, als er einem Bekannten erzählte, er hätte etwas von Versuchen eines Schotten gehört, aber weder in der Literatur davon lesen noch durch Nachfragen Genaueres erfahren können. Jener Schotte war Joseph Black, seine Arbeiten wurden erst nach seinem Tod gedruckt.

Joseph Black (1728−1799), Dr.med., von 1756−1766 Professor der Anatomie und Chemie an der Universität Glasgow, dann Professor für Chemie in Edinburgh, ist der Erstentdecker jenes Phänomens, das er „latente Wärme" nannte. Während Wilke dieselbe mit dem Thermometer aufspürte, erschaute Black den Sachverhalt aufgrund der Tatsache, daß in der Natur Schnee und Eis auch dann noch existieren, wenn an sonnigen Wintertagen die Lufttemperatur merklich über dem Gefrierpunkt liegt; und wie war es möglich, daß in den Kellern der Glasgower Bierbrauer Eis sich bis weit in den Sommer hinein hielt? Konnte es nicht sein, daß diese Produkte des Frostes erst ein gewisses Quantum Wärmestoff einsaugen müssen, um zu Wasser zu werden? Diese Menge, etwa auf eine Unze Eis bezogen, zu bestimmen, war ihm vordringliches Ziel.

Wir wollen hier jedoch nicht in Unzen und Graden Fahrenheit, sondern auch in Grammen und Celsiusgraden denken. Black setzte in einem leeren Saal von $47\,°F = 8,4\,°C$ Lufttemperatur zwei dünnwandige Kugelflaschen von je 4 Zoll Durchmesser auf Drahtringe, die eine mit 126 Gramm (5 Unzen) Wasser von $0\,°C$ gefüllt, die andere mit ebensoviel trockenen Eisstückchen von 0°. Während das Wasser in einer halben Stunde um $3,9\,°C$ erwärmt wurde, brauchte das Eis 21 halbe Stunden, bis es gänzlich geschmolzen war. Die Uhr war offenbar eine Halbstundenuhr.

Damals wurde noch unbeschwert von Benennungen und Dimensionen gerechnet. Folglich können wir die auf 1 Gramm bezogene Schmelzwärme s bestimmen aus $126 \cdot s = 21 \cdot 126 \cdot 3,9 \cdot c$ (c = spezifische Wärme des Wassers = 1 cal/gr. Grad), und wir erhalten s = 82 cal pro Gramm. In einer zweiten Messung, in der er den Wert entsprechend s = 79 (Tabelle 79,9) erhielt, berechnete er die zum Schmelzen benötigte, vom Wasser abgegebene Wärmemenge als Produkt aus Masse und Temperaturerniedrigung, er hat also die spezifische Wärme mit 1 berücksichtigt, ohne dies besonders zu betonen. Der Begriff war ihm aber geläufig, sein Schüler Crawford erweiterte (um 1770) die Richmannformel für Substanzen von unterschiedlicher spezifischer Wärme, noch heute Grundlage der Mischungskalorimeter.

Eine latente Wärme müsse auch im Spiele sein, wenn beim Sieden von Wasser die Temperatur nach Erreichen des Siedepunkts nicht mehr steigt, dafür aber Dampf entsteht. Durch Vergleich der Aufheizzeit vom Gefrierpunkt bis zum Siedeeinsatz mit der Zeit zum Verdampfen einer durch die Gewichtabnahme des Wassers bekannten Menge Wasser ermittelte Black die Verdampfungswärme mit 445–456 cal/gr. (1762). Erst 1818 fand der Schotte Ure 537 cal/gr., Deprez in Frankreich ermittelte 530–540 cal/gr., und heute wird mit 536 cal/gr. gerechnet.

Hinsichtlich der Bedeutung der Latenz war sich Black durchaus im klaren: Wenn es die Verdampfungswärme nicht gäbe, müßte Wasser nach Erreichen des Siedepunkts explosionsartig in Dampf übergehen, hatte doch sein Freund James Watt aus Dichtemessungen des Dampfes geschlossen, daß aus 1 Liter Wasser 1800 Liter Dampf entstehen. Und welch katastrophale Überschwemmungen gäbe es, würden Eis und Schnee ohne Schmelzwärme zu Wasser werden!

Angeregt durch die Arbeiten Wilkes befaßten sich zwei der größten Gelehrten der Zeit, die Franzosen Antoine-Laurent Lavoisier und Pierre-Simon Laplace, ein Chemiker und ein Mathematiker und Astronom, mit der Messung spezifischer Wärmen und erfanden dazu ein Instrument, das sie Kalorimeter nannten. Unter Bezugnahme auf Wilke ließen sie eine erhitzte Probe in einem mit Eis versehenen Gefäß auf Null Grad abkühlen und bestimmten die Menge des Schmelzwassers. Liest man die Ergebnisse, so fanden sie als auf die spezifische Wärme des Wassers = 1 bezogene Werte für Eisen 0,109985, für Quecksilber 0,029000 und für Blei 0,028189; man ist über diese Präzision erstaunt. Das Gewicht der Probe bestimmten sie, soweit es mit der Waage möglich war, z.B. mit 7,7070319 Livres (Pfund), die Masse des Schmelzwassers, das nach 11 Stunden des Abtropfens vorlag, mit 1,109795 Livres. Die Temperatur der heißen Probe wurde aber nur in ganzen Graden, 78 °F, angegeben. Da diese aber im Nenner ihrer Formel auftritt, würde ein Fehler von ± 1° sich erst in der 4. Stelle hinter dem Komma auswirken. Sechs Stellen hinter dem Komma sind um so übertriebener, als sie in einem Sonderversuch die Schmelzwärme des Eises um 6 % zu klein bestimmten. Aber ein

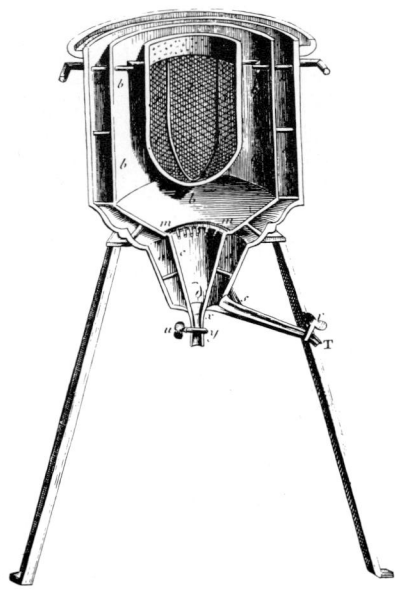

Bild 25

Das von Lavoisier und Laplace gebrauchte Kalorimeter. Der Draht-
korb in der Mitte nahm die Probe
auf.

Heidelberger Hofrat schrieb noch 1833: „Auch dürfen wir dreist annehmen,
daß der Heros unter den neueren, der unsterbliche La Place, in der Physik so
viel nicht würde geleistet haben, wenn er nicht durch Lavoisier in der Kunst
des Experimentierens geübt und mit der großen Wichtigkeit der Versuche vertraut gemacht worden wäre."

Die beiden Forscher erwähnen, daß die angegebenen Zahlen Mittelwerte sind, gültig für den Abkühlungsbereich der Proben. Denn es sei durchaus
möglich, verschiedene Werte zu erhalten, wenn eine Probe von 0° auf 1° oder
von 200° auf 201° erwärmt wird, Solche auf 1° Temperaturänderung bezogene spezifische Wärmen heißen differenzielle spezifische Wärmen. In der
Tat fand man für sie die folgenden Werte:

Temperatur in °C diff. spez. Wärme	−100	0	100	200
Aluminium	0,175	0,210	0,224	0,235
Eisen	0,085	0,105	0,116	0,127
Kohlenstoff (Diamant)	0,033	0,104	0,184	0,25

Einen großen Aufschwung nahm die Messung spezifischer Wärmen, nachdem Pierre-Louis Dulong und Alexis-Thérèse Petit 1818 gefunden hatten: Das Produkt aus spezifischer Wärme und Atomgewicht der Elemente beträgt konstant 0,375. Zu ihrer Zeit wurden die Atomgewichte auf Wasserstoff bezogen, mit A = 1. Auf Sauerstoff = 16 umgerechnet, war die Konstante = 6. Als mehr Elemente bekannt wurden, tendierte dieser Wert gegen 6,2. Dies gilt aber nur für höhere Temperaturen und nicht ausnahmslos. Diamant liefert bei 0 °C nur 1,25.

Der Befund der beiden Forscher hatte zur Folge, daß der Atombegriff wieder hoch aktuell wurde, nachdem er in den Jahren nach Avogadro in Mißkredit geraten war. Man konnte sich nicht vorstellen, daß es, wie jener behauptete, auch Moleküle aus gleichen Atomen geben sollte. Denn nach Berzelius machte man für die Bildung von Molekeln aus Atomen elektrische Anziehungskräfte verantwortlich, jedes Atom sollte ein charakteristisches Ladungsvorzeichen haben, und so war es unvorstellbar, daß zwei gleiche Atome sich anziehen sollten.

Wie aus obiger Tabelle ersichtlich ist, nehmen die spezifischen Wärmen mit abnehmender Temperatur ab. Nach dem 3. Hauptsatz der Thermodynamik von Walter Nernst (1906) sollten sie bei Annäherung an den absoluten Nullpunkt sogar gegen Null streben.

Warum das so ist und nach welchem Gesetz dieser Abfall geschieht, konnte erst in diesem Jahrhundert verstanden werden, als durch Albert Einstein (1907) und durch Peter Debeye die Quantentheorie auf die Physik der Festkörper angewendet wurde. Das Studium des Verhaltens der spezifischen Wärmen bei hohen und tiefen Temperaturen durch Nernst und seine Schüler mit der Beibringung ,,eines geradezu großartigen experimentellen Materials'' rühmte Arnold Sommerfeld, denn Theorie und Erfahrung hätten hier neben der Erkundung der Strahlungsgesetze ,,den anderen, nicht minder tragfähigen Grundpfeiler der Quantentheorie geliefert''. Zweierlei war hierzu erforderlich: die Entwicklung neuartiger Kalorimeter und die Herstellung und Beherrschung tiefer und tiefster Temperaturen, wie sie in der Natur nicht vorkommen.

Was Wilke vor rund zwei Jahrhunderten entdeckte, fand im Laufe der folgenden Jahrzehnte immer wieder neue Aspekte: die Regel von Dulong-Petit, die endgültige Verdrängung des Wärmestoffes durch die Erkenntnis, daß die Wärme eine Erscheinungsform der Energie ist (ab 1842), und ab 1907 das Eingreifen der Quantentheorie. Wer weiß, ob diese Entwicklung endgültig ist! Es schien jedenfalls reizvoll, die Anfänge hier in Erinnerung zu bringen und zu zeigen, wie zwei so wichtige Begriffe wie ,,latente Wärme'' und spezifische Wärme in die Welt gekommen sind.

F. Fraunberger

Leidener Flasche und Blitzableiter

Beim Umgang mit Elektrizität, vor allem seit 1700, zeigte sich bald ein Problem, das bis heute aktuell geblieben ist: Die „elektrische Materie" war schwer für längere Zeit und in größerer Menge festzuhalten. Trotzdem, muß man sagen, reichten die kleinen Fünkchen, die man mit Elektrisiermaschinen erzeugen konnte, aus, Elektrizität in Verwandtschaft mit dem Feuer, vor allem mit dem Blitz zu sehen. Die vorgeführten Effekte in den Salons wurden immer eindrucksvoller. Anfang 1744 führte der königlich-preußische Feldmedicus Christian Friedrich Ludolff der Berliner Akademie der Wissenschaften einen „zündenden" Versuch vor. Ein Funke aus einem Konduktor brachte eine vorgewärmte Probe Alkohol zum Brennen. Noch mehr Eindruck auf die Welt machte die folgende Abwandlung dieses Experiments: Statt des Konduktors wurde ein Mensch benutzt. Auch er konnte mit einem elektrischen Funken über seinen Körper Alkohol in Flammen setzen (Bild 26). Welch

Bild 26 Entzündung von Alkohol mit Hilfe der Elektrizität.

ein Ereignis! Der Mensch, der als eine der ersten technischen Leistungen das Feuer beherrschen gelernt hatte, brachte es nun auch fertig, das gleiche Feuer als völlig ungefährliche Elektrizität zu speichern und sogar durch seinen eigenen Körper zu führen, ohne daß es schadete. Allerdings, ein wenig Schmerzen mußte er bei dieser göttlichen Tätigkeit ertragen. Aber wer war nicht bereit dazu, wenn er dabei an das berühmte Bild Michelangelos „Die Erschaffung Adams" aus der Sixtinischen Kapelle in Rom erinnert wurde, auf dem Gott über seinen Finger den Lebensfunken springen läßt.

Speichern von Elektrizität war also nur mit irgendwelchen isoliert aufgestellten leitenden Körpern möglich. Es war um diese Zeit schon bekannt, daß die Speicherfähigkeit von der Größe dieser „Konduktoren" abhing, ob aber Oberfläche oder Volumen eine Rolle spielten, das untersuchte noch niemand systematisch. Es war ja auch gerade erst das Elektroskop als rauhes Anzeigeinstrument erfunden worden: Zwei Zeiger stießen sich bei Aufladung voneinander ab. Und es gab noch gar keine klaren Begriffe, außer dem Begriff „Strom", der alles umfaßte: Strömen in Leitern, im Isolator Luft (als Funkenübersprung) und − ganz im Gegensatz zum späteren Strombegriff − unsichtbares Ausströmen in die Umgebung zu Anziehungs- und Abstoßungswirkungen. Es war also eine Art Nahwirkungstheorie in direkter Analogie zu sichtbaren Flüssigkeitswirbeln, wie sie hundert Jahre vorher für die Gravitation noch von René Descartes vertreten worden war.

Jedenfalls gewann die Elektrizität an Popularität, und das hieß im Zeitalter des Barocks mit seiner Begeisterung für alle Spielarten salonbürgerlicher Unterhaltung: auch an wissenschaftlichem Interesse. Alle möglichen Substanzen wurden nun gerieben und anderweitig elektrisch aufgeladen − so wie es mit Bernstein als erster Substanz in der Antike angefangen hatte. Man versuchte es selbstverständlich auch an Flüssigkeiten. Doch mußten diese in Gefäßen elektrisiert werden. Und da gab es eines Tages eine Riesenentdeckung.

Im Januar 1746 schrieb der holländische Physiker und Professor Pieter van Musschenbroek aus Leiden an den französischen Physiker Réaumur − nach dem später eine Thermometereinteilung benannt wurde (Bild 27): „Ich will Ihnen eine neue, aber schreckliche Erfahrung mitteilen und dabei raten, sie nicht selbst zu versuchen. Ich stellte einige Versuche über die Stärke der Elektrizität an und hatte zu diesem Zweck an zwei blauseidenen Fäden eine eiserne Röhre AB, Fig. 1, aufgehängt, welche die Elektrizität von einer Glaskugel erhielt, die schnell um ihre Achse gedreht wurde, während sie mit den dagegen gedrückten Händen gerieben wurde. Am anderen Ende B hing frei ein messinger Draht, dessen Ende in ein gläsernes Gefäß D, das zum Teil mit Wasser angefüllt war, tauchte. Dieses hielt ich in der rechten Hand F und mit der anderen E versuchte ich aus der eisernen elektrisierten Röhre Funken herauszulocken. Auf einmal wurde meine rechte Hand heftig erschüttert, so daß mein ganzer Körper wie von einem Blitzschlag getroffen war ... mit einem Wort, ich dachte, es wäre aus mit mir."[1]

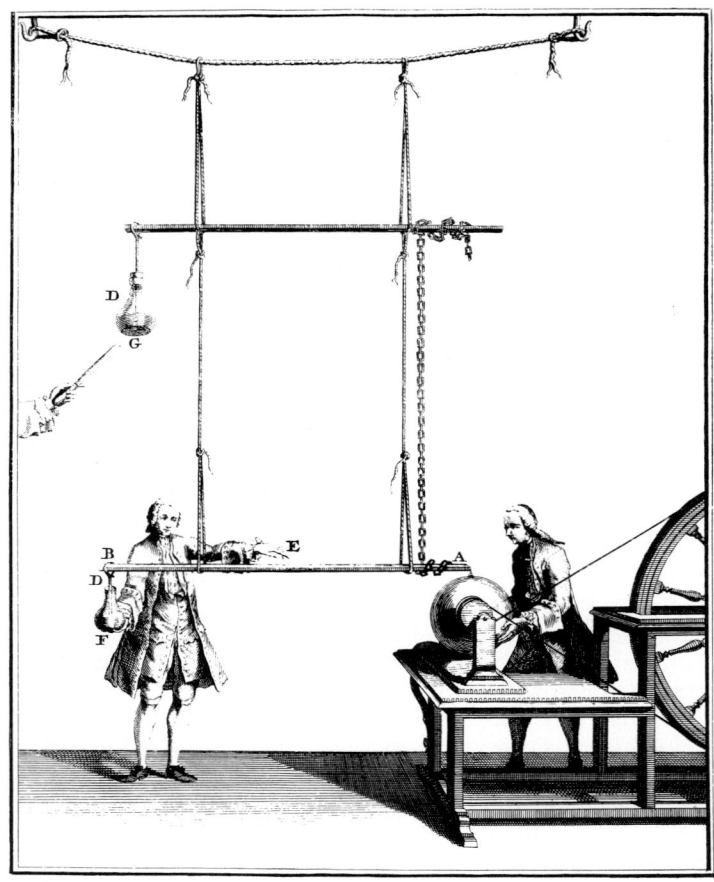

Bild 27 Elektrizitätsschock und Leidener Experiment 1746. Eine Flasche
mit Wasser in der einen Hand fungiert als Kondensator und speichert die
Elektrizität. Der Finger der anderen Hand entlädt den Kondensator.

Was war geschehen? Modern erklärt: Die Wasserbenetzung an der In-
nenwand des Gefäßes bildete die eine Belegung eines Zylinderkondensators.
Das Glas war ein Isolator. Die Handinnenfläche des Experimentators stellte
die andere Belegung dar. Wegen der hohen Spannung der Reibungselektrizität war die „Hand"belegung praktisch durch den Körper über die Ledersoh-

len und den Holzfußboden mit dem einen (geerdeten) Pol der Elektrisierma-schine – hier Glaskugel – verbunden, das Wasser im Innern des Gefäßes über den Draht mit dem zweiten (geladenen) Pol. Das ergab den Stromkreis für die Aufladung. Die zweite Hand, die an die „eiserne Röhre", d.h. den Kon-duktor, gehalten wurde, bewirkte nun die Entladung. Entscheidend war, daß gegenüber den bisherigen Konduktoren, die ja Kondensatoren Metall gegen Zimmerwand waren, der Abstand der zwei leitenden Flächen um die Größenordnung 1 000 auf Glasdicke verringert wurde. Das Dielektrikum Glas (statt bisher Luft) steuerte demgegenüber nur einen geringen Faktor zur weiteren Erhöhung der Kapazität bei. Die größten Kapazitäten, die man im folgenden mit einer Batterie parallel geschalteter „Leidener" Flaschen im 18. Jahrhundert erzielen konnte, lagen bei etwa 1 Mikrofarad.

Wie es zu dieser Entdeckung, die aus den damaligen Ausströmungs-theorien nicht vorhersehbar war, kommen konnte, ist nicht einfach zu erklä-ren. Die Frage ist aber von großem Interesse, da in der Entwicklung der Phy-sik immer wieder solche experimentellen „Sprünge" auftreten, die eine ganz unerwartete Erweiterung von Handeln und Denken erlauben, siehe etwa die Entdeckungen Galvanis 1791, die Entdeckungen Röntgens 1895, diejenigen Becquerels zur Radioaktivität 1896. Es sind Überlegungen angestellt wor-den, daß gerade Nichtfachleute entscheidend für die erste Phase der Ent-deckung sein können[2]. So scheint die erste Beobachtung des beschriebenen Effekts vom Laien Cuneus aus der Gruppe um Musschenbroek zu stammen. Aber schon 1745 hatte offenbar ein anderer Nichtfachmann die gleiche Ent-deckung gemacht: der Landedelmann, studierte Jurist und Domdekan Ewald Jürgen von Kleist in Camin, Pommern:

„3. Wenn ein Nagel, starker Draht etc. in ein enghälsiges Medecingläs-chen gestecket und electrisiret wird, so erfolgen besonders starke Wirkungen; das Gläschen muß recht trocken und auch warm seyn. Thut man etwas Mercur oder Spir. Vin. hinein, so gehet alles desto besser von statten. Sobald das Gläschen von der electrischen Machine weggenommen wird, so äusert sich an demselben der flammende penicillus, und habe ich mit dieser kleinen brennenden Machine über 60 Schritt in dem Gemach hell gehen können.

4. Electrisire ich den Nagel stark, welches sich an dem im Gläschen findenden Licht, und herausfarenden Funken spüren lässet, so kan ich damit in eine andere Cammer gehen und Spiritum Vini oder Therebintini anzünden.

5. Wird währenden Electrisiren der Finger oder ein Metall an den Nagel gehalten, so ist der Schlag so stark, daß Arm und Achseln davon erschüttert werden.

6. Eine auf blauseidenen Schnüren oder Glas liegende blecherne Röhre, lässet sich durch dieses Instrument viel stärker electrisiren, als wenn es imme-diato durch die electris. Kugel geschichet. Auch Spiritus lässet sich damit zünden. Ein gleiches erfolgt, bei einen auf dem electrischen Vierecke stehen-den Menschen. Im letztern Fall ist die Electricität stärker, wenn die electr. Machine an die blose Haut, als an die Kleider gehalten wird.

7. Wird die blecherne Röhre (bei mir ein Tubus von 12. Fuß) auf gewöhnliche Art electrisirt, und ich halte sodann den im Gläschen befindlichen Nagel daran, und fahre mit electrisiren fort, so solte man nicht glauben, zu welcher Stärke die Electricität gebracht würde, wenn nicht die Erfahrung den besten Beweiß darböte.

8. Noch habe ich eine 4 Zoll im diam. haltende mit etwas Feuchtigkeit gefüllte gläserne Kugel genommen, und das drein gefaßte metallene Instrument, welches wie eine kleine Cammer war, auf vorbeschriebene Art electrisirt und dadurch eine solche starke Electricität zu wege gebracht, daß man den herausfarenden Schlag nicht mehr als einmal auszuhalten verlanget, die Kugel muß etwa warm, und der Umfang recht trocken seyn. Spiritus lässet sich damit nicht gut anzünden. Die Erschütterung ist zu heftig, der Löffel oder ander Gefäß wird entweder aus der Hand geschlagen, oder doch der Spiritus verschüttet. Wird das Instrum. an der Stange electrisirt, so äusert sich dieselbe Kraft auch an der Stange, in an einen Menschen auf dem Vierecke etc. Die Electricität hat sich nach Verlauf von 24. Stunden noch sehr merklich spüren lassen. Ich bin versichert, daß bei dergleichen heftigen Funken der Hr. N. N. das wiederholte Küssen mit seiner veneranda Venere wol hätte sollen bleiben lassen.

Was mir bei diesem allen am merkwürdigsten zu seyn scheint, ist: daß sich diese starke Würkung nicht anders als in der Hand zeigen wolle. Kein Spiritus wird sich, wenn er auf dem Tische stehet, zünden lassen. Electrisire ich das gemeldete Instrument noch so stark, setze es auf den Tisch und halte den Finger daran, so erfolgt kein Funken, sondern nur ein feuriges Zischen. Nehme ich die Kugel ohne solche von neuen zu electrisiren wieder in die Hand, so äusert sich die vorige Stärke. Ich weiß nicht, ob die Herren Physici hierauf bereits haben acht gehabt."[3]

Sowohl Kleist wie Cuneus waren eindeutig Außenseiter der Naturwissenschaft — was damals allerdings recht häufig war. Inwiefern könnte dies nützlich gewesen sein? — Die Aufladung geschah durch den Körper des Experimentators und durch den Fußboden hindurch. Lederschuhe und Holzfußboden bei den Hochspannungsexperimenten des 18. Jahrhunderts stellten ten eine viel bessere Leitung dar als Gummisohlen und Kunststoffböden heutzutage. Diese gute leitende Verbindung war unbedingt nötig, um eine größere Auf- und Entladungswirkung zu bekommen. Doch waren die Erfahrungen, die vor diesem Experiment gesammelt worden waren, genau umgekehrt: Aufladungen blieben nur erhalten, wenn der entsprechende Speicher, hier also der Mensch mit Flasche, isoliert war. Wenn man nun, wie vielleicht auch schon ab und zu vor 1745, den Leidener Versuch nach den damaligen Anweisungen der Physik auf einem Isolator stehend ansetzt, ist die Wirkung — je nach Kapazität dieses zweiten Kondensators Füße-Isolator-Erde — mitunter kaum spürbar. Man mußte also bewußt oder unbewußt gegen scheinbar sicheres traditionelles Wissen verstoßen, um diesen neuen Effekt zu entdecken. Da keiner der Entdecker diese Tradition zunächst bewußt in Frage gestellt hat, wäre es tatsächlich möglich, daß hier die „Amateure" einfach eine sonst allgemein anerkannte Regel mißachtet haben und deshalb zu Entdeckern werden konnten. Die entscheidende Interpretation kam dann allerdings von Fachleuten.

Die Bedingungen, die zum Gelingen des Experiments führten, waren zunächst keinem der Beteiligten ganz klar. Am unklarsten waren sie auf jeden Fall Kleist. So konnte es zu verschiedenen Kontroversen um die Priorität der Entdeckung kommen. Es war schlichtweg nicht ersichtlich, daß nur die Belegungen an der Glaswand der benutzten Gefäße entscheidend waren, ferner, daß es sich hier um einen Stromkreis handelte, der über die Verbindung Experimentator-Fußboden-Ableitung-Elektrisiermaschie zwischen den zwei Seiten der Glaswand hergestellt wurde. Diese Interpretation entwickelte sich erst in einer mehrjährigen Debatte. Bald allerdings wurde erkannt, daß zwei Metallbelegungen statt Hand und Wasser ausreichten.

Die grundsätzlichen theoretischen Antworten kamen schließlich vor allem von Benjamin Franklin seit 1748. Jetzt wurde Strömen von Elektrizität im wesentlichen nur innerhalb eines Stromkreises definiert. Das war durch das Leidener Experiment plausibel zu machen. Aufladung wurde von Franklin als Ladungstrennung charakterisiert, genauer als Überfluß (+) oder Mangel (−) einer einzigen existierenden elektrischen Materie. Probleme dabei, etwa, warum sich zwei negative Körper abstießen, führten andere zur Erneuerung der These von zwei existierenden elektrischen Materien, die aber wie bei Franklin auch nur getrennt und wieder zum neutralen Status vereint werden konnten. Beide Theorien basierten also auf einer Art Ladungserhaltungsprinzip.

Die Nachricht von den neuen schrecklichen Möglichkeiten der Leidener Flaschen verbreitete sich wie ein Lauffeuer durch Europa. Hauptanteil daran hatte der Abbé Jean Antoine Nollet, ein brillanter Experimentator, der auch Physiklehrer der königlichen Prinzen und Prinzessinnen in Paris war (Bild 28). Er nutzte die Kondensatorwirkung gleich zu grandiosen Schauspielen vor Ludwig XV. und seinem Hofstaat: Hundertachtzig Soldaten der königlichen Garde mußten Hand in Hand nichtsahnend den Entladungskreis einer „Leidener Flasche", wie Nollet sie nannte, bilden und sprangen zum größten Vergnügen der Zuschauer alle fast gleichzeitig in die Luft. Bald wiederholte er diesen Versuch mit der ganzen Belegschaft eines Kartäuser-Klosters (700 Mönche).

Wie schnell nun auch bisher unerklärliche Blitzwirkungen rational gedeutet wurden, zeigen folgende „Würkungen des Donners": „Im Jahre 1689 traf der Donner zu Lagny die Kirche St. Salvator, und dasjenige, was er auf dem Hochaltar tat, wurde wie ein Wunderwerk betrachtet. Ein Pappendeckel, welcher den Kanon der Messe enthielt, lag platt auf dem Altartuche, an dem Orte, unter welchem der heilige Stein lag. Nach dem Schlage fand man den

*Bild 28 Physikalischer Unterricht der könglichen
Prinzen und Prinzessinnen
durch den 'Abbé' Jean Antoine Nollet.*

Stein in der Mitte zerspalten, und den Pappendeckel der Spalte gegenüber
zerrissen; auf dem Teil des Altartuches, welches zwischen dem Stein und sel-
bigem war, fand man einen verkehrten Abdruck von dem, was auf dem Pappendeckel geschrieben war; aber was man als eine übernatürliche Sache betrachtete, war, daß dabei die Worte der Konsekrationen fehlten, welche der
Donner verschont zu haben schien."[4] Nollet antwortete dazu: Da die fehlenden Buchstaben rot gedruckt waren und diese Farbe trockener war als die
Druckerschwärze, konnten sie trotz des starken Anpressens gegen das Altar-
tuch aufgrund der Blitzwirkungen keine Spur hinterlassen.

70

Den Blitz als naturwissenschaftlich erklärbares Ereignis zu verstehen und technisch auszunutzen, war eine weitere große Konsequenz des Leidener Versuchs. Auch der erste Blitzableiter stammte — zumindest als Idee — von Benjamin Franklin. Es ist kein Zufall, daß es ein Amerikaner war, bei dem das Interesse an Politik, Wissenschaft, Technik so nahtlos ineinanderpaßte. Schon länger war bekannt, daß zugespitzte Leiter die Elektrizität aus geladenen Körpern still entluden, wenn sie sich in geeigneter Entfernung gegenüberstanden. Stumpfe Körper dagegen mußten viel näher beisammenstehen und entluden nur durch Funken. Auch die Vermutung, daß „Schlag und Funken der verstärkten Electricität für eine Art des Donners und Blitzes zu halten sind", lag inzwischen nahe. Winkler kam 1746 zu dem Ergebnis: „Es scheint demnach, daß die electrischen Funken, welche durch Kunst erweckt werden, der Materie, und dem Wesen, und der Erzeugung nach, mit den Blitzen und Donnerstrahlen von einerlei Art sind, und ihr Unterschied nur in der Stärke und Schwäche ihrer Wirkungen bestehe."[5]

Franklins geniale Idee war es, Spitzenleiter zur gefahrlosen Abführung der Elektrizität vorzuschlagen. Das heißt, er machte den Schritt von der wissenschaftlichen Betrachtung der Welt zur technischen Veränderung: „...Könnte nicht die Kenntnis von der Kraft der Spitzen der Menschheit von Nutzen sein, wenn man dadurch Häuser, Kirchen, Schiffe und so weiter vor dem Blitzschlag schützen könnte, indem sie uns dazu führt, auf den höchsten Teilen dieser Baulichkeiten aufrecht stehende eiserne Stangen zu befestigen, die scharf wie eine Nadel gemacht wurden und vergoldet wurden, um Rost zu verhindern. Und von dem Fuß dieser Stangen müßte ein Draht an der Außenseite des Gebäudes in die Erde herunterlaufen... Um die Frage zu entscheiden, ob die Wolken, die Blitze enthalten, elektrisch sind oder nicht, möchte ich einen Versuch vorschlagen, der dort, wo das gut möglich ist, durchgeführt werden soll. Auf der Spitze irgendeines hohen Turmes oder Gerüstes werde eine Art von Schilderhaus gestellt, groß genug, um einen Menschen und einen elektrischen Schemel zu fassen. Von der Mitte des Schemels lasse man eine Eisenstange ausgehen, die mit einer Biegung durch die Tür läuft und dann senkrecht zwanzig oder dreißig Fuß in die Höhe reicht, sowie am Ende scharf zugespitzt ist. Wenn der elektrische Schemel sauber und trocken gehalten wird, könnte ein Mensch, der auf ihm steht, während solche Wolken niedrig vorbeiziehen, elektrisch werden und Funken geben, da die Stange aus einer Wolke Feuer zu ihm zieht."[6]

Den ersten Versuch dieser Art führte allerdings d'Alibard in Marly bei Paris 1752 aus — Franklins Briefe waren 1751 in französischer Übersetzung erschienen. Damit hatten sich die Blitzableiter jedoch noch lange nicht durchgesetzt. Es gab bis ins 19. Jahrhundert hinein harte Wortgefechte über Sinn, Form und Installationsprobleme dieser Instrumente (Bild 29). Doch war die Sache für die Front der Wissenschaft klar. Der neue Triumph des menschlichen Verstandes wurde in dieser Zeit der „Aufklärung" auch sofort analog zu ande-

Bild 29 Landschaft mit Blitzableitern auf den Hausdächern und Hagelschutzstangen auf den Feldern. Letztere sollten die Wolkenelektrizität ableiten, bevor sie — wie damals geglaubt — zu Hagelbildung führte.

ren revolutionären Veränderungen gesehen, die man ebenfalls unter Berufung auf die Vernunft anstrebte. So begrüßte der Physiker d'Alembert den ersten Gesandten der eben unabhängig gewordenen Vereinigten Staaten von Amerika, Benjamin Franklin, in Frankreich mit folgenden Worten: ,,Dem Himmel entriß er den Blitz, den Tyrannen das Zepter"[7], und spielte damit auf die bedeutsame Rolle an, die Franklin in der Unabhängigkeitsbewegung seines Vaterlandes gegen die englische Kolonialherrschaft gespielt hatte.

Noch weitere bedeutende wissenschaftliche Konsequenzen hatte die Leidener Flasche. Man konnte mit ihr größere Ladungen bequem in konstant großen Schritten zu immer kleineren Portionen aufteilen, und zwar durch Parallelschalten einer ungeladenen Flasche mit einer geladenen. Damit erhielt man Meßmarken zur Eichung von Elektroskopen. Ferner stellte man mit ihrer großen Kapazität fest, daß trotz gleicher Elektroskopanzeige bzw. Funkenlänge unterschiedliche physiologische Wirkungen und Funkenstärken erreichbar waren. Dies führte zur Trennung zweier elektrischer Begriffe, Ladungsmenge und Spannung (vgl. Kapitel ,,Experiment und Gesetz"). Am

72

Ende dieses Zeitraums ließ Georg Christoph Lichtenberg sein bald vergangenes 18. Jahrhundert stolz dem 19. berichten, daß unter seine vielen Großtaten auch das Leidener Experiment gehöre: „Wir haben den Blitz wie Champagner auf Bouteillen gezogen."

Lichtenberg war berühmter Gutachter vor allem für Blitzschutztechnik, ebenso bekannt als Schriftsteller mit häufig satirischem Einschlag. Die Gegenwart kennt ihn fast nur noch als solchen, und zwar durch seine Aphorismen, die zu seinen Lebzeiten – als „weggeworfene Bemerkungen" in seinen Notizbüchern, den „Sudelbüchern" – unveröffentlicht blieben. Im September 1777 entdeckte Lichtenberg die später „Lichtenbergsche Figuren" genannten Gleitentladungen an Isolatoroberflächen, als er sich mit dem Elektrophor beschäftigte, der gerade von Allessandro Volta in die wissenschaftliche Welt eingeführt worden war. Diesen Elektrophor kann man als Vorläufer der Influenzelektrisiermaschine des 19. Jahrhunderts bezeichnen: Es ist ein Kondensator, bei dem durch wiederholtes Abheben einer der beiden Metallplatten ständig Ladungsmenge wegtransportiert werden kann. Als Lichtenberg den Isolatorteil (heute „Dielektrikum" genannt) eines im Bau befindlichen großen Elektrophors glattschliff, entstand viel Harzstaub. Dieser formte sich auf der Isolatoroberfläche, die durch vorhergehende Versuche noch aufgeladen war, zunächst wie zufällig, zu den besagten Figuren:

„Die Veranlassung zur Entdeckung dieser Erscheinung war folgende: Die Verfertigung meines großen Elektrophors war gegen das Frühjahr 1777 zu Stande gekommen; in meiner Kammer war noch alles voll von feinem Harzstaub, der beim Abhobeln und Glätten des Kuchens oder der Basis aufgestiegen war, sich an die Wände und auf die Bücher gelegt hatte, und oft bei entstehender Bewegung der Luft, zu meinem großen Verdruß, auf den Deckel des Elektrophors herab fiel. Nun fügte sichs, daß der Deckel, der von der Decke herabhing, einmal etwas längere Zeit von der Basis abgehoben war, so daß der Staub auf die Basis selbst fallen konnte, und da geschah es, daß es sich hier nicht, wie vorher auf den Deckel, gleichförmig anlegte, sondern an mehreren Stellen zu meinem großen Vergnügen kleine Sternchen bildete, die zwar anfangs matt und schlecht zu erkennen waren, als ich aber den Staub mit Fleiß stärker aufstreute, sehr deutlich und schön wurden, und hier und da erhabener Arbeit glichen. Es zeigten sich bisweilen unzählige kleine Sterne, ganze Milchstraßen und größere Sonnen; die Bogen waren von der hohlen Seite matte, von der erhabenen aber mit Strahlen geziert; ferner sehr niedliche kleine Ästchen, denen nicht unähnlich, welche die Kälte an den Fensterscheiben erzeugt; kleine Wolken von mannigfaltiger Gestalt und Schattierung: endlich noch mancherlei Figuren von besonderer Gestalt, von welchen ich nur eine auf der ersten Kupfertafel nebst einigen Sternchen habe abbilden lassen. Dabei war es ein sehr angenehmes Schauspiel für mich, als ich sahe, daß sie sich kaum zerstören ließen; denn wenn ich auch den Staub mit einer Feder oder einem Hasenfuß behutsam abwischte, so erzeugten sich doch dieselben Figuren von neuem, und oft noch schöner als vorher. Ich nahm daher ein schwarzes Blättchen Papier, das mit einer klebrigen Materie bestrichen war, und drückte es leise auf die Figuren, wodurch es mir gelang einige Abdrücke von ihnen zu bekommen, von denen ich der königlichen Sozietät sechse vorgelegt habe. — Diese neue Art von Druckerei war mir um so erwünschter, da ich, wenn ich in meinen Untersuchungen weiter gehen wollte, weder Zeit noch Lust hatte, alle Figuren abzuzeichnen oder zu zerstören...

Erster Versuch

Man stelle die Röhre mit dem polierten Knopf auf die Scheibe von Gummilack oder Harz (IV. Taf. 4. Fig.), und lasse einen Funken + E auf den Knopf schlagen; dann nehme man die Röhre mit der bloßen Hand weg, und bepudere die Stelle mit Hexenmehl oder zerstoßenem Harz: so wird eine solche strahlende Sonne zum Vorschein kommen, als auf der II. Taf. abgebildet ist (Bild 30). Nimmt man aber die Röhre vermittelst eines idioelektrischen Körpers weg, so fehlt der schwarze Kreis, aus dem die Strahlen hervor schießen.

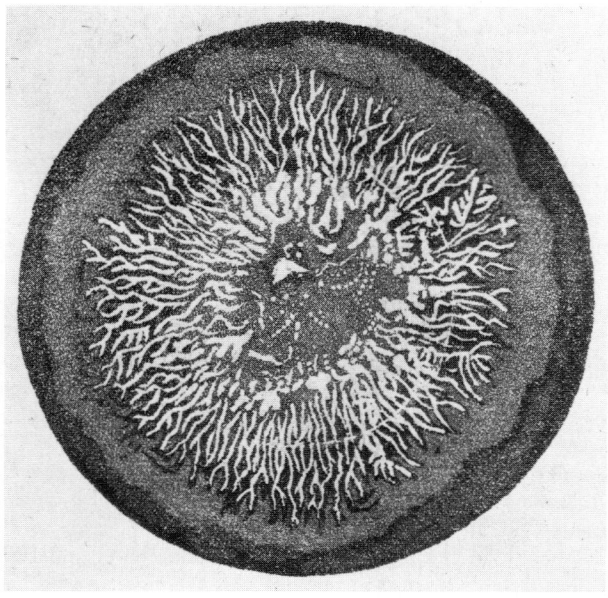

Bild 30 Elektrische „Sonnenfigur" von Lichtenberg.

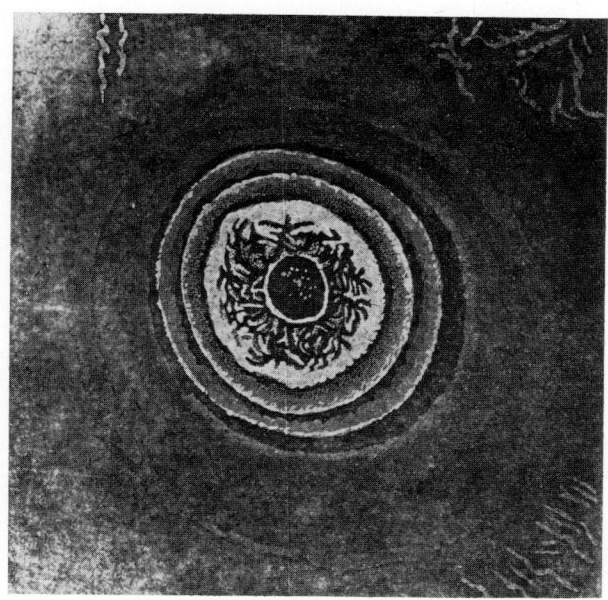

Bild 31 Elektrische „Ringfigur" von Lichtenberg.

Zweiter Versuch

Wird die Röhre *negativ* elektrisiert, und dann mit bloßer Hand abgehoben: so entsteht die Figur, die auf der III. Taf. vorgestellt ist (Bild 31). Braucht man einen idioelektrischen Körper zum Abheben, so fehlen an der Figur die schwarzen Ästchen fast ganz. Hier muß ich noch bemerken, daß ich, nachdem die zweite Kupfertafel schon fertig war, durch die positive Elektrizität öfters Figuren mit drei und mehreren konzentrischen Kreisen umgeben hervorgebracht habe. Da es aber jetzt nicht meine Absicht ist, alles zu beschreiben, was ich gesehen habe, sondern was andere zu tun haben, um es selbst zu sehen: so wollte ich nicht mehrere Figuren beifügen, und spare meine Hypothesen für eine andere Abhandlung...

Fünfter Versuch

Hierher läßt sich auch eine neue Art von Steganographie rechnen, auf die ich zufälliger Weise geriet, und die einem jeden, der Sinn für den Genuß hat, den die Betrachtung der Natur gewährt, viel Vergnügen machen wird. Man lade eine Leidener Flasche, die von außen mit einer Kette versehen ist (IV. Taf. 7. Fig.), stark positiv; dann halte man mit der einen Hand die Kette an einen Nagel der Einfassung des Elektrophors D, fasse mit der andern die Flasche an ihrer äußern Belegung an, und mache mit ihrem Knopf allerhand Züge auf der Oberfläche des Elektrophors: so werden diese, wenn man sie nachher bepudert, selbst noch nach mehreren Tagen sehr nett zum Vorschein kommen, und den Kränzen aus Schachthalm (equisetum) nicht unähnlich sein. Isoliert man aber den Elektrophor, und hält den Knopf der Flasche an die Einfassung, und schreibt mit der Kette (Fig. 8): so sehen die Züge wie Perlenschnüre aus."[8]

Verschiedene naturwissenschaftliche, philosophische und psychologische Faktoren führten Lichtenberg zu seiner Entdeckung: Als leidenschaftlicher Experimentalphysiker wie auch als pädagogisch ausgezeichneter Hochschullehrer (der beste unter den Naturwissenschaftlern seiner Zeit) hatte er Sinn für Effekte; ihn interessierten die Beziehungen in der Natur (zum Beispiel in der Meteorologie die Wechselwirkungen mechanischer, elektrischer und gaschemischer Effekte) mehr als die Beschränkung auf ein enges Fachgebiet. Auch trug sein Erkenntnisprinzip, vorhandene Phänomene weiter zu verkleinern bzw. zu vergrößern (vgl. Kapitel „Experiment, Allegorie, Spiel und Magie"), mit zum Bau seines ersten besonders großen Elektrophors bei. Schließlich liebte er die ästhetische Wirkung wissenschaftlicher Ergebnisse, wie in der eben zitierten Abhandlung („unzählige kleine Sterne, ganze Milchstraßen und größere Sonnen...") deutlich wird.

Er untersuchte aber auch sachlich die Verwendungsmöglichkeit dieser Figuren zur Unterscheidung von negativer und positiver Elektrizität, und sein fünfter Versuch (wieder eher in ästhetisch-spielerischem Sinn) kann als Anfang der elektrostatischen Kopierverfahren gelten. Die atomistische Erklärung dieser Vorgänge ist so kompliziert, daß sie erst nach Einführung des Ionenbegriffs im 20. Jahrhundert mit Erfolg begann. Die Entladungsmechanismen sind in vielen Einzelheiten immer noch Gegenstand der Forschung und etwa für die teils problematische, teils erwünschte elektrostatische Aufladung von Materialoberflächen von großer technischer Bedeutung. Die Lichtenbergschen Figuren haben übrigens Ernst Florens Friedrich Chladni, wie er selbst berichtete, angeregt, seine berühmten Versuche der Klangfiguren auf schwingenden Flächen durchzuführen.

Daß Georg Christoph Lichtenberg auch als Poet von seiner Beschäftigung mit der Elektrizität beeinflußt wurde, zeigen zahlreiche Bemerkungen in seinen „Sudelbüchern" sowie in Aufsätzen und Briefen, die oft aphoristischen Rang erreichten. Ein paar seien hier vorgestellt: „Königlicher Hofblitzableiter — ein Titel", „Ist etwa die Luft so elektrisch, wie die See salzig ist?" und, gegen Descartes gerichtet: „Es denkt, sollte man sagen, so wie man sagt: es blitzt."

Lichtenberg war jedoch nicht nur Elektrizitätsforscher. Auch zur Astronomie lieferte er Beiträge, ferner experimentierte er in Mechanik, Wärmelehre, Chemie, Meteorologie, Biologie. Naturwissenschaftliche Experimente und Beobachtungen lieferten ihm vielfach die Grundlagen für seinen „Witz" in geistreichen Scherzen und in philosophisch-psychologisch-erkenntnistheoretischen Aphorismen. So stellte er bei einem Besuch des Physikers Alessandro Volta diesem die Aufgabe, ein Weinglas luftleer zu machen, und führte ihm das einfachste Verfahren sogleich selber vor: nämlich Wein einzugießen. Auch das langsame, sorgfältige Lufteinlassen gelang ausgezeichnet, indem er den Wein wieder austrank. Es könne bei diesem Experiment kaum etwas schiefgehen, stellte er dann ernsthaft fest.[9]

J. Teichmann

Ein elektrisches Experiment mit tödlichem Ausgang

Nachdem auf Vorschlag von Benjamin Franklin 1752 die elektrische Natur des Blitzes nachgewiesen war, blieben die Elektrisierer in ganz Europa darauf erpicht, den Versuch zu wiederholen, ohne sich der Gefährlichkeit bewußt zu sein. Der tragischste Fall war der von Professor Richmann in Petersburg. Berühmt wurde der Bericht, den Lomonosow vor der Kaiserlichen Akademie in Petersburg vortrug:

„Es ist Niemanden unbekannt, daß man sich bisher nicht recht getrauet, electrische Versuche mit Hülfe der natürlichen Luft-Electricität anzustellen. Die traurigen Beyspiele der vom Donner gerührten Menschen, insbesondere aber des zu Petersburg 1753 bey einem Donnerwetter erschlagenen großen Naturkündigers, Herrn Professor Richmanns, haben den neueren Electrisirern einiges wichtiges Bedenken erregt, und manches Vorhaben in dieser Materie unterbrochen, diesen so wichtigen Theil in der Naturlehre weiter nachzugehen. Ein Weltweiser, wenn er dem Grunde der in der Natur vorgehenden Dinge nachforschet, wird sich eben so wenig hievor scheuen, so wenig ein Artillerist sich scheuet und abschrekken läßt, eine Kanone zu laden und loszufeuern, obgleich mancher auf solche Art unvorsichtiger Weise dabey unglücklich gewesen ist. Leuten von gemeinen Begriffen kann man dergleichen Zaghaftigkeit eher zu gute halten, als Philosophischen Geistern, deren Vernunftübende Seele mit etwas Höheren sich beschäftiget.

Ich muß die Rußische Begebenheit, so wie sie bey der am 26ten November 1753, vorgefallenen Akademischen Feyer aus der Nachricht des Herrn Lomonosow, jezigen Staats-Raths und Mitglieds der Kayserl. Akademie der Wissenschaften, zu Petersburg erzehlet worden, hier anführen.

‚Es war nemlich Herr Professor Richmann in Gegenwart des dasigen Akademischen Kupferstechers, Nahmens Sokolow, beschäftiget, die Gewitter-Electricität, bey Herannahung eines von Norden kommenden Gewitters, an einer über seinem Hause aufgerichteten eisernen Stange zu beobachten. Nach der Beschreibung des Herrn Staats-Raths Lomonosow, der zu eben derselben Zeit bey dem electrischen Drate in seiner vom Herrn Professor Richmann nicht weit entfernten Wohnung mit Herauslokkung der Funken beschäftiget war, gieng diese Stange in einen vier Schritt breiten und sechzehn Schritt langen Gange, der nach Mitternacht einen Eingang, und nach Mittag ein Fenster hatte, welches zwar zu, die Thür aber in den Nebenzim-

Bild 32a Der tödliche Blitz ist als Kugelblitz dargestellt.
Der Blitz fuhr wahrscheinlich nicht aus dem Zuleiter zur
Blitzstange auf dem Dach, sondern aus dem Instrument
beim Ablesen des Ausschlags.

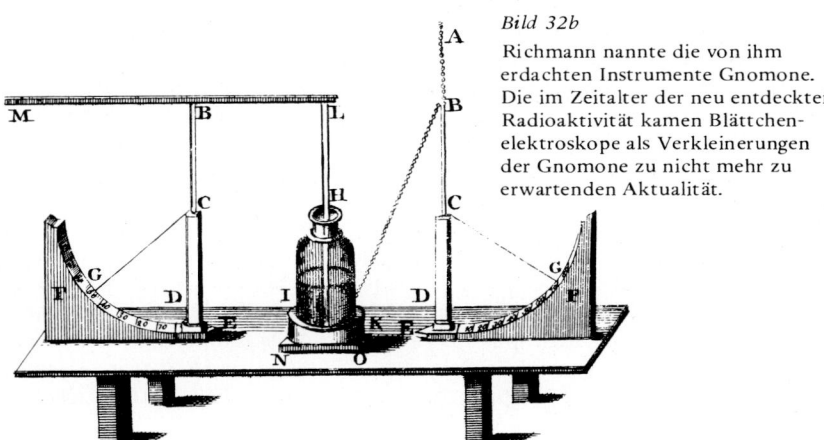

Bild 32b

Richmann nannte die von ihm
erdachten Instrumente Gnomone.
Die im Zeitalter der neu entdeckten
Radioaktivität kamen Blättchen-
elektroskope als Verkleinerungen
der Gnomone zu nicht mehr zu
erwartenden Aktualität.

mer sowohl, als das darin seyende Fenster, offen gewesen. Nahe an dem zugemachten Fenster im Gange, hat ein vier Fuß hohes Tisch-Gestelle gestanden, auf welchem sein in den Actis Petrolpolit. beschriebener Electricität-Zeiger nebst einer eisernen Stange eines Fußes lang und eines Fingers dick, befestiget war, die in eine kleine mit Meßing-Spänen gefüllte gläserne Flasche ruhete. Von dieser Stange war ein dünner eiserner Drat nahe unter der Dekke des Ganges durch den Eingang nach dem Dache des Hauses zu, und also nach der außer dem Hause aufgerichteten und auf Pech ruhenden eisernen Stange fortgeleitet.

Als nun gedachter Herr Professor an seinen Electricität-Zeiger sahe, daß das Gewitter, weil der Faden nur 15 Grade von seiner senckrechten Linie sich erhoben hatte, nach dem gehörten Gedonnere noch sehr weit weg seyn müsse, so sagte er zu seinem anwesenden Freunde, daß jezt noch keine Gefahr vorhanden wäre, ob man gleich, wenn das Gewitter näher käme, vielleicht nicht gar zu sicher seyn dürfte. Kaum hatte sich das Gewitter etwas genähert, als der Kupferstecher Sokolow sahe, daß ohne Berührung der Maschine eine helle blaue Feuer-Kugel, in der Größe einer Faust aus der Stange des Electicität-Zeigers zur rechten Hand gegen die Stirne des Herrn Professor Richmanns, der einen Fuß weit von dieser Stange auf die zunehmende Stärke der Electricität Achtung gab, zufuhr, und ihm rüklings über einen hinter ihm stehenden Kasten gegen die Wand zu Boden warf. Der Feuerball zerplazte alsobald mit einem solchen Knalle, der von einem kleinen Kanonen-Schusse nicht unterschieden war. Sokolow fiel ebenfals vorwärts zu Boden und wurde von der zerrissenen Stange und Drate an einigen Stellen seines tuchenen Kleides von der Schulter an bis in die Falten verbrannt, dergestalt, daß man daran deutliche Striemen von der Dikke des Drates eingebrannt fand. Als dieser sich aber gleich darauf wieder erholete, und aufrichtete, so fand er den ganzen Gang, worinn solches geschehen, so voller Dampf, daß er den Herrn Professor Richmann davor nicht sehen konnte; deswegen er auch eilend und in voller Bestürzung davon lief, um die nächste Piquet-Wache zur Hülfe zu rufen; weil er glaubte, der Bliz habe im Hause gezündet, und ließ indessen den Herrn Professor da liegen, weil er glaubte, daß dieser eben so, wie er, nur umgefallen sey. Die Frau Profeßorinn hatte inzwischen den starken Knall so bald nicht vernommen, als sie hinzugelauffen kam, und mit der äußersten Bestürzung nicht nur den Gang annoch voller Rauch und Dampf, als mit Pulver-Dampf angefüllet, sondern auch den Herrn Professor ohne alle Lebenszeichen rüklings über den Kasten gegen die Wand liegen sahe. Sie wand darauf sogleich alle Mühe und Fleiß an, ihn wieder zu sich selber zu bringen, und ließ auch augenbliklich den Herrn Professor Krazenstein nebst noch einen Wundarzte holen; welche auch sofort ohngefehr 10 Minuten nach dem Schlage gegenwärtig waren. Und da man ihm am Arme eine Ader öfnete, so kam nur ein einziger Blutstropfen zum Vorschein. Die Bewegung der Puls war nirgends, auch selbst auf der Brust, nicht mehr zu fühlen. Man bließ ihn bey zugehaltenen Naselöchern, wie man es bey Erstikten zu thun pflegt vergebens zu vielen wiederholten mahlen in die Brust. Es war auch an den äußersten Gliedmassen nicht das geringste Zeichen einer erlittenen Convulsion oder Zucken zu spühren. Und an dem oberen Theile der Stirne war ein länglicht runder rother Flekken, eines Rußischen Rubels oder Reichsthalers groß, zu sehen alwo das Blut ohne die geringste Versehrung der Haut gleichsam durch die poros gepresset war und sich gestokket hatte. Am linken Fuße war sein Schuh an der linken Seite zweymal ohne einiges Merkmal einer Verbrennung aufgerissen, nur daß daselbst neben dem Risse kleine gesprizte weisse Flekken zu sehen waren. Als man den Fuß entblösset, so fand man auf eben der Stelle, wo der Schuh aufgerissen war, einen, wie an der Stirne, mit Blut unterlaufenen Flekken. Auf der linken Seite des Leibes vom Halse an bis auf das Hüftbein waren acht große und kleine rothe und blaue Flekken zu sehen und die übrigen ganz kleinen sahen den Flekken vom Pulverbrande gleich.

Hierauf wandte man sich zu den Zerstörungen, die der Bliz an dem Gange, Zimmern, wie auch an den Maschinen gemacht hatte. Die vom Gange in das nächste Nebenzimmer zur linken Hand gehende und offen gestandene Thür war samt seinen Pfosten, der über die Hälfte aufgespalten, in den Gang geworfen worden, und von der gleich beym Eingange des Ganges befindlichen Küchenthüre war ein zwey Fuß langer Splitter, etwa eines Federkieles dikke, von unten auf abgerissen und eine Stufe der gleich daran stehenden Bodentreppe hinaufgeführet. In den Nebenzimmer zur linken des Ganges, da der Schlag geschehen war, ist die in einem Winkel an derselbigen Seite gestandene Uhr durch den Schlag ohne weitere Beschädigung nur zum Stillstehen gebracht, und der Sand oben vom Ofen im andern Winkel gänzlich zerstreuet worden. An den Maschinen war, wie schon erinnert, nicht nur der nach den Electicität-Zeiger gehende Drat, der dem Sokolow getroffen und in die Kleider gebrannt, zerrissen, sondern auch das kleine mit Meßing-Spänen angefüllte gläserne Gefäß, welches an statt der Leidenschen Flasche zur Verstärkung der Electricität gedient hatte, halb abgeschlagen und die Meßing-Späne mehrentheils daraus zerstreuet. Der in dem Gange oben an der Dekke herumgeleitete Drat war in verschiedene kleine Stükken abgerissen und zerstreuet worden.

Wir sehen hieraus, daß das traurige Schiksaal dieses berühmten Natur-Forschers mit besonderen Umständen der dabey gewesenen electrischen Zubereitungen verknüpft gewesen, und dabey zu Erhaltung des Menschlichen Lebens nicht Vorsicht genug ist gebrauchet worden; Daher dieser unermüdete Mann andern zum Beyspiel sein Leben hat einbüssen müssen.'"

„Es ist aber nicht jedem Elektrisierer gegeben, auf eine so rühmliche Art wie der beneidete Richmann zu sterben." George Mathias Bose (1710—1761)

F. Fraunberger

Elektrizität und Heilkunst

In einem dem Experiment gewidmeten Buch darf ein Seitenblick auf die Heilkunst nicht fehlen. Allein das weite Feld der Heilkräuter konnte es nicht.

Daß man von der geheimnisvollen Kraft des Magnetismus Einwirkungen auf den Organismus erwartete, kam in den mannigfachen Rezepten zur Geltung, bei denen als Zutat zu den verschiedenen Mixturen pulverisierter Magnetstein unumgänglich war.

Kein Geringerer als Theophrastus Paracelsus von Hohenheim schrieb: „Soviel ich erfahren habe, ist im Magnet solche Heimlichkeit, daß man ohne ihn in den Krankheiten nichts ausrichten kann, und er ist ein solch tapfer frei Stück für den Künstler in der Arznei, daß keines weit und breit gefunden werden mag, von dem sich soviel sagen ließe... Der Magnet hat die Kraft, die Krankheiten in ihrem Zentrum zu fixieren, deswegen muß man ihn auch auf das Zentrum legen, von dem die Krankheiten ausgehen...

Der Magnet zieht den Bruch ein und heilt alle Rupturen bei Alt und Jung... Es gibt verschiedene Magnetismen, die einen ziehen Eisen, die andern ziehen Spreu.“

An Versuche, auch die Bernsteinkraft in der Heilkunde anzuwenden, war natürlich erst zu denken, nachdem man eine gewisse Vorstellung über ihr Wesen und zu ihrer Handhabung gewisse Erfahrungen hatte. Zur letzteren gehörte die Mechanisierung des Reibens elektrisierbarer Stoffe, besonders von Glas in Form von Kugeln oder Walzen in den Elektrisiermaschinen, das Wissen um Leiter und Nichtleiter, endlich die Möglichkeit der Ansammlung bzw. Speicherung von elektrischer Ladung in den Leidener Flaschen, die auch kräftige Funken gaben.

Als Träger der elektrischen Erscheinungen postulierte Gilbert ein äußerst subtiles Medium, das er Fluidum nannte, in der deutschsprachigen Literatur hieß es „elektrische Flüssigkeit“ oder „das elektrisch Flüssige“. Benjamin Franklin sprach von „electrical matter“, von denen jede „common matter“, gewöhnliche Materie, ein ihr von der Natur zugemessenes Maß beherbergen sollte, gelegentlich auch von electrical fire.

Da auch der menschliche Körper die elektrische Materie leitet, und dies mit größter Schnelligkeit, und Funken auf die Haut Verfärbungen hinterlassen, äußerte ein Professor Johann Gottlob Krüger zu Halle 1745: „Wenn nun

Bild 33 Die primitivste Form einer Elektrisiermaschine, ein Helfer machte Reibzeug.

die Electricität nicht nur Flecken auf der Haut zu erregen; sondern auch
durch den gantzen Cörper sich fortzupflanzen vermögend ist: so wird man
nicht zweiffeln, daß durch die Electrification auch in den verborgensten
Theilen des menschlichen Leibes Veränderungen hervorgebracht werden können, sie mögen auch bestehen, worinnen sie nur immer wollen. Alles aber,
was da geschickt ist, Veränderungen in dem menschlichen Leibe zu verursachen, das kan gebraucht werden, die verlohrne Gesundheit wieder herzustellen, oder die gegenwärtige zu erhalten, wenn man sich nur desselben zu
gehöriger Zeit, und am rechten Orte bedienet. Würde also hieraus nicht folgen, daß das electrificiren eine neue Art zu curiren sey?"
    Im gleichen Jahr erschien, ebenfalls in Halle, eine ,,Abhandlung von
dem Nutzen der Electricität in der Arzneywissenschaft" des Christian Gottlieb Kratzenstein. In einem Selbstversuch hatte er gefunden, daß sein Puls
während der Electrification von anfänglich 80 bis auf 96 in der Minute ge-
stiegen war. Wahrscheinlich war er, auf einem Isolierschemel stehend, leitend
mit einer Elektrisiermaschine verbunden. ,,Ich habe auch solches an vielen
anderen versucht und eben diese vermehrte Geschwindigkeit des Pulses be-
merket, nur daß dieselbe bey empfindlichen Personen weit mercklicher ist,
als bey denen, welche ein phlegmatisches Temperament besitzen. Es ist also
keine geringe Veränderung, welche durch die Electrification in unserem Cörper verursacht wird. Die Materia medica ist daher um ein Capitel vermehret
worden."

Kollegen stellten indessen Angst als Ursache der Pulsbeschleunigung fest. Sie zeigt sich beim erstmaligen Elektrisieren, schon beim zweiten und erst recht beim dritten Mal reagieren auch „empfindliche" Personen nicht mehr. Ein Dr. Lentius will gar gefunden haben daß selbst seine Taschenuhr in 5 Minuten um 3 Minuten voreilte und selbst nach vier Wochen noch hurtiger ging.

Nochmals Kratzenstein: „Nach unserem stahlianischen Lehrgebäude ist die Vollblütigkeit die Mutter der mehrsten Kranckheiten. Wenn man dieselbe vermindern will, so muß man das überflüssige Blut durch Schweiß oder Aderlassen herausjagen. Jenes ist den mehrsten beschwerlich, dieses fürchterlich. Beydes aber kan man durch die Electrification überhoben seyn. Durch dieses wird eine große Menge schwefelichter und saltziger Theilchen aus unserem Cörper herausgetrieben. Weil nun das Blut meistens [= hauptsächlich] aus Schwefeltheilchen welche mit einem alcalischen Saltze vermischt sind, besteht, so muß die Menge des Bluts nothwendig durch die Electrification vermindert werden... Weil das Blut durch die geschwindere Circulation flüssiger und dünner gemacht wird, so muß auch die Electrification wider die Dickblütigkeit und das jetzt so gemeine Malum hypochondriacum, bey dem Frauenzimmer aber wider die hysterischen Beschwerden ein fürtreffliches Mittel abgeben.

Es käme also darauf an, daß man allerhand Proben anstellte, und durch einen gewissen oder wahrscheinlichen Schluß, welcher durch Gegeneinanderhaltung vieler Observationen gemacht werden könnte, die Art der Würkung der Electricität begreiflich zu machen suchte. Vielleicht würde die lebhafte Vorstellung des Patienten, daß er sich mit lauter Feuer umgeben sähe, mehr dabei tun als die Electricität selbst. Vielleicht aber wäre dieses nichts übles, denn sagt doch Hippokrates, dieser große Hippokrates, daß derjenige, der vollkommenste Arzt wäre, welcher die Kranckheiten mehr durch ein gutes Vertrauen zu ihm, als durch seine Wissenschaft curierte."

Früher nämlich beklagte Kratzenstein, daß man noch nicht wisse, wie die Elektrifikation im einzelnen im Körper wirke — Hauptsache, sie wirke überhaupt. So sei es ein besonderes Glück für die Naturkündiger, „welche diese wunderbahren Experimente mit den electrischen Cörpern angestellt haben, daß sie zu einer Zeit und in einem Lande wohnen, da die Hexen unter die Raritäten gerechnet werden... Denn vor zweyhundert Jahren würde man es für sehr vernünftig gehalten haben, sie [die Naturforscher] mit der größten Andacht zu verbrennen."

Wenn einem von der Umgebung isolierten und mit einer Glaskugelmaschine verbundenen Patienten elektrisches Fluidum zugeführt wurde, sammelte sich dieses nach Franklins Lehre nicht in dessen Körper, sondern um diesen herum wie eine Atmosphäre. Sie spielte dann eine Rolle wie das Wasser in einer Badewanne. Deswegen hieß diese Behandlungsart elektrisches Bad. Kratzenstein hätte, wie vorhin erwähnt, die Vorstellung eines Feuers für vor-

Bild 34
Ein Mann im elektrischen Bad.

teilhafter gehalten. Wie schon Kratzenstein angedeutet hat, versprach man sich von elektrischen Bädern Steigerung der Blutzirkulation, Verdünnung des Bluts, Austreibung schädlicher Säfte und Dämpfe.

Zur Ausstattung einer fortschrittlichen Praxis gehörte von Mitte des 18. Jahrhunderts an eine Elektrisiermaschine und Zubehör; der Regensburger Dr. Schäffer verfügte gleich über fünf, die auch bei Hausbesuchen Verwendung fanden. In welchem Umfang elektrisiert wurde, entnehmen wir aber nicht einem der zahlreichen Erfolgsberichte, sondern den Erfahrungen eines Dr. Marat, ,,ohngeachtet andere mit Electrisiren beschäftige Aerzte es vielleicht nicht zugeben werden'':

,,Ich elektrisiere schwächliche, kränkliche, übelsaftige und noch junge d.h. solche Personen, bey denen, wie man behauptet, das elektrische Bad so gut angezeigt ist, und wo man folglich die glücklichsten Würkungen davon hätte erwarten sollen. Allein, ich gab, nachdem ich einen jeden von ihnen täglich zwo Stunden drey Monate hintereinander ohne Nutzen elektrisiert hatte, die Hoffnung, etwas in ihrem kränklichen Zustande dadurch zu verbessern, auf.''

Negatives Elektrisieren durch Verbinden des Patienten mit dem Reibzeug der Maschine sollte besonders gegen Nierenweh und Gebärmutterkrampf hilfreich sein: ,,Ich elektrisierte eine junge Frau und ein unverheuratetes Frauenzimmer [mit diesen Leiden] vier Monate hintereinander, eine Stunde des Morgens, eine Stunde des Abends, ohne daß ich die geringste Verbesserung ihres Zustandes bemerkt hätte. Gegen das Ende dieses Zeitpunkts erschienen ihre Anfälle beynahe mit der nämlichen Stärke wieder, und bey dem unverheurateten Frauenzimmer kamen sie sogar öfter. Hieraus erhellt nun, daß das elektrische Bad sowohl von positiver, als von negativer Materie keinen Einfluß auf die Verrichtungen des thierischen Körpers habe."

Aber wenigstens von einem Erfolg sollten wir Kenntnis nehmen: "Villermoz kannte zwey Eheleute, welche seit mehr als zehn Jahren, ohne Kinder zu haben, beysammen lebten, und durch die Elektrizität Hoffnung zu Familie erhielten. Ihr Bette wurde isoliert, und von demselben ein Drat durch eine hölzerne Zwischenwand in ein benachbartes Zimmer geführt, worinnen eine Elektrisiermaschine befindlich war. Eine Röhre von Glas, welche in der Zwischenwand, durch welche hindurch der Drat gieng, steckte, war hinreichend, den Drat zu isolieren. Dieses Elektrisieren dauerte zwölf bis fünfzehn Nächte hindurch, und bewürkte, daß die Frau nunmehr schwanger wurde."

Der Pariser Physiker Abbé Nollet will gefunden haben, daß elektrisiertes Wasser dünne Röhrchen, Kapillaren, schneller durchströmt als unelectrisches Wasser, und "da er alle Organismen als Haufen von Haarröhrchen betrachtete", mußte Elektrisieren der Durchblutung der dünnen Blutgefäße besonders förderlich sein. Zusammen mit den Behauptungen Kratzensteins war dies dem Professor der Philosophie an der Universität zu Perpignan, dem Abbé de Sans, Anlaß, sich besonders der vom Schlagfluß Gelähmten oder Gefährdeten anzunehmen. Er scheint großen Zulauf gehabt zu haben und schrieb eine "Anweisung, wie die von einem Schlagfluß gelähmte Kranke vermittelst der Electricität sicher und vollkommen geheilt werden können", deutsch Augsburg 1780. Rührend das Titelbild, die Hoffnung der Kranken auf die elektrizitätspendende Glaskugel der Maschine.

Am ergiebigsten ist die Lektüre von Karl Gottlob Kühns, Dr. phil. et med., bereits zitierter "Geschichte der medizinischen und physikalischen Elektrizität", Leipzig 1785. Der Verfasser gehörte zu den Optimisten. In der Vorrede heißt es: "Die Anwendung der Elektrizität auf die Heilung verschiedener Krankheiten des menschlichen Körpers ist außer der Franklinschen Entdeckung, unsre Wohnungen vor den Verwüstungen des Blitzes zu sichern, eine der wichtigsten und gemeinnützigsten Erfindungen für die menschliche Gesellschaft. Die Feinheit der elektrischen Materie, die Schnelligkeit, womit sie unsern Körper durchdringt, und die Stärke, womit sie Reizbarkeit und Nervenkraft, die zwo Haupttriebfedern unserer Maschine, in Thätigkeit setzt machen dieselbe zu einem der schätzbarsten Heilmittel, welche unsre Kunst aufweisen und gebrauchen kann."

Gehöriges Aufsehen erregte 1748 die Nachricht in der Presse ganz Europas, dem Arzt Jallaberth zu Genf sei es gelungen, eine durch einen unglücklich geführten Hammerschlag bewirkte Lähmung des Unterarms eines Mannes durch die erschütternde Entladung einer Leidener Flasche zu besei-

Bild 35
Die Glaskugel im Strahlenkranz soll den Patienten Hoffnung auf
Heilung machen.

tigen. Sofort „vervielfältigte Sauvages zu Montpellier diese Curen und machte sie berühmt". Dabei wurden die Leitungsdrähte und auch die Entladungsfunken an den sogenannten Mäusen angesetzt, jenen Stellen an Ellenbogen
und Kniegelenken, wo der Hauptnerv direkt unter der Haut liegen soll. Nach
Erfindung der Leidener Flasche verglich man ihre Schläge mit denen, die
gewisse Fische bei ihrer Berührung austeilen, der Torpedo oder Zitterrochen
des Mittelmeeres, der Zitteraal der Tropen und andere, und der Engländer
John Walsh konnte 1772 nachweisen, daß es sich tatsächlich um elektrische
Entladungen handelt. Im Altertum konnte man einen derartigen Zusammenhang so wenig ahnen wie Beziehungen zwischen der Bernsteinkraft und dem
Blitz. Um so merkwürdiger: Wozu den Ärzten im Barock Leidener Flaschen
dienten, das besorgten fast zwei Jahrtausende früher Ärzte, und zwar so berühmte wie Dioskurides und Galenus, mit den Schlägen von Zitterfischen.
Namentlich bei neuralgischen Kopfschmerzen sollen sie Erfolg gehabt haben.
(Wenn die Fische Zitterrochen und Zitteraal genannt wurden, bezog sich

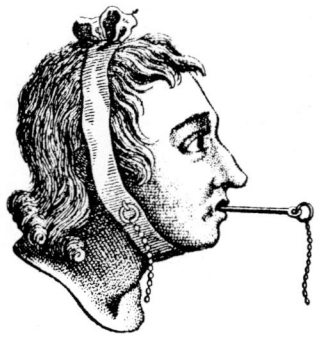

Bild 36
Elektrizität contra Zahnweh. Schon das
Bild erlaubt Zweifel am Erfolg.

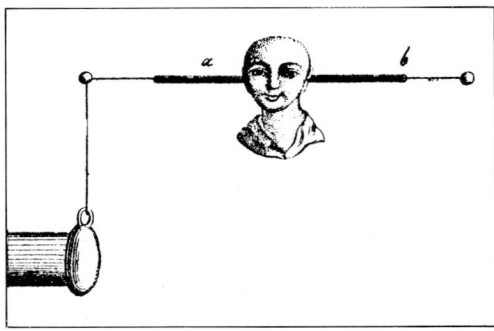

Bild 37
Gegen Schwerhörigkeit
durch verhärtetes Ohren-
schmalz. Die Entladungs-
spannung wurde mit
einer verstellbaren Kugel-
funkenstrecke reguliert.

diese Bezeichnung nicht auf die Tiere, sondern auf das Zittern des Menschen
nach Berühren eines solchen Fisches.)

Die dem Buch des Abbé Bertholon beigegebenen Abbildungen weisen
auf Behandlungen von Zahnschmerzen hin wie auch auf solche von Ohren-
leiden. Und bei Kühn lesen wir: Von fünf Personen machte „die Heilung eines
Kandidaten der Gottesgelahrtheit, welcher achtzehn Jahre lang des Gehörs
beraubt gewesen war, ein so großes Aufsehen, daß man dem ungestümen Ein-
dringen neugieriger und kranker Personen durch eine vor seine Wohnung ge-
stellte Wache Einhalt thun mußte...

Der Ritter Linnée glaubte besonders in derjenigen Taubheit, welche
vom verhärteten Ohrenschmalze entsteht, sich von der Elektrizität Nutzen
versprechen zu dürfen: er rieth einen metallenen Stab ins Ohr zu stecken,
und denselben zu elektrisieren.‘‘

88

Bei Bertholon wird radikaler vorgegangen. Es werden die Entladungen von Ohr zu Ohr geleitet. Durch Einschaltung einer verstellbaren Funkenstrecke in eine Zuleitung wird die Entladungsspannung dosiert, je länger diese genommen wird, um so stärker der Schlag.

Alessandro Volta versuchte seinerseits, den Strom der Voltasäule durch seine Ohren zu leiten. „Im Augenblick der Verbindung empfand ich eine Erschütterung im Kopf, und etwas später, während die Leitung anhielt, hörte ich einen Ton oder richtiger ein Geräusch, das schwer zu beschreiben sein dürfte... Das unangenehme Gefühl hielt ich für gefährlich, weil es eine Erschütterung im Gehirn verursachte. Deshalb wiederholte ich diesen Versuch nicht mehr."

Ein Apotheker in Thüringen ließ es sich trotzdem nicht nehmen, Taubstumme und Schwerhörige in Kur zu nehmen, wenn auch mit zweifelhaftem Erfolg: „Allen Stocktauben, die ich behandelt habe, konnte fast ohne Ausnahme geholfen werden, dagegen einigen Harthörigen nicht, weil sie entweder unheilbar oder zu ungeduldig waren, das Elektrisieren die nötige Zeit auszuhalten."

Was Augenkranken, voran Blinden, zugemutet wurde, kann man heute nur noch mit Schaudern lesen. Damals unterschied man zwischen dem grauen, dem grünen und dem schwarzen Star, unter welchem man totale Blindheit verstand. Solche beheben zu können, mußte natürlich besonders verlockend erscheinen; vielleicht machte die Erfahrung Mut, daß Blinde, wenn sie am Kopf elektrisiert wurden, eine Reizung des Augennervs als einen kurzen Lichteindruck empfanden. Wie, wenn man Serien von Entladungen durchs Auge schickte oder sie gar mit Funken behandelte? Ehe man zu letzteren überging, konnte man mit den sanfteren Entladungsbüscheln beginnen, erst mit solchen aus hölzernen Spitzen, dann mit heißeren aus Nadeln.

Nach Versuchen an Vögeln, von denen einige mit Bläschen auf den Augäpfeln reagierten, einige freilich auch erblindeten, konnte dies auch an der Kleinheit der Objekte liegen und den Abbé Bertholon de Saint Lazare nicht hindern, sich an einen Mann zu wagen, der seit langem blind war. Dieser saß bequem auf einem Stuhl, „einer der Zuschauer zog die Augenlider auseinander, und ein anderer, der einen abgerundeten Eisenstab hielt", näherte diesen einem Auge der Versuchsperson. „Nachdem ich mehrere Funken aus seinem Auge hatte herausziehen lassen, so versicherte er, daß er im Inneren seines Augapfels eine solche Hitze empfände, als wenn eine glühende Kohle darinnen verschlossen wäre: hernach empfand er einen geringen Kopfschmerz, und setzte hinzu, daß er einen Augenblick lang vor seinem Auge eine Art Wolke oder Spinnengewebe schweben gesehen hätte... Aus seinen Augen lief die Nacht hindurch viel Wasser, dessen Wärme sich auf den Wangen spüren ließ."

Auch unser Dr. Kühn hatte keinen Erfolg. „Was den schwarzen Star anbetrifft, so habe ich zweymal die Würkung der elektrischen Erschütterung versucht, welche ich nach Saussure's Beyspiel von dem Hinterhaupt durch den Augapfel hindurch gehen ließ. Wenn man auf beyde Augen zugleich würkt, so kann man zwölf bis vierzehn Schläge geben und die Operation drey bis viermal am Tage wiederholen. Das Weiße des Auges wird dabey roth, es entsteht eine häufige Absonderung oder Thränen, und oftmals heftige Kopfschmerzen; diese letzteren erfuhr auch die von Saussure behandelte Kranke, als auch meine beyden Patientinnen. Sie ließen ihren Muth bald sinken, und wurden daher auch nicht geheilt."

Ein anderer Grund veranlaßte einen Bettler in Ofen zum Abbruch, „den G. de Veza, dasiger medizinischen Fakultät Direktor, täglich wegen seines schwarzen Staars auf beyden Augen elektrisierte, und ihm dafür 7 Kreutzer bezahlte. Sobald er merkte, daß seine Krankheit durch dieses Mittel behoben werden könnte, blieb er weg."

Die angeführten Erinnerungen sollten zeigen: Eine Anwendung von Ergebnissen der reinen Forschung zum Wohle der Mitmenschen ist ohne Vertrauen, ohne Risiko und ohne Inkaufnahme von Mißerfolgen nicht möglich. Daneben sollten sie aber auch erweisen, daß es nicht befremdlich war, in den Laboratorien von Ärzten Elektrisiermaschinen anzutreffen, so jene Situation schaffend, wie sie zur Entdeckung des Galvanismus führte.

Hoffnung und Enttäuschung! Obwohl die Geschichte rund zwei Jahrhunderte zurückliegt, kann man sie auch heute noch nicht ohne Rührung lesen: „Ein vierzigjähriger Mann, ein Jäger, wurde durch einen Donnerstrahl, der hinter ihm, wie er sagte, herabfiel, auf einer Seite gelähmt zu Boden geworfen. Im folgenden Jahr reisete er, mit noch hinkendem Fuße und halb herabhängender Hand nach Wien um bey der elektrischen Maschine, von der er soviele Wunder gehört hatte, Hilfe zu suchen. Er kam zu derselben und wurde von ihr zum erstenmale mit fünf ziemlich starken Schlägen begrüßt. Von diesen wurde er, wie er des folgenden Tages, da er wieder zur Maschine ging, erzählte, so angegriffen, daß er bald nach der Elektrisierung anfieng sich übel zu befinden, kurz danach von einem Schwindel ergriffen wurde und in Ohnmacht fiel. Nachdem er hiervon befreyet wurde, so befand er sich wieder ziemlich wohl. Da dieser Vorfall dem Manne drey Tage ohne alle andere Ursache begegnete: so reisete er, der Cur überdrüssig, wieder nach seinem Dorf zurück."

F. Fraunberger

Eine neue Elektrizitätsquelle –
von Galvani bis Volta und Ritter

Der Professor der Anatomie in Bologna, Luigi Galvani, machte seit dem Jahre 1780 erstaunliche Entdeckungen, die er allerdings erst 1791 veröffentlichte. Auf den Spuren anderer Physiologen befaßte er sich mit der Erregbarkeit von Nerven und Muskeln sezierter Tiere – vor allem von Fröschen. Zunächst entdeckte er, daß ein Froschmuskel zuckte, wenn an den dazugehörigen Nerv ein Metallmesser gehalten wurde und gleichzeitig ohne unmittelbare Berührung damit bei einer entfernten Elektrisiermaschine ein Funken übersprang (Bild 38). Das war nun nichts eigentlich Neues. Ähnliche Wirkungen des Blitzes waren schon als „Rückschlag" erklärt worden, d.h. als elektrostatische Influenzwirkung. Modern verstanden handelte es sich jedoch um elektrische Energieübertragung mit Hilfe elektromagnetischer Wellen – hundert Jahre vor Heinrich Hertz 1887! Galvani kannte diese „Rückschlag-Erklärungen" nicht, oder – sehr viel wahrscheinlicher – sie befriedigten ihn nicht. Er glaubte fest an die Hypothese des tierischen Körpers als Speicher von Elektrizität analog zur Leidener Flasche. Hierfür gab es über die elektrische Reizbarkeit des Körpers hinaus Anhaltspunkte, etwa die elektrischen Fische. Galvani untersuchte nun in einem zweiten Schritt, ob auch atmosphärische Elektrizität gleiche Wirkungen zeigte. Er hängte deshalb die präparierten Frösche an langen Drähten im Freien auf (nach seinen Angaben im Frühjahr bis Sommer 1786) (Bild 39). Tatsächlich zeigten sich bei drohenden Gewitterwolken und natürlich bei Blitzen Zuckungen der Froschmuskeln. All das war, wie gesagt, vom Standpunkt der damaligen Physik aus betrachtet nichts Neues. Erst mit dem nächsten Schritt kam etwas völlig anderes ins Spiel. Es ist aber charakteristisch für eine unerwartete experimentelle Entdeckung, daß ein plötzlicher Sprung für den Entdecker selbst zunächst als kontinuierliche Fortsetzung seiner Untersuchungen erscheint und auch oft hartnäckig so weiter interpretiert wird, selbst wenn die Ausgangshypothese immer schwieriger aufrechtzuhalten ist. – Die Ausgangshypothese des Mediziners Galvani, der tierische Körper als Elektrizitätsspeicher, schien sich für ihn voll zu bewahrheiten:

„Nachdem wir die Kräfte der atmosphärischen Gewitterelektrizität untersucht hatten, brannte unser Herz vor Begierde, auch die Macht der täg-

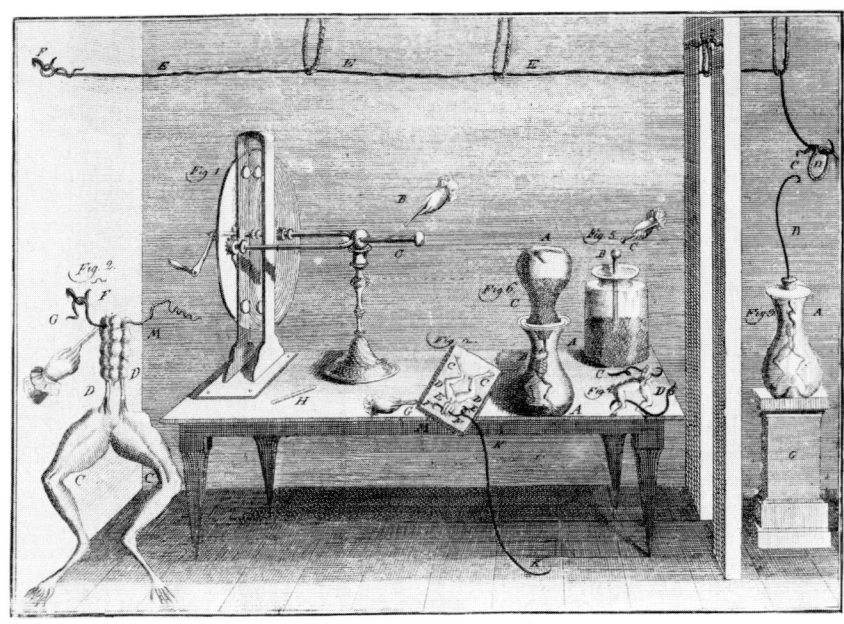

Bild 38 Das erste Experiment Galvanis − der Funke einer Elektrisiermaschine brachte einen entfernten Froschmuskel zum Zucken.

lichen ruhigen Elektrizität zu untersuchen. Deshalb, als ich zuweilen bemerkt hatte, wie die präparierten Frösche, welche an dem Eisengitter, welches einen hängenden Garten unseres Hauses umgab, auch mit Messinghaken im Rücken versehen aufgehängt waren, in die gewöhnlichen Zuckungen verfielen, nicht nur beim Blitzen, sondern auch bei ruhigem und heiterem Himmel, meinte ich, die Entstehung dieser Kontraktionen sei von den Veränderungen, welche unterdessen in der atmosphärischen Elektrizität vor sich gehen, herzuleiten. Daher habe ich nicht ohne Hoffnung begonnen, die Wirkungen dieser Veränderungen in diesen Muskelbewegungen sorgfältig zu erforschen und auf die eine oder andere Art darüber Experimente anzustellen. Deshalb beobachtete ich zu verschiedenen Stunden, und zwar viele Tage lang, dazu passend hergerichtete Tiere, aber kaum jemals trat eine Bewegung in den Muskeln ein. Schließlich, durch das vergebliche Warten ermüdet, habe ich angefangen, die ehernen Haken, welche in das Rückenmark geheftet waren, gegen das eiserne Gitter zu quetschen und zu drücken, um zu sehen, ob durch einen solchen Kunstgriff die Kontraktionen der Muskeln erregt würden und

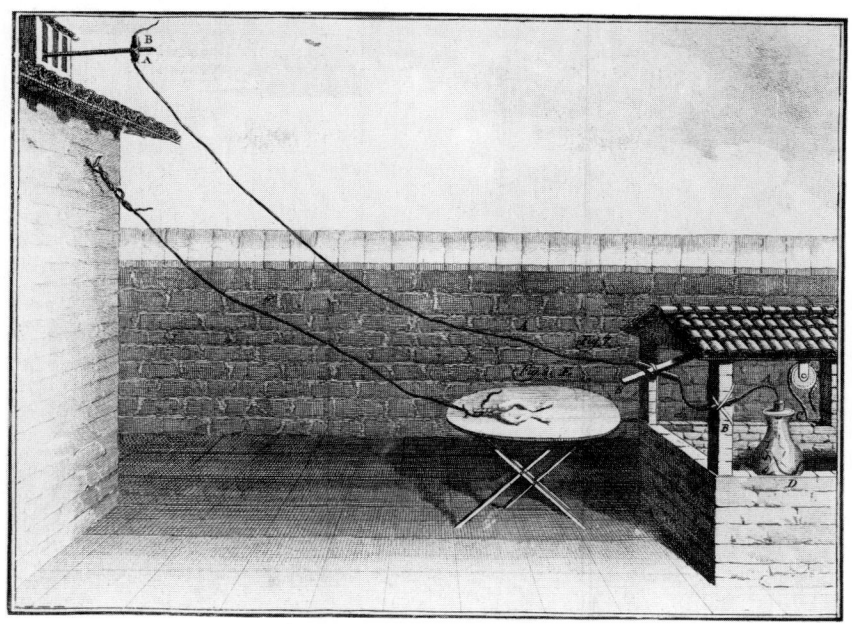

Bild 39 Galvani untersucht den Einfluß der Wolkenelektrizität auf Froschschenkel.

ob anstatt einer Veränderung im Zustande der Atmosphäre und Elektrizität irgendwie sonst eine Veränderung und Wandlung von Einfluß wäre. Ich beobachtete zwar ziemlich häufig Kontraktionen, aber keine, welche von dem verschiedenen Zustande der Atmosphäre und Elektrizität abhing.

Als ich diese Kontraktionen nur in der freien Luft beobachtet hatte, denn an anderen Orten waren noch keine Versuche angestellt worden, so fehlte nicht viel, und ich hätte der atmosphärischen Elektrizität, welche in das Tier kriecht und sich daselbst anhäuft und bei der Berührung des Hakens mit dem Eisengitter plötzlich entweicht, solche Kontraktionen zugesprochen. Denn es ist leicht, sich beim Experimentieren zu täuschen und zu meinen, das gesehen und gefunden zu haben, was wir zu sehen und zu finden wünschen.

Als ich aber das Tier in das geschlossene Zimmer übergeführt, auf eine Eisenplatte gelegt und angefangen hatte, gegen letztere den in das Rückenmark gehefteten Haken zu drücken, siehe da, dieselben Kontraktionen, dieselben Bewegungen! Dasselbe habe ich wiederholt unter Anwendung von an-

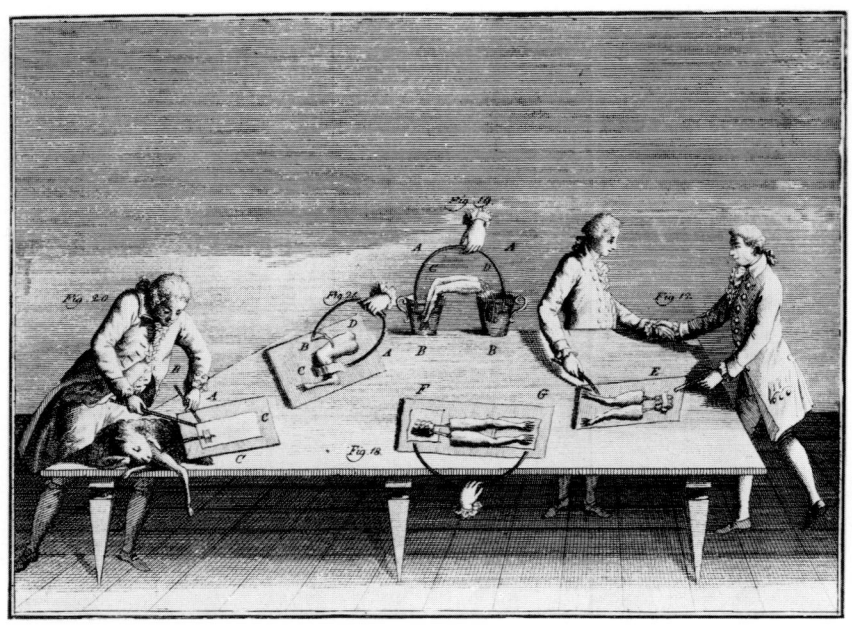

Bild 40 Die Entdeckung des „galvanischen" Elements. Nach Galvanis Interpretation war allerdings der Froschschenkel nur eine Leidener Flasche — die Elektrizität wurde nicht chemisch sondern „tierisch" erzeugt.

deren Metallen, an anderen Orten und zu anderen Stunden und an anderen Tagen erprobt; und dasselbe Ergebnis, nur daß die Kontraktionen bei der Verschiedenheit der Metalle verschieden waren, bei den einen nämlich heftiger, bei den anderen langsamer"[1] (Bild 40).

Galvani stellte auch schon fest, daß die Versuche sehr viel besser glückten, wenn der Metallbogen zwischen Nerv und Muskeln des Frosches aus zwei verschiedenen Metallen bestand, während bei der Benutzung eines einzigen Metalles die Zuckungen mitunter ausblieben. Doch weiter kam er nicht. Die Entdeckung, daß zwei chemisch verschiedene Berührungsenden des Metallbogens immer das Entscheidende waren — das ist das Prinzip der elektrochemischen Batterie —, konnte Galvani nicht machen, weil in seiner Vorstellung der Frosch eine Leidener Flasche war, die durch einen Bogen aus einfachem Metall entladen werden konnte. Tatsächlich reichen bei der Empfindlichkeit des Meßinstruments Frosch schon geringe Oxydationsunterschiede an den Enden eines Bogens aus ein und demselben Metall aus, um Zuckungen zu erzeugen. Auch Galvani sah also vor allem, was er sehen wollte und vernachlässigte die entscheidenden Abweichungen von seiner Interpretation. Aber nur er als Mediziner — als physikalischer Außenseiter also — konnte so zäh lang bekannte Erscheinungen verfolgen, bis tatsächlich etwas Neues passierte. Wie so oft in der Geschichte war übrigens seine Ausgangshypothese, nämlich die Annahme einer „physiologischen Elektrizität", nicht falsch. Ob er allerdings in seinen späteren beharrlichen Nachweisversuchen wirklich schon physiologische Elektrizität beobachtet hat, ist heute nicht mehr sicher festzustellen. Auf jeden Fall zeigte sich die Richtigkeit dieser Hypothese endgültig im 19. Jahrhundert.[2]

Die Entdeckung des chemischen Stromelements, Metall 1/Elektrolytflüssigkeit/Metall 2, kommt jedenfalls nicht Galvani — aber auch nicht ganz dem Physiker Alessandro Volta zu, der ebenfalls durch chemische Arbeiten bekannt geworden ist. Auch hier zeigt sich die Entdeckung als längerer Prozeß. Für Voltas schnelle, rein physikalische Erklärung von Galvanis Entdeckungen schon im Jahre 1792 spielten mehrere Voraussetzungen eine Rolle:

— Durch Galvanis Voruntersuchungen und dessen theoretische Einstellung war die Entdeckung schon ziemlich unzweifelhaft mit elektrischen Tatsachen verknüpft.

— Volta hatte sich seit Anfang seiner wissenschaftlichen Laufbahn vor allem mit elektrischen Phänomenen befaßt.

— Er war gegen die Aufstellung universaler Hypothesen und glaubte an die Elektrizitätslehre als eigenständiges physikalisches Wissensgebiet.

— Voltas besondere Begabung lag auf physikalisch-experimentellem Gebiet. Die Meßtechnik sollte am schnellsten verbessert werden. Diesen Vorrang betonte er auch gleich 1792.

— Er benutzte schon vor 1791 die quantitativen Begriffe Ladungsmenge, Spannung, Kapazität aus der Elektrostatik und trennte die dazugehörigen Phänomene deutlich von den elektrodynamischen, bei denen die physiologische Erschütterung aufgrund der Entladung notwendigerweise eine große Rolle spielte. Die Bedeutung der Zeit bei dieser Entladung hatte ihn bereits zu komparativen Konzepten des Stromes und des Widerstandes geführt (vgl. Kapitel „Experiment und Gesetz").

— Er war schon vor seiner Stellungnahme zu Galvanis Entdeckung der Meinung, daß bei Erzeugung der Reibungselektrizität ein bloßer Flächenkontakt genüge. Die Reibung selbst würde diesen nur vervielfachen.

All diese Voraussetzungen führten Volta zur Erkenntnis, daß die eigentliche Wirkung auf eine unterschiedliche Kombination zweier Metalle im Metallbogen zurückzuführen war. „Auf diese Weise habe ich ein neues Gesetz entdeckt, welches nicht so sehr ein Gesetz der tierischen Elektrizität ist als ein Gesetz der gemeinen Elektrizität; dieser letzteren muß man die Mehrzahl der Erscheinungen zuschreiben, die nach Galvanis Versuchen und nach mehreren anderen, die ich selbst in Folge dieser angestellt hatte, einer wahren eigenen tierischen Elektrizität anzugehören schien, was aber nicht statt hat; es sind tatsächlich Wirkungen einer sehr schwachen künstlichen Elektrizität, die in einer Art und Weise erregt wird von der man keine Ahnung hatte, durch einfache Anbringung zweier Belegungen aus verschiedenen Metallen..."

Das war auf jeden Fall die Entdeckung einer neuen Stromquelle, mit einem Strom, „der keineswegs momentan ist, wie eine Entladung es wäre, sondern andauernd, solange die Verbindung zwischen den beiden Belegungen besteht, der auch auftritt, seien nun die Belegungen an lebenden oder toten Teilen angebracht, oder an anderen nicht metallischen Leitern, aber hinreichend guten Leitern, wie Wasser oder feuchte Körper".[3]

Die Voraussetzungen Voltas, die ihn zu dieser Interpretation führten, wirkten in anderer Richtung wieder hemmend auf die Entwicklung — vor allem die Hypothese des Flächenkontakts als wesentlich bei der Reibungselektrizitätserzeugung. Diese These stimmte. Er übertrug sie aber nun aufgrund eines Experiments, das er als „experimentum crucis" ansah, auf die Erklärung der neuartigen Elektrizität: „Überhaupt schien es mir, daß diese Phänomene vorzüglich auf den Prinzipien des Kondensators beruhen."[4]

Was er wirklich bei seinem „experimentum crucis" — der bloßen Berührung zweier verschiedener Metalle ohne flüssigen Leiter — mit dem Elektroskop gemessen hat, bleibt unsicher. Jedenfalls führte seine daher entwickelte Metallkontakttheorie, die die Bedeutung von chemischen Erscheinungen als bei der Stromerzeugung wesentlich leugnete, zu ausführlichen Kontroversen bis weit in das 19. Jahrhundert hinein.

Diese falsche Theorie wirkte dabei keineswegs nur hemmend auf die Entwicklung der Elektrizitätslehre. Bei Volta selbst hatte sie zunächst ebenfalls fruchtbare Konsequenzen: Volta setzte gegen vielfache Widerstände von „galvanischen" und „chemischen" Theoretikern seine Überzeugung durch, daß Reibungselektrizität und diese neue Elektrizität ein und dasselbe waren. Wahrscheinlich wegen dieser Überzeugung suchte er in den folgenden Jahren nach einer direkten Messung der „Spannung" des galvanischen Elements mit Hilfe des Elektroskops sowie nach Funkenübersprüngen.

Schon 1796 hatte Volta zwei Batterie-Elemente hintereinander geschaltet, ohne allerdings zu bemerken, daß dabei die Spannung verdoppelt wurde. 1799 kam seine große Entdeckung zu diesem Problemkreis: Bei Hintereinanderschaltung von einzelnen Elementen als Aufbau in einer „Säule" oder nebeneinander in einer „Tassenkrone" wurde die Elektroskopanzeige proportional erhöht und damit die Spannung überhaupt erst sichtbar gemacht. Auch die physiologischen Wirkungen wurden enorm verstärkt. Dies war also eine neue Art Leidener Flasche, so unerschöpflich an Elektrizität — mindestens im Vergleich zum Kondensator — wie die bekannten elektrischen Fische. Die Welt erfuhr davon aus den „Philosophical Transactions" von 1800[5] und war sofort Feuer und Flamme für das neue gewaltige Instrument, mit dem man die elektrischen Wirkungen offenbar endlos steigern konnte. Volta führte seine Experimente 1801 in Paris vor (Bild 41). Der erste Konsul Bonaparte (1804 wurde er Napoleon I.) wohnte den Sitzungen des „National-instituts" bei und versah Volta mit höchstem Lob und fürstlicher Belohnung. Volta benutzte nun auch seine altbewährte Terminologie, Spannung — Ladungs-menge (bzw. Strom) — Widerstand, interessierte sich aber für die chemischen Effekte bei Stromfluß nicht weiter. Das taten andere, unter ihnen der ro-

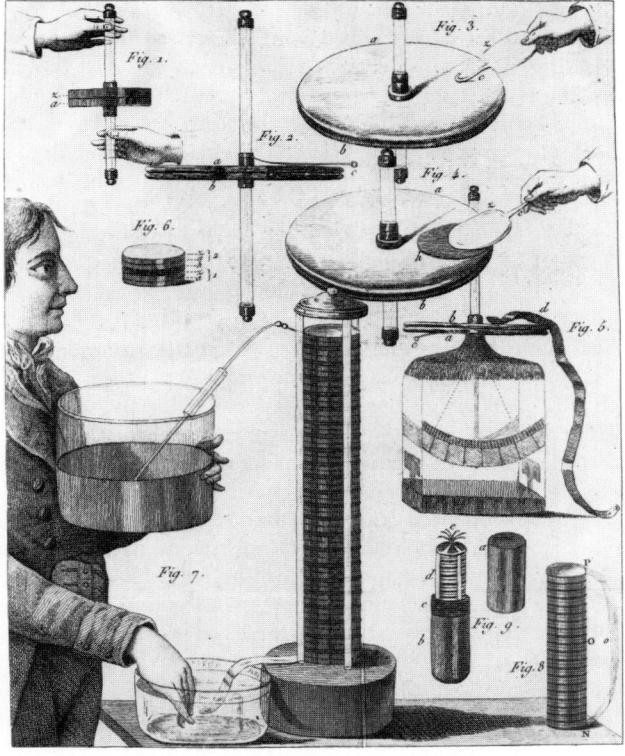

Bild 41 Kontaktelektrizität und Voltasäule. Diese Abbildung entstand aus Voltas Vortrag in Paris 1801, in dem er seine Theorie der Voltasäule schilderte.

mantische Physiker Johann Wilhelm Ritter in Deutschland. Aus den Arbeiten zur Wasserelektrolyse entwickelte sich die Elektrochemie. Ritter nahm bei diesen Forschungen eine Zwitterstellung ein. Er blieb zwar unerschütterlicher Verteidiger der Voltaschen Kontakttheorie und hielt etwa auch an den — aus heutiger Sicht — sinnlosen Doppelendplatten einer Voltasäule fest: Nach Voltas Theorie konnte das einfachste Element nicht Metall 1/Elektrolyt/Metall 2 heißen, da hier kein Metallkontakt ersichtlich wurde, sondern (bei Stromfluß) höchstens Metall 1/Metall 2 — Elektrolyt — Metall 1/Metall 2. Doch sah Ritter im Gegensatz zu Volta chemische (und biologische) Effekte der Voltasäule als wesentlich an, vor allem weil er als Romantiker alle Naturerscheinungen in einem Zusammenhang sehen wollte und auf ein einziges Wirkungsprinzip zurückzuführen hoffte. Dabei wurde er um 1802 zum Entdecker des Akkumulators:

„Man schichte 50 Kupferplatten, wovon jede etwas größer als ein Laubthaler und etwa so dick als ein Kartenblatt, mit eben so vielen kochsalznassen Pappen von ungefähr 2 Par[iser] Quadratzoll Fläche und 1 Linie Dicke, nach der Ordnung: Kupfer, Pappe, Kupfer, Pappe, Kupfer usw., und beschließe die Reihe zuletzt ebenfalls mit Kupfer. Man wird so eine kleine Säule haben, die sich selbst überlassen, zu keiner Zeit weder den mindesten Funken noch Gas, noch Schlag usw. bemerken läßt. (Ich werde diese Säule, und ähnliche, im Folgenden beständig A nennen.) Man verbinde jetzt das obere Ende von A durch einen Eisendraht mit dem +- oder dem Oxygenpol, das untere Ende derselben durch einen anderen Draht aber mit dem —- oder dem Hydrogenpol einer gewöhnlichen Voltaischen Batterie von 90 bis 100 Lagen Kupfer, Zink und kochsalznasser Pappe, alles von denselben Dimensionen, als Kupfer und Pappe in A haben, und lasse beyde 3—5 Minuten in Verbindung. Darauf nehme man schnell (gleichviel) einen oder beyde Verbindungsdrähte ab, und schließe A (was früher gar nichts gab) von einem Ende zum anderen mit einem Eisendraht. Man wird nun einen schönen rothen sternartigen *Funken* haben, ganz wie ihn Volta's Batterie selbst giebt. Man kann diese Schließung wiederholen, und man wird neue Funken haben, die nach und nach an Stärke abnehmen und endlich verschwinden. (Unmittelbar nach dem Austritte A's aus dem Kreise der Batterie haben sie gewöhnlich 2 bis 3 Linien, $\frac{1}{2}$ Sek. später 1—2 Linien, 1 Sek. später noch $\frac{1}{2}-\frac{3}{4}$ Linien im Durchmesser, und erst mit $1\frac{1}{2}$ Sek. fehlen sie gewöhnlich ganz.) Hat man statt dessen feines Gold- oder Silberblatt an dem Ende von A aufgehangen, was mit dem +-Pol von Volta's Batterie in Verbindung war, und schließt, mit dem Draht an diesem, so wird man die Verbrennung dieser Metalle auf dieselbe Weise haben, wie an Volta's Batterie. Schließt man statt eines Eisendrahtes, mit einer Röhre voll Wasser, welche, wie gewöhnlich zu Gasversuchen, mit 2 Golddrähten versehen ist, die nahe bey einander stehen, so wird man sogleich mit der Schließung an beyden Drähten Gasentbindung haben, und zwar wird an dem Draht, der mit dem Ende von A, was mit dem +-Pol der Voltaischen Batterie in Verbindung war, in Berührung ist, Oxygengas, an dem Draht aber, der mit dem Ende von A, was mit dem —-Pol der Voltaischen Batterie in Verbindung war, in Berührung ist, *Hydrogengas* erscheinen."[6]

Ritters zahlreiche spekulativen Kontakte (etwa zum Philosophen Friedrich Wilhelm Schelling) sowie seine für die Fachwelt sehr abwegigen Ideen und Versuche (zum Beispiel Wünschelrutenversuche) brachten ihn allerdings bei Physikern in starken Mißkredit. Dies war ein Grund, warum seine Leistungen ziemlich unbekannt blieben.

Elektrochemisches Element und Voltasäule waren für die weitere Entwicklung von Wissenschaft und Technik äußerst wichtig. Das galt sowohl für die Praxis und Theorie der Elektrochemie (Entwicklung von Galvanisiertechnik und Ionentheorie) als auch für die Untersuchung von Stromvorgängen bis hin zur Entdeckung des Elektromagnetismus 1820 und des Ohmschen Gesetzes 1826.[7]

J. Teichmann

Experiment und Gesetz:
Die Entwicklung der elektrischen Begriffe Ladungsmenge, Spannung, Kapazität, Stromstärke, Widerstand und ihre Zusammenhänge bis zum Ohmschen Gesetz

Der erste, der eine klare Trennung zweier Begriffe in der Elektrizitätslehre durchführte, war Henry Cavendish 1771, und zwar schon bei seinen ersten Ansätzen zu einer Theorie der Elektrostatik. Bis dahin allein vorhanden aus dem beherrschenden Modellbild der Mechanik war die „Menge". Ein Hauptgrund für die Einführung eines zweiten Begriffs (der bei Cavendish zunächst analog zur Dichte, dann zum Druck gesehen wurde) scheint die Beobachtung gewesen zu sein, daß physiologische Erschütterungen durch Entladungen von Leidener Flaschen (Bild 42) (vgl. Kapitel „Leidener Flasche und Blitzableiter") und von einfachen Metallflächen, die zu gleicher Elektroskopanzeige aufgeladen waren, trotzdem sehr verschieden sein konnten: „Die Erschütterung, die die Leidener Flasche erzeugt, scheint nur von der großen Menge des überschüssigen Fluidums, das auf ihrer positiven Seite angesammelt ist, und von dem großen Mangel auf ihrer negativen Seite abzuhängen, so daß ich nicht zweifle, wenn ein so großer Konduktor hergestellt wird, daß er ebenso viel zusätzliches Fluidum durch den gleichen Elektrisierungsgrad, wie die positive Seite der Leidener Flasche, erhalten kann, und wenn er positiv auf den gleichen Grad wie die Flasche elektrisiert wurde, welch ebenso große Erschütterung durch die Verbindung dieses Konduktors mit der Erde entstehen würde, wie durch die der zwei Flächen der Leidener Flasche, vorausgesetzt, beide Verbindungen werden von Kanälen gleicher Länge und gleicher Art gebildet."[1]

Cavendish erklärte also die Problematik mit zwei Begriffen, nämlich „Menge" und „Elektrisierungsgrad". Schon vorher tauchte auch der Begriff „Speicher (magazines) der Elektrizität" auf. Cavendish benutzte die Größe Kapazität jedoch nur in der Form: „Ladungsmenge bei gleicher Spannung", ohne einen Namen dafür zu wählen. Später legte er eine Einheit der Kapazität fest: „Def[inition]. Die Ladung einer Kugel von 1 inch Durchmesser, die sich weit entfernt von jedem anderen Körper befindet, wird 1 glob. inc. [globular inch] genannt."[2]

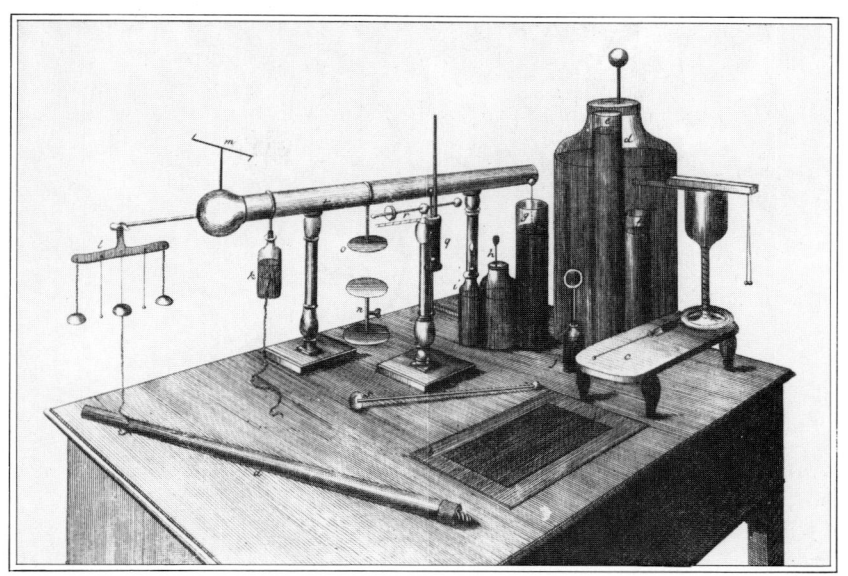

Bild 42 Leidener Flaschen und andere elektrostatische Geräte.

Auch Cavendishs weitere Leistungen sind erstaunlich, etwa eine eingehende quantitative Theorie des Plattenkondensators — so erstaunlich für die damalige Zeit, daß sie kaum historische Wirkung hatten. Auch das elektrostatische Kraftgesetz, das immer nach Coulomb benannt wird, bestimmte er — lange vor dem Franzosen —, doch kam es zu keiner diesbezüglichen Veröffentlichung (Bild 43 a, b).

Ein italienischer Forscher, Giambatista Beccaria, brachte als nächster die Unterscheidung Ladungsmenge — Spannung, aufgrund ähnlicher Experimente, wie sie Cavendish durchgeführt hatte. Beccaria definierte ferner, natürlich ohne exakte Meßvorschriften für die einzelnen Begriffe, die Beziehung Ladungsmenge = Kapazität · Spannung: „Multipliziert man den Dichteüberschuß, den das Feuer im gegebenen Körper relativ zur Dichte des Feuers im Boden hat, ... mit der Kapazität (capacità) desselben Körpers, so drückt das Produkt den Wert der Überschußelektrizität, d.h. der Summe des Feuers, aus..." Im weiteren Verlauf des Werkes verwendete Beccaria auch die Namen „Menge" (quantità) und „Spannung" (tensione): „Nun bringt der Überschuß des elektrischen Feuers auch eine größere Dichte, eine größere Expansionskraft, irgendeine größere Spannung mit."[3] Die Kapazität als „Fassungsver-

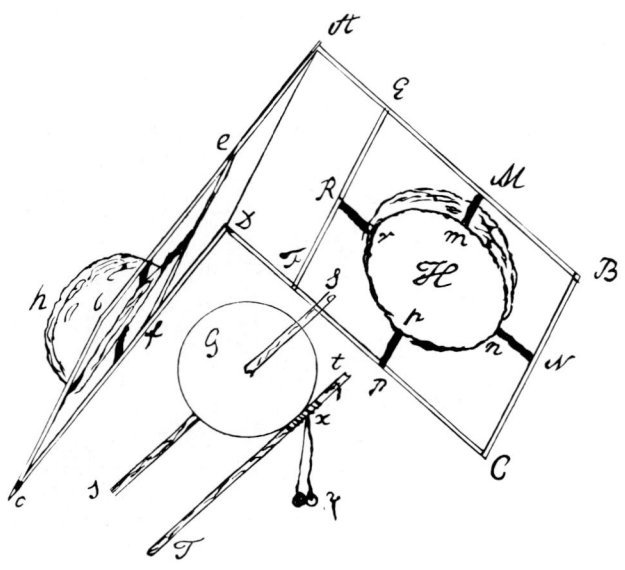

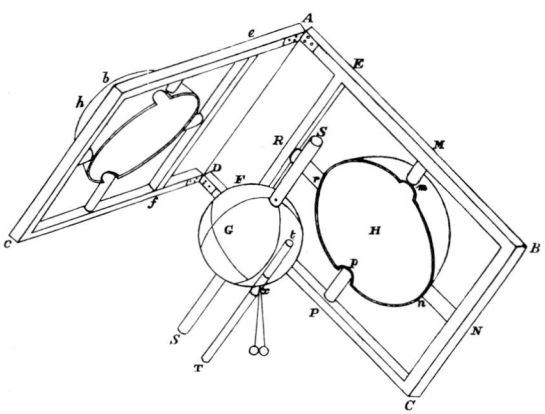

Bild 43a u. b Die Halbkugelschalen von Cavendish zum genauen Nachweis des elektrostatischen Kraftgesetzes — um 1771, lange vor Coulomb (Originalzeichnung und Rekonstruktion): Die Aufladung der Innenkugel ging beim Überstülpen der zwei Halbkugelschalen auf diese über.

mögen" (= capacità) von „Zisternen" (= serbatoi) der Elektrizität wie auch die „Spannung" lassen sich dabei letztlich aus dem Franklinschen Modellbild der Elektrizität herleiten.

Die Meßvorschriften für diese Begriffe waren nach modernen Vorstellungen ungenügend, für die Spannung: Elektroskopausschläge, Funkenlänge; für die Ladungsmenge: Funkenstärke, physiologische Erschütterungen, Elektroskopausschläge bei gleicher Kapazität; für die Kapazität: Belegungsfläche durch Abstand der Belegungen, ferner Funkenstärke und physiologische Erschütterungen bei gleicher Spannung. Wichtig für die Gegenwart ist aber, daß durch die — sehr wahrscheinliche — Übernahme der Begriffe Beccarias durch Volta seit 1778 ihre internationale Verwendung vorbereitet wurde. Voltas Arbeiten wurden nach 1775 (Erfindung des Elektrophors) überall in Europa verbreitet und in verschiedene Sprachen übersetzt (vor allem ins Englische, Französische und Deutsche). Seine Reisen mit ihren persönlichen Kontakten trugen viel zu dieser Wirkung bei. Eine Stelle seiner damals sehr berühmten Arbeit von 1782, in der er die Verwendung eines Plattenkondensators als „Mikroelektrometer" vorschlug und dessen Wirkungsweise mit Hilfe seiner Begriffe untersuchte, lautet: „. . . daß dort, wo größere Kapazität vorhanden ist, eine gegebene Elektrizitätsmenge zu geringerer Intensität steigt, oder was dasselbe ist, eine um so größere Menge an Elektrizität erforderlich ist, um die Wirkung zu einem gegebenen Intensitätsgrad zu bringen; und umgekehrt: um es kurz zu sagen, die Kapazität und [die] elektrische Wirkung oder Spannung stehen [zueinander] im umgekehrten Verhältnis."[4] In der englischen Übersetzung heißt es statt „elektrische Wirkung oder Spannung" nur „intensity". Im deutschen Sprachbereich wurden Voltas Begriff und Bezeichnung Spannung 1801 von Johann Wilhelm Ritter übernommen und propagiert. Nur die Bezeichnung Kapazität war schon vorher häufiger verwendet worden.

Auch der Begriff Widerstand wurde in der zweiten Hälfte des 18. Jahrhunderts anhand hydromechanischer Modellvorstellungen und Experimente (siehe im obigen Zitat von Cavendish den Begriff „Kanäle") gebildet. Cavendish selbst führte 1773 bis 1781 zahlreiche intensive Versuche dazu durch, angeregt durch das Problem der elektrischen Fische. Leider veröffentlichte er nur ein paar wenige Ergebnisse. Für die Versuche verwendete er Röhren, die er mit verschiedenen Flüssigkeiten füllte. In die verschlossenen Enden der Röhren liefen Metalldrähte, deren Abstand innerhalb der Flüssigkeit er verändern konnte. Den effektiven Querschnitt der Flüssigkeitssäulen in den Röhren maß er durch das Gewicht frischen Wassers pro Längeneinheit. Dann bildete er — meist jedenfalls — einen Entladungskreis aus einer Leidener Flasche, dem eigenen Körper und der Röhre (von Hand zu Hand) in Hintereinanderschaltung. Die dabei erhaltene Erschütterung verglich er mit der eines zweiten Entladungskreises, den lediglich eine andere Röhre von dem ersten unterschied. Durch Veränderung des Drahtabstandes in dieser zweiten Röhre konnte er mit ihr gleiche Erschütterungsempfindung erreichen wie mit der ersten, genauer, er interpolierte aus zwei Empfindungen, die nahe über bzw. unter der gesuchten gleichen Empfindung lagen, auf den letzteren Wert. Zunächst stellte er dabei fest, daß neun parallel geschaltete Röhren die gleiche Erschütterung wie eine Röhre erzeugten, wenn die Gesamtquerschnittflächen, die Längen sowie die enthaltenen Flüssigkeiten gleich waren. Sieben Röhren, das hieß nur $\frac{4}{5}$ der Querschnittfläche von 9, gaben eine wesentlich schwächere Erschütterung. Nun schloß er ein Experiment an, in dem die Länge einer dünneren Röhre verändert wurde, bis er gleiche Erschütterung wie bei einer dickeren fand. Die Länge der dickeren betrug $44\frac{1}{4}$ inch (ungefähr 101,4 cm), das Querschnittverhältnis zur dünneren 250:44. Als Länge bei gleicher Erschütterung wählte er das arithmetische Mittel 6,8 inches aus den Versuchsdaten 5,2 inches bzw. 8,4 inches. Er setzte als Ergebnis an:

$$\frac{6,8}{44\frac{1}{4}} = \frac{44}{250}^{1,08}$$

Das hieß also, Länge eins sollte sich zu Länge zwei verhalten wie das Querschnittverhältnis hoch 1,08. Er selbst schloß, „daß also der Widerstand sich wie die 1,08te Potenz der Geschwindigkeit (velocity) verhalten sollte", während man als einfachste korrekte Interpretation erwarten würde: Der Widerstand ist bis auf Meßfehler eine Funktion des Quotienten aus Länge und Querschnittfläche. In einem zweiten Versuch mit einem genauer gemessenen Querschnittverhältnis kam er auf die Potenz 1,03. In späteren Experimenten findet man auch die Potenz 1: „Log [arithmus] Vel [ocity] in 15 durch den in 5 = 1,2122, Log [arithmus] Länge in 5 durch den in 15 = 1,2122. Deshalb ist der Widerstand proportional zur Velocity."[5]

Auch der spezifische Widerstand verschiedener Substanzen (vor allem verschieden konzentrierter Salzlösungen) wurde untersucht. Doch blieb der ganze Begriff Widerstand, insbesondere auch der Begriff Geschwindigkeit recht unklar.

Volta selbst kam bis 1790 durch Untersuchungen der Entladungzeit eines Kondensators zu Aussagen über verschiedene Außenwiderstände. Er maß die Zeit anhand des Zusammenfalls von Elektrometern, zum Beispiel eines Strohhalm-Elektrometers von 10° Ausschlag auf 2° Ausschlag, und schloß, daß diese Zeit größer würde, bei: 1. schlechterem Leiter, 2. größerer Länge des Leiters, 3. geringerer Breite und Dicke des Leiters, 4. trockenerem Leiter. Hier ist also eine komparative (d.h. noch nicht ganz quantitative) Abhängigkeit des Widerstands vom spezifischen Widerstand und den geometrischen Faktoren klar ausgedrückt, ohne daß eine gemeinsame Formel auftritt. Doch zeigt der vierte Punkt, daß es Volta mehr um praktische Anweisungen als um physikalische Grundlagen ging. Auch aus der Bemerkung, daß das Elektrometer schneller von 10° auf 2° als von 2° auf 0° sank, zog er keine weiteren Folgerungen, etwa auf exponentielle Stromabnahme. Er beschränkte sich aus praktischen Gründen nur auf die erste Zeit[6]. Coulomb andererseits hatte bei ähnlichen Versuchen 1785 am Begriff Widerstand kaum Interesse. Er untersuchte den Elektrizitätsverlust durch die Luft und entlang isolierender Stützen vor allem als Fehlerquelle bei seinen rein elektrostatischen Untersuchungen zum Kraftgesetz bei elektrischen Ladungen.

Die Unterscheidung zwischen Spannung und Ladungsmenge (pro Zeit) und der Begriff Widerstand waren nun eminent wichtig bei Problemen, die die unterschiedlich starken Wirkungen der Voltasäule nach 1800 aufwarfen. So waren zur Erzielung maximaler Wirkungen bei Verbrennungen von Metalldrähten im Stromkreis (modern: kleiner Außenwiderstand im Vergleich zum Innenwiderstand der Voltasäule), bei chemischen Untersuchungen (modern: ein Außenwiderstand gleicher Größenordnung) und bei physiologischen Wirkungen (modern: großer Außenwiderstand d.h. bei trockener Haut in der Größenordnung von 50 000 Ohm) unterschiedliche Plattenanzahl und Plattenbreite der benutzten Voltasäule nötig. Volta antwortete jedoch auf Fragen an ihn als berühmten „Vater" der Säule zögernd und nur ein einziges Mal in einem Privatbrief:

„Laßt uns schließen, daß die Geschwindigkeit des elektrischen Stromes und folglich die Kraft der Erschütterung, die man erfährt, im Verhältnis zusammengesetzt ist aus der elektrischen Spannung und der Freiheit oder Leichtigkeit des Durchgangs durch alle Teile der Kette oder des Kreises. ... Doch warum gewinnt die Erschütterung, die bis jetzt sowohl durch die bessere wäßrige Befeuchtung als auch durch eine größere Ausdehnung der Platte, die durch dieses Wasser befeuchtet wird, in ihrer Kraft verstärkt wurde, und vor allem durch eine gute salzige Flüssigkeit anstelle des Wassers, nichts oder fast nichts durch die große Ausdehnung, die man diesen Platten, befeuchtet mit derselben Flüssigkeit, gegeben hat? Während sich die Geschwindigkeit des elektrischen Stromes dadurch vermehrt, bis schließlich die Verbrennungen, die man gesehen hat, erzeugt werden. ... Der menschliche Körper, sage ich, verzögert den elektrischen Strom stark, der in diesem Fall nicht mehr fähig ist, die Metalldrähte zu schmelzen, die dieser Mensch, während er mit einer Hand mit einem Ende der Säule verbunden ist, mit der anderen an das andere Ende der Säule hält. Die Erschütterung wirkt − wie ich meine − stärker, wenn das elektrische Fluidum bei seinem Durchgang durch die feuchten Platten der Säule weniger behindert wird, solange, bis es nicht stärker behindert wird, als im menschlichen Körper, den es auch durchqueren muß. Im Fall, daß das größte Hindernis sich in diesem Körper befindet, so daß es die Geschwindigkeit des Stromes begrenzt, vergrößert man sie nicht mehr, indem man die anderen Wege erweitert, d.h. die der feuchten Platten. Deshalb ist es unnötig, soweit es die Erschütterung betrifft, die Breite der mit einer guten salzigen Flüssigkeit getränkten Platten über ein oder 2 Fuß [d.h. etwa 32,5 bzw. 65 cm] zu vergrößern und deshalb ist es sehr vorteilhaft für das Schmelzen von Metalldrähten, da es dabei weder den menschlichen Körper, noch einen anderen schlechten Leiter gibt, der den elektrischen Strom verzögern würde."[7]

Hier ist also eindeutig das Ohmsche Gesetz skizziert, obwohl es Volta sehr schwer fällt, von dem bevorzugten aber hier unpraktischen Begriff „Leichtigkeit" (modern: Leitwert) auf den günstigeren Begriff Widerstand umzusteigen.

Auch Johann Wilhelm Ritter kam bald darauf mit dem von Volta entlehnten Begriff Spannung und dem ebenfalls benutzten Begriff Leitung statt Widerstand zu einer Vorformulierung des Ohmschen Gesetzes, die er auch veröffentlichte:

„1. Schließen Sie eine Voltaische Säule, z.B. von 100 Lagen, mit Salmiak gebaut, durch Ihren Körper. Sie bekommen einen Schlag, und am Orte der Schließung keinen oder einen sehr kleinen Funken. Schließen Sie die Säule durch eine Röhre mit Wasser, die mit Golddrähten versehen ist, deren Enden im Wasser 1 Linie von einander abstehen. Sie haben außer der Gasentbindung am Schließungsorte zugleich einen Funken, der größer ist, als der vorige, wofern überhaupt vorhin einer da war. Schließen Sie mit einem Metalldrahte geradezu, (total), und Sie haben einen sehr großen Funken. Schon die wachsende Größe dieses Funkens zeigt, daß der Körper schlechter leitet, als die Gasröhre, und auch diese schlechter als der Metalldraht, welcher die beste Leitung ist, die man anbringen kann. Sie sehen, daß der jedesmalige Effekt einer gegebenen Säule sich richtet nach der Güte der Leitung des schließenden Bogens.

2. Bauen Sie jetzt eine Säule von eben so viel Lagen, deren Platten durchaus von der nämlichen Dicke, aber von 10 bis 20mal mehr Fläche, sind, und wenden Sie, nach der Reihe, genau die nämlichen schließenden Bogen an. Der Schlag wird wenig, doch gewiß um etwas, die Gaserzeugung in der Röhre um vieles, der Funken und die davon bewirkten Verbrennungen aber um ein sehr großes stärker sein, als bei der vorigen Säule. (Und dieses ist, nebenbei gesagt, das genaue Wirkungsverhältnis breiter Säulen zu schmalen, wie ich es, trotz dem, was von anderen Behauptungen hierüber im Gange war, aus sehr vielem gleichzeitigem Umgange mit breiten und schmalen Säulen, beständig gefunden habe.) Nun haben genaue Beobachtungen gezeigt, ... daß die Vergrößerung der Platten in die Breite die elektrische Spannung nicht vermehrt; hiervon hat also der Erfolg nicht abgehangen. Wohl aber ist es seit Beccaria bekannt, daß Flüssigkeiten, Leiter überhaupt, um so besser leiten, je größer bei gleicher Höhe, (Dicke), ihr Durchmesser ist. Mit der Breite der Säule aber sind in der Tat alle Leiter in derselben breiter geworden; damit ist also als zweite Folge, daß, bei gleichem schließenden Bogen und gleicher Spannung einer Säule, der jedesmalige Effekt sich richtet nach der Leitung, welche die Glieder der Säule, oder diese selbst, gewähren.

3. Nehmen Sie beide Folgerungen zusammen, so werden Sie dieselben gemeinschaftlich ausdrücken, indem Sie sagen: der jedesmalige Effekt einer Säule verhalte sich bei gleicher Spannung, wie die Summe der Leiter der Säule und des schließenden Bogens.

4. Es ist bereits in der Geschichte der Erfindung der Säule begriffen, daß, innerhalb den Grenzen des zeitherigen Versuchs, bei gleichen Elementen der Säule, und gleichem schließenden Bogen, die jedesmalige Wirkung wuchs, wie die Spannung wuchs. Der Schlag, die Gaserzeugung, und die Funken, sind bei 200 Lagen größer, als bei 100."[8]

Sowohl Volta wie Ritter waren Experimentalphysiker, die damals noch von den ,,Mathematikern" getrennt arbeiteten: Alle mathematisch behandelte Physik, wie Mechanik oder geometrische Optik, gehörte dabei zum Bereich der ,,Mathematik". Die mathematischen Kenntnisse — selbst im elementaren Bereich — waren bei Experimentalphysikern meist sehr bescheiden. Dazu war es noch weitgehend unsicher, wie weit die neuen galvanisch-chemisch-elektrischen Erscheinungen rein physikalisch behandelt werden konnten.

Kein Wunder, daß es erst nach Entdeckung eines neuen Effekts — der magnetischen Wirkung der Elektrizität durch Hans Christian Oersted 1820 — zu exakteren Forschungen kam. Diese Entdeckung hatte dreierlei Bedeutung:
— Anhand der schon lange vermuteten Verknüpfung von elektrischen und magnetischen Erscheinungen offenbarte sich eine größere Geschlossenheit der Physik.
— Elektrische Ströme waren durch — von Ampère und anderen bestens untersuchte — mechanische Wirkungen bestimmbar und damit viel exakter meßbar als bisher.
— Die Elektrotechnik bekam erste wichtige Anregungen für ihre baldige stürmische Entwicklung (Drehbewegung, Telegraph).
Interessant ist dabei, daß in Oersted ein weiterer romantisch beeinflußter Wissenschaftler (wie Ritter, dessen Freund er war) die Elektrizität weiterbrachte. Gerade weil die romantische Naturphilosophie an den Zusammenhang aller Kräfte in der Natur glaubte — entstanden aus einem Urprinzip wie der Urpflanze in den botanischen Grundthesen Johann Wolfgang von Goethes —, suchten sie hartnäckig auch nach Beziehungen zwischen Elektrizität und Magnetismus. Dabei legte die Ähnlichkeit der Kraftgesetze sowie die bekannte Ummagnetisierung von Magnetnadeln durch den Blitzeinschlag in Schiffskompassen durchaus auch von naturwissenschaftlicher Seite eine Suche nach Verwandtschaft nahe.

Georg Simon Ohm konnte nun mit seinen elektrischen Untersuchungen auf verschiedenen Voraussetzungen aufbauen: auf der Entdeckung Oersteds, auf der Begründung einer mathematischen Elektrodynamik in Frankreich unmittelbar nach 1820, auf der Formulierung einer Wärmeleitungstheorie durch Fourier ebenfalls in Frankreich, auf der Voltaschen Metallkontakttheorie, auf einer Anzahl elektrodynamischer Untersuchungen zum Widerstandsbegriff ab 1820 (Davy, Becquerel), die die Proportionalität des Widerstands zum Produkt aus spezifischem Widerstand und dem Quotienten von Länge und Querschnitt schon ziemlich eindeutig geklärt hatten, ferner auf älteren Entwicklungen wie etwa der Coulombschen Drehwaage. Ohm wollte nach dem Vorbild Frankreichs auch in Deutschland eine quantitative Elektrizitätslehre begründen, in der Experiment und Theorie eine Einheit bildeten. Nach einem vergeblichen Anlauf wegen der nicht konstanten Spannung der verwendeten Voltasäulen („hydroelektrische Kette") versuchte er es mit dem 1821 entdeckten Thermoelement (1 Zoll im folgenden etwa 2,7 cm):

„Ich hatte mir 8 verschiedene Leiter vorgerichtet, die ich in der Folge mit 1, 2, 3, 4, 5, 6, 7, 8 bezeichnen werde und die respective 2, 4, 6, 10, 18, 34 66, 130 Z.[oll] lang $^7/_8$ L.[inien] dick und insgesammt aus einem Stücke sogenannten plattirten Kupferdrahtes geschnitten und auf die vorhin beschriebene Weise zubereitet waren. Nachdem das Wasser eine halbe Stunde im Sieden erhalten worden war, wurden sie nach einander in die Kette gebracht. Zwischen je zwei Versuchsreihen eines und desselben Tages, die 3 bis 4 Stunden ausfüllten, wurde immer eine Pause von einer Stunde gehalten, während welcher neues, schon erwärmtes Wasser zugegossen wurde, das in kurzer Zeit ins Kochen kam, dann kamen die Leiter nach der Reihe, aber in umgekehrter Ordnung, in die Kette. So gelangte ich zu nachstehenden Ergebnissen:

Zeit der Beobachtung	Versuchsreihen	Leiter							
		1.	2.	3.	4.	5.	6.	7.	8.
8. Jan.	I.	$326^3/_4$	$300^3/_4$	$277^3/_4$	$238^1/_4$	$190^3/_4$	$134^1/_2$	$83^1/_4$	$48^1/_2$
11. Jan.	II.	$311^1/_4$	287	267	$230^1/_4$	$183^1/_2$	$129^3/_4$	80	46
	III.	307	284	$263^3/_4$	$226^1/_4$	181	$128^3/_4$	79	$44^1/_2$
15. Jan.	IV.	$305^1/_4$	$281^1/_2$	259	224	$178^1/_2$	$124^3/_4$	79	$44^1/_2$
	V.	305	282	$258^1/_4$	$223^1/_2$	178	$124^3/_4$	78	44

Es fällt auf, daß die Kraft von einem Tage zum andern fühlbar abnimmt. Ob der Grund dieser Abnahme in einer Veränderung der Berührungsstellen oder vielleicht darin zu suchen ist, daß der 8te und 11te Januar sehr kalte Tage waren und das Eisgefäß noch am Fenster einer nicht stark geheizten und schlecht verwahrten Stube stand, wage ich nicht zu entscheiden; nur das glaube ich hinzufügen zu müssen, daß ich vom 15ten ab keine bedeutenden Unterschiede mehr wahrnehmen konnte.

Ein besonderes Gewicht ist auf den Umstand zu legen, daß von dem oben beschriebenen Wogen der Kraft, wie es in der hydroelektrischen Kette Statt findet, hier auch nicht eine Spur wahrzunehmen ist. ...

Obige Zahlen lassen sich sehr genügend durch die Gleichung

$$X = \frac{a}{b + x}$$

darstellen, wobei X die Stärke der magnetischen Wirkung auf den Leiter, dessen Länge x ist, a und b aber constante, von der erregenden Kraft und dem Leitungswiderstande der übrigen Theile der Kette abhängige Größen bezeichnen. Gibt man nämlich der Größe b den Werth $20\frac{1}{4}$ und der Größe a nach den verschiedenen Versuchsreihen die Werthe: 7285, 6965, 6885, 6800, 6800, so erhält man durch die Rechnung nachstehende Bestimmungen:

Versuchs-reihen	Leiter							
	1.	2.	3.	4.	5.	6.	7.	8.
I.	328	$300\frac{1}{2}$	$277\frac{1}{2}$	$240\frac{3}{4}$	$190\frac{1}{2}$	$134\frac{1}{2}$	$84\frac{1}{2}$	$48\frac{1}{2}$
II.	313	$287\frac{1}{4}$	$265\frac{1}{3}$	$280\frac{1}{4}$	182	$128\frac{1}{3}$	$80\frac{3}{4}$	$46\frac{1}{3}$
III.	$309\frac{1}{2}$	284	$262\frac{1}{3}$	228	180	127	$79\frac{3}{4}$	$45\frac{3}{4}$
IV.	$305\frac{1}{2}$	$280\frac{1}{2}$	259	$224\frac{3}{4}$	$177\frac{3}{4}$	$125\frac{1}{4}$	79	45
V.	$305\frac{1}{2}$	$280\frac{1}{2}$	259	$224\frac{3}{4}$	$177\frac{3}{4}$	$125\frac{1}{4}$	79	45

Vergleicht man diese durch die Rechnung erhaltenen Werthe mit den vorigen, auf dem Wege der Erfahrung gefundenen, so wird es sich zeigen, daß die Unterschiede so gering sind, wie man sie bei Versuchen der Art nur immer zu erwarten berechtigt ist."[9]

Das war nun das berühmte Ohmsche Gesetz, bei dem der unveränderliche Widerstand b das Thermoelement (den eigentlichen Innenwiderstand) und dessen Zuleitungen darstellt, x den variablen Außenwiderstand. Seine moderne Form lautet:

$$\text{Stromstärke} = \frac{\text{Spannung}}{\text{konstanter Widerstand} + \text{variabler Widerstand}}$$

Das wichtigste bei seinen Experimenten war die Drehwaage als Strommeßinstrument (Bild 44). Sie wurde nach Charles Augustin Coulomb konstruiert, doch hing bei Ohm eine Magnetnadel tt an einem Goldband. Unter ihr lief der elektrische Strom durch, der durch das Thermoelement ab a'b' (Wismut/Kupfer) erzeugt wurde. Dazu wurden dessen Schenkel in Kalorimetergefäße mit Wasserfüllung getaucht, die jeweils 0 °C und 100 °C als konstante Temperaturen hielten. Die freien Enden dd' des Stromkreises tauchten in mit Quecksilber gefüllte Schälchen, die den Anschluß der verschiedenen Außenwiderstände ermöglichten.

Ohm arbeitete nun nach einer Art Nullmethode. Zunächst mußte das Gerät bei Stromlosigkeit nivelliert und in den magnetischen Meridian gerichtet werden, damit die Magnetnadel genau parallel zum Stromleiter hing. Jede Auslenkung der Magnetnadel durch einen Strom wurde durch Drehung der

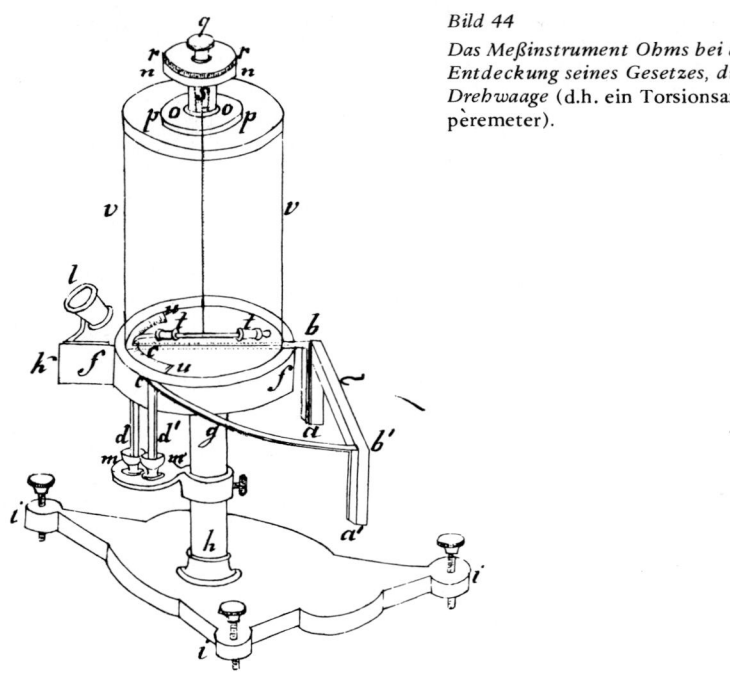

Bild 44

Das Meßinstrument Ohms bei der Entdeckung seines Gesetzes, die Drehwaage (d.h. ein Torsionsamperemeter).

Bandaufhängung (qrrs) rückgängig gemacht und die erneute Nullstellung auf einer Skala (uu) durch die Lupe kontrolliert. Die Anzahl der Teilungsstriche an der Bandaufhängung (100 Striche auf 360°), die zur Rückdrehung erforderlich waren, bildete nun tatsächlich ein proportionales Maß für die „magnetische Wirkung", d.h. für die Stromstärke. Diese Methode hatte den Vorteil, daß man den realen Zusammenhang zwischen Stromstärke und Winkel der Gleichgewichtablenkung (hier wirken als rücktreibende Momente Erdmagnetismus und Torsion) nicht kennen mußte. Ein weiterer Vorteil bei der Drehwaage war, daß Ohm keinen eigenen Meßinstrumentwiderstand zu berücksichtigen brauchte. Die Tabellen in seiner Veröffentlichung geben die Teilstriche der Rückdrehung bei verschiedenen Außenwiderständen Nr. 1 bis Nr. 8 an. Die zwei Extreme entsprechen etwa 0,30 bzw. 19,5 Milliohm. 326,75 gemessene Teilstriche der ersten Tabelle heißt mehr als drei Umdrehungen des Goldbandes, bis die Torsionskraft gleich der elektromagnetischen Kraft (auf die Nadel in Nullstellung) war. Die zweite Tabelle enthält die berechneten Werte zum Vergleich mit den gemessenen der ersten.

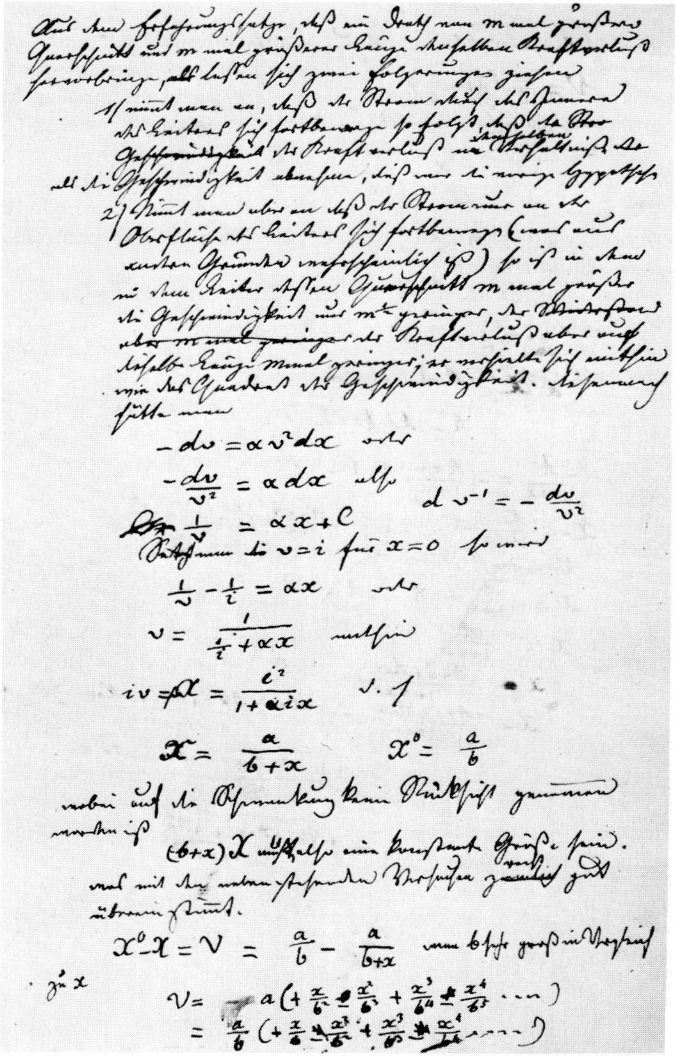

$$-dv = \alpha v^2 dx$$

$$-\frac{dv}{v^2} = \alpha dx$$

$$\frac{1}{v} = \alpha x + C \qquad d\,v^{-1} = -\frac{dv}{v^2}$$

$v = i$ für $x = 0$

$$\frac{1}{v} - \frac{1}{i} = \alpha x$$

$$v = \frac{1}{\frac{1}{i} + \alpha x}$$

$$iv = X = \frac{i^2}{1 + \alpha i x} \qquad \mathcal{J}. 1$$

$$X = \frac{a}{b+x} \qquad X^0 = \frac{a}{b}$$

$$(b+x)X$$

$$X^0 - X = V = \frac{a}{b} - \frac{a}{b+x}$$

$$V = a\left(+\frac{x}{b} \mp \frac{x^2}{b^2} + \frac{x^3}{b^3} \mp \frac{x^4}{b^4} \cdots \right)$$

$$= \frac{a}{b}\left(+\frac{x}{b} \mp \frac{x^2}{b^2} + \frac{x^3}{b^3} \mp \frac{x^4}{b^4} \cdots \right)$$

Bild 45 Manuskriptblatt Ohms von 1826, in dem zum ersten Mal versucht wird das Ohmsche Gesetz (in der Form $X = \dfrac{a}{b+x}$) theoretisch herzuleiten.

Da Ohm nur Drähte gleichen Durchmessers verwendete, setzte er für den Außenwiderstand in seine Berechnungen nur die Länge ein, er erhielt somit für den Innenwiderstand aus seinen Berechnungen ebenfalls die Dimension einer Länge: 20,25 Zoll entsprach bei dem verwendeten Durchmesser etwa 3,0 Milliohm. In die Zahlenwerte a, die der Spannung seines Thermoelements entsprachen (etwa 8 Millivolt), ging natürlich die willkürliche Setzung der Widerstände als Längen und der Stromstärke als Teilstriche mit ein. Setzt man für seine größte Spannung — 7285 während der ersten Meßreihe — 8 Millivolt ein, erhält man Stromstärken zwischen 2,4 Ampère bei Leiter Nr. 1 und 0,36 Ampère bei Leiter Nr. 8.

Für Ohms endgültigen Erfolg bei der Auffindung seines Gesetzes kann man vier Hauptgründe anführen:

1. sein starkes mathematisches Interesse (Bild 45), das zunächst zu einer Laufbahn als Mathematiker zu führen schien,
2. die für damalige Verhältnisse ausgezeichnete Ausstattung des physikalischen Kabinetts des Jesuiten-Gymnasiums in Köln, zu dem er 1817 als Lehrer kam, mit Apparaturen und experimentellen Möglichkeiten,
3. seine experimentelle Begabung,
4. sein Eintreten für die Metallkontakttheorie Voltas bei der Erklärung der „galvanischen" Stromerzeugung (d.h. der chemischen Elemente).

Ohms mathematische Neigung war zunächst entscheidend dafür, daß er sich für die quantitative Seite der Physik interessierte — das war keineswegs selbstverständlich in dieser Zeit, wie gerade das lange Ringen um die Anerkennung seiner Leistung in Deutschland nach 1826 zeigte. Die Möglichkeiten des physikalischen Kabinetts waren wirklich ungewöhnlich, wie verschiedene Quellen, darunter auch J.W. von Goethe 1815, bezeugten. Es gibt im 19. Jahrhundert im übrigen viele Beispiele für fruchtbare Forschungen an derartigen Institutionen. Die Trennung zwischen Schulen und Hochschulen war nicht so scharf wie heute. Es gab zunächst auch nur wenige akademische Stellen, an denen physikalische Forschung möglich war — und meist ohne jeden Sachetat. Ohms experimentelle Fähigkeiten führten ihn (nebst vielen anderen Arbeiten, wie seine Briefe und Manuskripte zeigen) vor allem zur Konstruktion der berühmten Drehwaage für den Nachweis seines Gesetzes und zur baldigen Erkenntnis, daß die damals so wenig konstanten chemischen Elemente keine sichere Versuchsbasis boten. Seine Verteidigung der Metallkontakttheorie hat er auch später nicht aufgegeben, wie 1847 ein ausführlicher Zusatz zur italienischen Übersetzung seiner theoretischen Arbeit von 1827 („Die galvanische Kette mathematisch bearbeitet") bezeugt. Es ist nicht sicher, ob ihn anfangs die Argumente und Experimente Voltas dazu geführt haben oder seine Stellung zwischen Mathematik und Physik, die ihn auf jeden Fall fern von der chemischen Theorie der „galvanischen" Stromerzeugung hielt.[10]

J. Teichmann

Beweise für die tägliche Bewegung der Erde

Hier ist sehr eindrucksvoll ein kontinuierlicher Übergang von der Beobachtung zum Experiment zu erkennen. So begannen die Untersuchungen im 17. Jahrhundert mit einfachen Betrachtungen eines schwingenden Pendels und endeten Anfang des 20. Jahrhunderts mit komplizierten experimentellen Aufbauten, deren Ergebnis allerdings auch nur den Rang einer Beobachtung hatte. Zumindest waren an der endgültigen Beobachtung sehr viele Hilfsexperimente beteiligt.

Die tägliche Rotation aller Gestirne um die Erde war für Jahrtausende ein wichtiger Beobachtungsgrund, den Stillstand der Erde in einem geozentrischen Weltbild anzunehmen. Erst mit der Durchsetzung ganz neuer Vorstellungen in der Astronomie (durch Kopernikus, der aber auf antike Vorbilder zurückgreifen konnte) und in der Physik (zunächst durch Galilei) wurde es klar, daß Erde und Gestirne kinematisch völlig gleichberechtigte, austauschbare Koordinatensysteme waren, daß die einfache Beobachtung also gar nichts bewies. Man mußte also andere Gründe für ein neues Weltsystem anführen. Galilei glaubte 1638 als Geheimwaffe Ebbe und Flut anführen zu können und damit einen Beweis für das kopernikanische Weltsystem zu haben, doch täuschte er sich völlig. Zwar gibt es noch heute einen wissenschaftlichen Streit darüber, ob seine angenommene Überlagerung der jährlichen und der täglichen Bewegung der Erde überhaupt zu periodischen Beschleunigungen und Verzögerungen und damit zu Trägheitseffekten bei Wassermassen führen kann, doch haben sie jedenfalls nichts mit Ebbe und Flut zu tun.[1]

Als 1672 der junge Gelehrte Jean Richer von der französischen Akademie der Wissenschaften (1666 gegründet) nach Cayenne in Südamerika geschickt wurde, um „Astronomie und Geographie zu vervollkommnen", waren Physik und Meßtechnik schon einige Schritte weiter als bei Galilei. Für diese Expedition war von besonderer Bedeutung, daß Christiaan Huygens, Holländer, aber berühmtes Mitglied der französischen Akademie, die Penduluhr geschaffen und technisch weiterentwickelt hatte (erstes Patent 1657) und im Zusammenhang dieser Arbeiten auch das Problem der Zentrifugalkraft theoretisch näher untersucht hatte. Huygens, die Akademie und die französische Regierung erhofften sich von dieser Uhr viel zu Bestimmung der geographischen Länge auf See, was ja ein eminent wichtiges Problem der zivilen und militärischen Schiffahrt war (Bild 46).

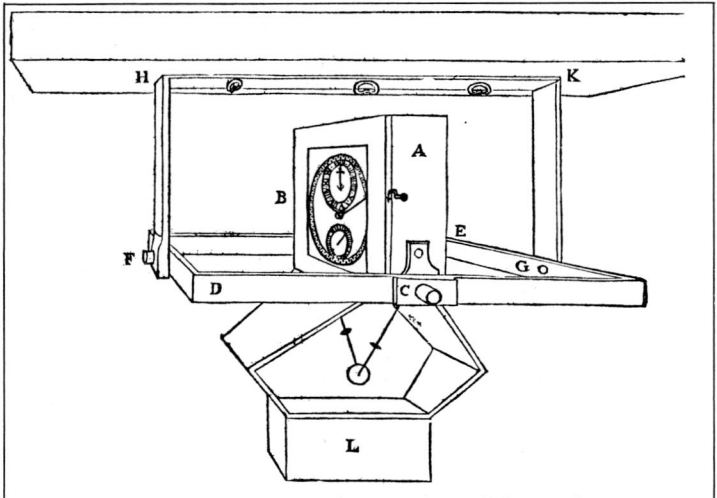

Suſpenſionis modum altera hæc figura exhibet; ubi theca A B axibus primum duobus, quorum alter c tantum apparet, rectangulo ferreo D E inſerta eſt; quod deinde rectangulum rurſus axibus ſuis F G ferreo gnomone F H K G ſuſtinetur, qui contignationi navis immobiliter affixus eſt. in ima theca pondus 50 librarum appenſum eſt. Quibus ita ſe habentibus, quacunque navis inclinatione perpendicularem poſitum ſervat horologium. Axis autem c, cum ſibi oppoſito, ita collocati ſunt, ut ad rectam lineam reſpondeant punctis ſuſpenſionum penduli ejus quod diximus: quo fit ut motus ipſius oſcillatorius machinam nequaquam commovere poſſit, quo nihil eſt alioqui quod magis penduli motum deſtruat. Porro axium C C, & F G craſſitudo, quæ pollicem æquat, gravitaſque plumbi inferius appenſi, nimiam movendi libertatem horologio adimunt, faciuntque ut ſi forte ſuccuſſu navis graviore commotum fuerit, continuo ad quietem perpendiculumque ſuum revertatur.

Bild 46 Die Huygensſche Pendeluhr als Schiffschronometer. Die cardaniſche Aufhängung ſollte die Schiffsbewegungen eliminieren, um den genauen Gang zwecks Beſtimmung der geographiſchen Länge des Schiffsſtandorts zu erhalten. Doch brachten alle Verſuche Fehlſchläge, ſobald die See nicht ruhig war.

Für seine astronomischen Hauptaufgaben, die Bestimmung der Mondparallaxe und damit auch der Entfernung Erde — Sonne, führte Richer unter anderem zwei Pendeluhren mit sich. Daneben hatte er weitere Aufgaben zu erledigen, zum Beispiel Barometermessungen durchzuführen und auch zu untersuchen, ob die für eine konstante Schwingungszeit entscheidende Länge eines Uhrenpendels in Cayenne gegenüber Paris verändert werden mußte. In Paris selbst betrug diese Länge für ein sogenanntes Sekundenpendel 3 Fuß und 8,6 Linien (= 99,38 cm). Er stellte nun anhand der Vergleichsuhr Erde, d.h. mit zwei aufeinanderfolgenden Meridiandurchgängen eines Fixsterns, fest, daß seine Uhren gegenüber Paris zurückblieben und schloß: ,,Eine der bemerkenswertesten Beobachtungen, die ich gemacht habe, ist die der Länge des Sekundenpendels, die sich in Cayenne kürzer als in Paris ergab: denn dasselbe Maß, das an jenem Ort auf einem Eisenstab markiert worden war, gemäß der Länge, die zur Herstellung eines Sekundenpendels nötig befunden wurde, wurde nach Frankreich gebracht und mit dem in Paris verglichen. Beider Differenz fand sich zu $1\frac{1}{4}$ Linien, um die die Länge in Cayenne kürzer ist als die in Paris, letztere ist dabei 3 Fuß $8\frac{3}{5}$ Linien...''[2] Nach langjährigen Diskussionen und weiteren Expeditionen war Huygens erst 1687 überzeugt, daß dieser Unterschied in der Pendellänge nur abhängig von der geographischen Breite war. Er schloß daraus auf eine Erde als abgeplattete Kugel, durch Zentrifugalkraft entstanden. Er benutzte das Ergebnis also gar nicht als Beweis für die Erdrotation, sondern gründete eine neue unbewiesene These, die der Abplattung, auf eine noch immer unbewiesene, die der Erdrotation! So fest glaubte er — und die mit ihm diskutierende Wissenschaftlerwelt — schon an das kopernikanische Weltsystem. Nach Glättung aller Diskussionswellen für und wider die Abplattung, d.h. nach Durchsetzung der Newtonschen Mechanik im 18. Jahrhundert, wurde der Effekt Richers endgültig als zusammengesetzt aus Zentrifugalkraft und Abplattung der Erde erkannt.

Es gibt noch eine zweite Art von Kräften neben den Zentrifugalkräften, die einen experimentellen Nachweis der Erdrotation erlauben, die — im 19. Jahrhundert sogenannten — Corioliskräfte. Sie waren schon von Laplace 1778/79 exakt behandelt worden. Hier hatten Galilei und andere die Möglichkeit eines praktikablen Beweises für die Erdrotation übersehen, denn alle Kopernikaner glaubten, daß ein senkrecht fallender Körper genau in der Verbindungslinie Fallbeginn — Erdmittelpunkt bleiben müsse, gegen die Anhänger des Ptolemäus/Aristoteles, die annahmen, der zunächst ruhende Körper müsse bei einer eventuell sich drehenden Erde hinter dieser zurückbleiben. Da dies aber nicht beobachtet wurde, konnte die Erde für sie keine Bewegung haben. Für sie war es noch undenkbar, daß sich beim fallenden Körper Erdbewegung und Fall gleichzeitig überlagerten. Schon Newton argumentierte 1679, daß es doch eine Abweichung von der Lotlinie geben müsse, allerdings genau in entgegengesetzter Richtung, als die Anhänger von Ptolemäus dies glaubten, nämlich nach Osten, weil der aus größerer Höhe fallende Körper auch eine größere Erdgeschwindigkeit von dort mitbrachte, also weiter unten die Erde „überholte". Hooke führte dazu im gleichen Jahr Experimente durch, bei einer Fallhöhe von beispielsweise 27 Fuß (etwa 8 m), und glaubte, eine Süd-Ost-Abweichung gefunden zu haben. Doch war die Fallhöhe viel zu gering, wie eine einfache Rechnung zeigt. Für die Breite Londons und die Fallhöhe 27 Fuß erhält man als östliche Abweichung etwa 0,5 mm.

Wie problematisch bei den geringen zu erwartenden Werten der Einfluß der vielen äußeren Störungen war, zeigen die ersten im Gegensatz zu Hooke erfolgversprechenden Versuche zu dieser Abweichung durch den Italiener Guglielmini (1763—1817) in Bologna.[3] Er führte die entscheidenden Versuche 1791/92 von einem etwa 78 m hohen Turm aus (Bild 47) und erhielt aus 15 schließlich gewerteten Versuchen eine Ost-Abweichung von 7,4 Linien (16,7 mm), aber auch (wie Hooke) eine Südabweichung von zirka 5,0 Linien (11,3 mm).

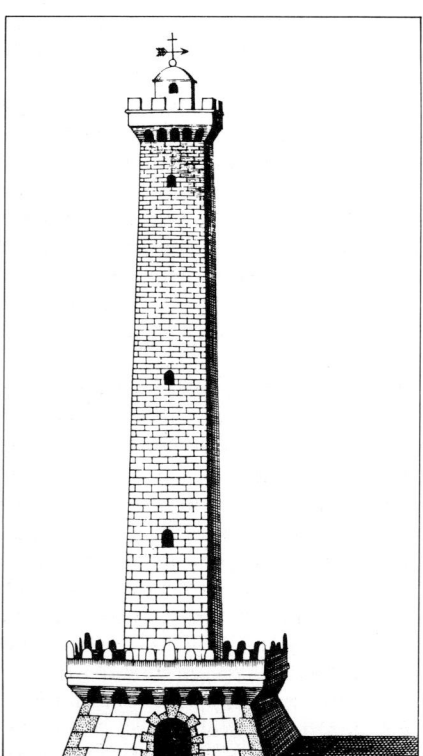

Bild 47

Der Torre Asinelli in Bologna. Von hier führte Guglielmini seine Fallversuche aus, um die Ostabweichung durch die rotierende Erde festzustellen.

Die Versuche waren sehr mühselig. So mußte die Ruhe des Fadens, an dem die fallende Kugel zunächst aufgehängt war, mikroskopisch überprüft werden. Sie war bei Tag schon gestört durch vorbeifahrende Fuhrwerke, weshalb die Versuche nachts stattfanden. Leichteste Luftbewegungen innerhalb des Turmes ergaben große Ablenkungen. Trotz aller Vorsichtsmaßnahmen waren die Ergebnisse wertlos, vor allem aus zwei Gründen: 1. Die Versuche fanden im Sommer statt, die Lotlinie (d. h. der senkrechte Auftreffpunkt unter dem Aufhängepunkt) wurde aber erst im Winter bestimmt — sie war aufgrund einer minimalen Turmverziehung verändert. 2. Die Abschneidevorrichtung des Aufhängefadens gab einen winzigen horizontalen Impuls zum Fall hinzu.

Diese Fehler untersuchte Benzenberg 1802 und vermied sie in eigenen Versuchen an der Michaeliskirche in Hamburg. Er gab eine ausführliche Fehlerbetrachtung, in der vor allem vor solch systematischen — und „constanten" — Fehlern gewarnt wurde. Da Benzenbergs Werte (aus 31 Versuchen) aber doch weit streuten (wegen keinerlei mikroskopischer Überprüfung der Ruhe der hängenden Kugel streute die Ost-Abweichung bis über das Fünffache des Mittelwerts), kann man ihm höchstens einen qualitativen Beweis für die Erdrotation zubilligen. Seine mittleren Werte bei 76,3 m Fallhöhe ergaben: 4,0 Linien Ostabweichung (9,0 mm), 1,5 Linien Südabweichung (3,4 mm). Die maximale östliche Abweichung gibt er dabei selbst mit 18 Linien an![4] Benzenberg selbst war dieses Problem gar nicht bewußt. Er glaubte, daß diese Streuung in der Mittlung aller Werte stark an Bedeutung verliere. Er war eben in der Untersuchung der zufälligen Fehler nicht gut genug — er konnte es nicht sein, die Methode der kleinsten Fehlerquadrate wurde von Gauß erst 1809 veröffentlicht. Ähnliches gilt auch für Versuche Benzenbergs von 1804 im Schacht einer Kohlengrube in Schlebusch (Wetter). Diese Beispiele zeigen jedoch äußerst eindrucksvoll, wie es um die Sicherheit vieler quantitativer Bestimmungen in der Physik bis zu dieser Zeit aussah.

Ferdinand Reich kam nun 1831 in einem Bergwerkschacht in Freiburg (Sachsen) bei einer Fallhöhe von 158,5 m zu einer Ost-Abweichung von (korrigiert) 28,4 mm und einer Südabweichung von 4,4 mm. Reich umging das Problem der Aufhängung auf recht elegante Weise. Er erhitzte die Kugel vorher in kochendem Wasser. Durch das Zusammenziehen bei der Abkühlung wurde der Fall ausgelöst. Trotzdem streuten auch seine Werte in der gleichen Größenordnung (aber bei sehr viel mehr Experimenten). Der quantitative Wert war auch wenig verläßlich. Immerhin kann man Benzenberg und noch mehr Reich zubilligen, die Rotation der Erde mit ihren Versuchen nachgewiesen zu haben.

Kompliziertere Versuche im Jahr 1912 durch J. G. Hagen in Rom verlangsamten nach dem Prinzip der Atwoodschen Fallmaschine den Fall einer an einem Faden aufgehängten Kugel durch ein Gegengewicht. Hagen fand die östliche Abweichung des Fadens quantitativ sicherer als seine Vorgänger innerhalb 1 % Abweichung von der Theorie. Die Südabweichung wurde – ebenfalls in Übereinstimmung mit der Theorie – in erster Größenordnung zu Null bestimmt.[5]

Neben der Wirkung der Erdrotation, d.h. der Corioliskräfte, auf vertikale Bewegungen, gab es noch diejenige auf horizontale Bewegungen. Hier stand die Beobachtung meteorologischer und ozeanographischer Erscheinungen am Anfang. Das waren vor allem die beständigen Winde zwischen den Wendekreisen (Passate). G. Hadley erklärte sie 1735 als erster als ein Zurückbleiben von Nord/Süd- bzw. Süd/Nord-Winden hinter der größeren Erdgeschwindigkeit am Äquator.[6] Ferner war schon 1661 Viviani, dem Mitarbeiter und Schüler Galileis, aufgefallen, daß ein schwingendes Pendel sich in Spiralen der Ruhelage näherte. Ihn störte diese Tatsache, so daß er eine Doppelaufhängung verwendete. Sicher hätte Newton diesen Vorgang erklären können, wenn er ihn gekannt hätte. Um so erstaunlicher ist es, daß es noch bis ins 19. Jahrhundert dauerte, bis zu diesen Beobachtungen endlich ein Experiment entwickelt wurde, das alle übrigen Beweise für die Erdbewegung an Eleganz und Genauigkeit übertraf und trotzdem einfach blieb. Sein Prinzip war die Aufaddition der so kleinen Corioliskräfte durch eine periodisch wiederholte Bewegung. Es war das berühmte Foucaultsche Pendel[7], dessen Beliebtheit bis heute angehalten hat. Bei seinen ersten Experimenten (das erste erfolgreiche ist uns vom 8.1.1851 überliefert) benutzte Foucault ein Pendel mit einem Draht von 2 m Länge und einer Kugel von 5 kg Masse. Die überall in der Welt Aufsehen erregende Vorführung fand jedoch im Pantheon mit einem Stahldraht von 67 m Länge (1,4 mm Durchmesser) und einer Masse der Kugel von 28 kg statt. Diese Vorführung wurde auf ausdrücklichen Wunsch des Präsidenten der Republik, Louis Napoleon, arrangiert (Bild 48). Schon immer hatten ja Laien als wissenschaftliche Mäzene großes Interesse an besonderen Effekten. Das Pendel wurde durch Abbrennen eines Fadens genau in der Vertikalebene – also ohne seitliche Stöße – zum Schwingen gebracht. Und wie erstaunlich für die meisten Besucher, daß sich die Schwingungsebene des Pendels im Verlaufe der Zeit immer mehr drehte, das Pendel in seinem Maximalausschlag immer andere Marken des Bodenkreises, der etwa 6 m Durchmesser hatte, erreichte. Pro 10 Minuten wanderte die Schwingungsrichtung um etwa 2°. Bei jeder Schwingung war auf der Peripherie des Bodenkreises eine Abweichung gegenüber der vorigen um 2,3 mm zu beobachten. Mit diesem Aufbau im Pantheon wurden auch quantitative Meßreihen durchgeführt.

Man gerät in Verlegenheit, sollte man das Foucaultsche Experiment von 1851 eindeutig unter die Forschungsexperimente oder die Demonstrationsexperimente einordnen. Am kopernikanischen Weltsystem zweifelte niemand mehr ernsthaft, die Konstante der täglichen Rotationszeit war über astronomische Beobachtungen viel besser zu bestimmen, und doch war es zumindest zum Phänomen der Corioliskräfte ein ernsthaftes wissenschaft-

118

Bild 48
Pendelversuch von Foucault 1851 im Panthéon in Paris.

liches Experiment, wenn auch seine Berühmtheit vor allem im eleganten Demonstrationseffekt begründet liegt.

Zum Problem der Horizontalbewegungen auf der Erdoberfläche gibt es noch andere Untersuchungen, auf die hier nicht näher eingegangen werden soll, zum Beispiel diejenige von R. Eötvös 1919 (Schwereänderung bei Ost-West-Bewegungen).[8]

J. Teichmann

119

Dreierlei Strahlen der Sonne

Kann Licht in Wärme verwandelt werden, und kommt es auch auf die Farbe an? Sein Talent für überzeugende Demonstrationen bewies Benjamin Franklin nicht nur auf dem Gebiet der Elektrizität. An einem heiteren Wintertag legte er gleich große Tücher verschiedener Farbe auf frisch gefallenen Schnee. In wenigen Stunden war das schwarze so tief eingesunken, daß es die Sonnenstrahlen gar nicht mehr erreichten. Unter dem weißen war kein Schnee geschmolzen, bei den anderen um so mehr, je dunkler ihre Farbe schien. Andererseits wußte man. daß nicht nur die Sonne Wärme verstrahlt, sondern auch die Öfen, eigentlich jeder wärmere Gegenstand, sogar der eigene Körper.

Zur quantitativen Messung waren die Thermometer nach wie vor am Zug, jetzt auch als sogenannte Luftthermometer oder Differentialthermometer. Bei diesen wurde eine unterschiedliche Erwärmung von Luft oder Dampf in den beiden Kugeln auf einen Flüssigkeitsfaden übertragen. Als „ungemein

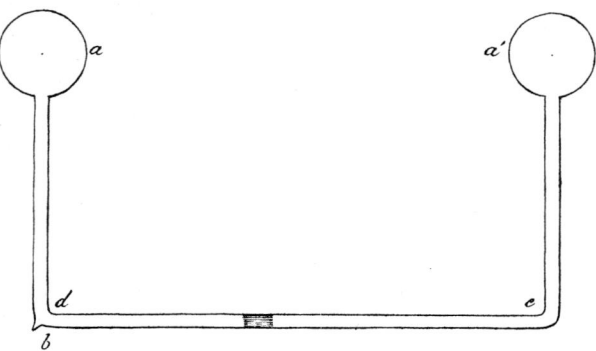

Bild 49 Als Instrument zum Nachweis einer Strahlung oder Beurteilung ihrer Intensität dienten soge. Thermoskope. Bei Bestrahlung einer der Glaskugeln, die bei Bedarf noch bewußt wurde, verschob die erwärmte Luft einen Wasser- oder Weingeisttropfen.

reizbar" rühmte Graf Rumford sein Instrument, das er Thermoskop nannte. Schon eine auf drei Fuß genäherte Hand konnte den Weingeisttropfen in Bewegung bringen. Mit diesem Instrument untersuchte Rumford die Strahlungskraft zylindrischer, mit heißem Wasser gefüllter Gefäße gleicher Größe, mit polierter, berußter, gefärbter oder aufgerauhter Außenfläche. Das berußte Gefäß gab am meisten Wärme ab, das polierte am wenigsten; das Wasser blieb in ihm auch am längsten heiß, und er empfahl deshalb den Engländern, ihren Tee in polierten Silberkannen zuzubereiten.

Der sparsame Schotte John Leslie (1766–1832) kam mit einem einzigen Gefäß aus. Er füllte einen aus Messingblech hergestellten Hohlwürfel, dessen Außenflächen wie bei Rumford behandelt waren. Die Flächen hatten bei der Füllung mit heißem Wasser alle dieselbe Temperatur, und so konnte eine Fläche nach der anderen auf ihre Strahlungsstärke untersucht werden. Die Strahlung der berußten zu 100 gesetzt, ergab sich für die polierte 12.

In Erinnerung an Vorstellungen aus der Antike wurde für Wärme auch das Wort Feuer verwendet, wie in dem vom Genfer Professor für Philosophie Markus Augustus Pictet (1752–1825) verfaßten Büchlein „Versuch über das Feuer", Tübingen 1790. Es erregte Aufsehen wegen der dort beschriebenen Versuche mit Hohlspiegeln. Daß sich die Wärme mit solchen ebenso sammeln lasse wie das Licht, zeigte schon vor ihm der französische Ordensmann und Prior Edme Mariotte mit Kaminfeuer, als Thermometer diente ihm die Innenfläche einer Hand. Pictet benützte natürlich richtige Thermometer „in Fahrenheitischer Abtheilung", notfalls auch Luftthermometer. Zum Nachweis der Gültigkeit des Reflexionsgesetzes auch für Wärmestrahlen stellte er zwei gleiche Hohlspiegel — er fertigte sie aus Zinn — von je 1 Fuß Durchmesser im Abstand von 12 Fuß 2 Zoll einander gegenüber, die Brennpunkte einander zugekehrt. „Im Brennpunkt des einen dieser Hohlspiegel war ein Quecksilberthermometer mit einer freien Kugel, und in den Brennpunkt des andern legten wir eine eiserne Kugel von ungefähr 2 Zoll im Durchmesser, deren Erhitzung vom Glühpunkt nur so weit entfernt war, daß sie nicht wirklich leuchtete oder im Dunkeln sichtbar war. Die Gegenwart dieser Kugel trieb in 6 Minuten das in dem andern Brennpunkt angebrachte Thermometer von 4° auf $14\frac{1}{2}$°, wo es stille stand und in eben dem Verhältnis fiel, als die Kugel erkaltete."

Da der Forscher aber Bedenken hatte, die Kugel „möchte, so dunkel sie auch geschienen hatte, doch für feinere und der Wirkung des Lichts empfänglichere Organe noch leuchtend gewesen seyn", nahm er „eine gläserne Phiole von ungefähr gleichem Durchmesser [wie derjenige der Kugel], die 2 Unzen 3 Drachmen siedendes Wasser enthielt, und stellte sie auf einem Gestell von Eisendraht in den Brennpunkt des einen Hohlspiegels". Ein Quecksilberthermometer im Brennpunkt des anderen Spiegels stieg in 2 Minuten von 47 auf 50°. Ergebnis: Es gibt auf Thermometer wirkende Strahlen, von denen das Auge nichts wahrnimmt. Bald darauf nannte man sie dunkle Strahlen.

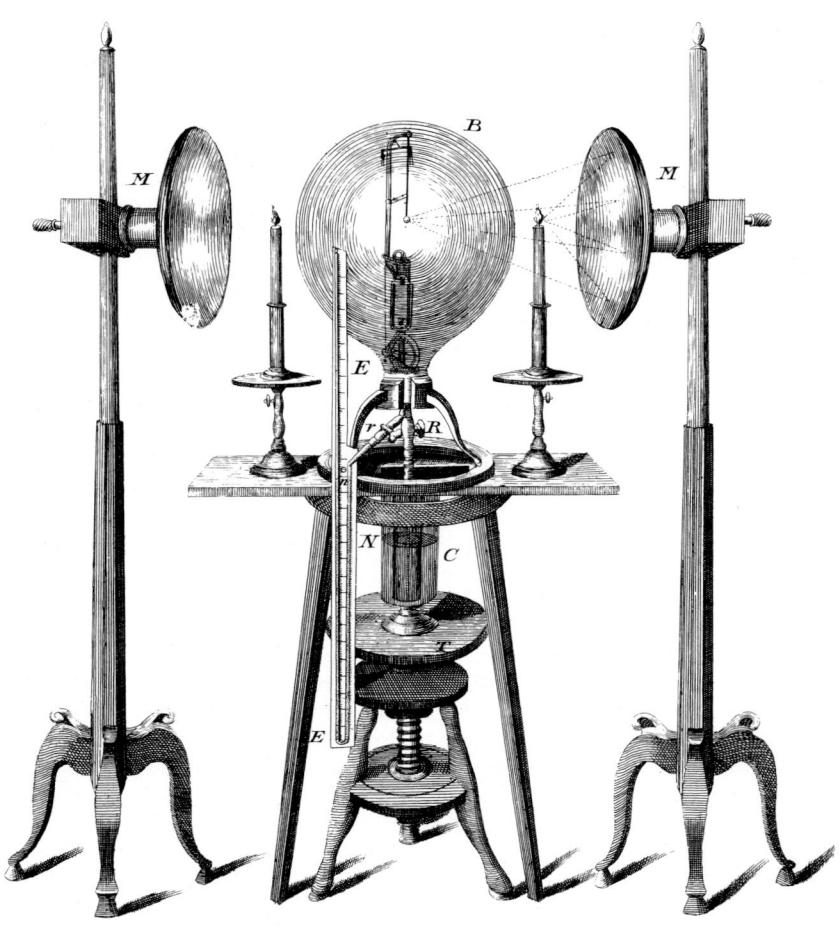

Bild 50 Spitzenforschung in Genf von 1790. Es wurde die Durchlässigkeit von Luft oder anderen Luftarten (Gasen) für Wärmestrahlen untersucht. Eine Luftpumpe zur Evakuierung des Glasballons blieb in der Zeichnung weg.

„Ich unterredete mich einmal über diese Versuche mit Hrn. Bertrand, der sich als Professor der Mathematik auf unserer Akademie berühmt gemacht hat und ein Schüler des unvergeßlichen Eulers war; bey dieser Gelegenheit fragte er mich, ob ich nicht auch die Kälte für fähig halte, zurückgeworfen zu werden? Ich verneinte es dreist und sagte, daß, da die Kälte nur Mangel an Wärme sey, sie als eine negative Größe nicht zurückgeworfen werden könne;

122

dennoch bat er mich, Versuche darüber anzustellen, und dies thaten wir gemeinschaftlich. Ich machte meinen Apparat genau wie bey den Versuchen über die Zurückwerfung der Wärme zurecht und bediente mich meiner beyden zinnernen Hohlspiegel, die ich in einer Entfernung von $10^{1}/_{2}$ Fuß von einander stellte. Im Brennpunkt des einen war ein Luftthermometer, das man mit der nöthigen Vorsicht beobachtete, und im Brennpunkt des anderen eine Phiole voll Schnee. In dem Augenblick, als die Phiole an ihrem Platz war, fiel das Thermometer im andern Brennpunkt um mehrere Grade und stieg wieder. sowie man sie entfernte. Nachdem ich sie wieder in den Brennpunkt gestellt und das Thermometer so weit zum Fallen gebracht hatte, daß es stille stand, goß ich Salpeter-Säure auf den Schnee, und die dadurch hervorgebrachte Kälte machte, daß das Thermometer plötzlich um 5 bis 6 Grade tiefer fiel.

Diese Wirkung war außer allem Zweifel und machte mich anfänglich nicht wenig bestürzt; doch fand ich nach einigen Augenblicken des Nachdenkens die Erklärung dieses Phänomens. Im Grunde ist es nichts mehr als ein neuer Beweis von der Zurückwerfbarkeit der Wärme, wenn man noch einen nöthig hätte...

Wir haben im § 8 bemerkt, daß jeder erwärmte Körper in einem gewissermaßen gezwungenen Zustand sey und daß das Feuer [die Wärme] immer ihn zu verlassen sich bestrebe: Nun kann das Thermometer, so gering auch seine Temperatur seyn mag, im Verhältnis gegen jeden Körper, der kälter als es selbst ist, als ein warmer Körper angesehen werden, sein Feuer äußert ein Bestreben, von ihm auszufließen..." — Letzten Endes läuft alles darauf hinaus, daß Temperaturgleichheit zustande kommt, Temperaturgleichgewicht erzielt wird.

In dem genannten § 8 schreibt Picktet: ,,Die unveränderlichste Eigenschaft des Feuers [Wärmestoff] in seinem freyen Zustand ist sein beständiges Streben nach Gleichgewicht, vermöge dessen es sich von einem Ort aus, wo es in einem Zustand größerer Spannung (*tension*) ist, gegen den hin verbreitet, wo es eine geringere antrifft (was ich unter Spannung (*tension*) verstehe, soll sogleich erklärt werden). So befindet sich jeder erwärmte Körper in einem gewissermaßer gezwungenen Zustand, das Feuer bleibt hauptsächlich deswegen in ihm, weil es durch das Feuer um ihn herum zurückgedrängt und von seiner Ausbreitung abgehalten wird: Überhaupt kennt dieses Fluidum in diesem Zustand keinen anderen Zaum als sich selbst; das Gleichgewicht, das manchmal daraus entsteht, heißt Temperatur.

Hieraus läßt sich leicht abnehmen, was es für eine Bewandtnis mit den Anzeigen der Thermometer habe. Man stelle sich ein Gefäß voll Wasser und ein Thermometer vor und nehme gar keine Rücksicht auf die Luft, die beyde umgibt. Das Wasser und das Quecksilber im Thermometer enthalten beyde Feuer, das in dem einen wie in dem andern ein Bestreben äußert, sie zu verlassen. Wenn dies Bestreben in beyden gleich ist, so wird, wenn man das

Thermometer ins Wasser taucht, das Quecksilber weder steigen noch fallen; es wird ein völliges Gleichgewicht stattfinden, weil die Spannung des Feuers in beyden gleich ist, und das Thermometer wird auf seiner Skala den Grad der Temperatur des Wasser anzeigen."

Fußnote: „Ich wählte diesen Ausdruck *tension*, weil er bereits durch Hrn. Volta in einem ähnlichen Sinn, aber in Bezug auf das elektrische Fluidum eingeführt ist."

Was man sich unter Wärme und Temperatur um die Wende vom 18. ins 19. Jahrhundert vorstellen konnte und in bestimmten „Schulen" auch vorstellte, ist hier mit seltener Kürze und Klarheit dargestellt.

Einen neuen Impuls erhielt die Strahlungsforschung aus England. Hier gab es die von der Royal Society in London betreuten „Philosophical Transactions", seit 1665 in ununterbrochener Folge erscheinend, die älteste naturwissenschaftliche Zeitschrift der Welt. Der Band auf das Jahr 1800 ist besonders gehaltvoll. Er enthält den Brief Alessandro Voltas, die Erfindung der Voltasäule betreffend, und die Entdeckung des Ultrarot und des Ultraviolett, wenigstens Hinweise auf die Möglichkeit desselben.

Autor war William Herschel, FRS (1738—1822), vormals Friedrich Wilhelm Herschel. Er war Sohn eines Oboisten im Musikkorps des Garderegiments der Kurfürsten von Hannover, wurde auch wie seine Brüder Musiker und ging nach England, nachdem Kurfürst Georg Ludwig dank seiner Verwandtschaft mit dem englischen Königshaus 1714 dessen Thron bestiegen hatte. Von da an wurden Großbritannien und Hannover in Personalunion regiert. Herschel verdiente seinen Lebensunterhalt auf der Insel als Musiklehrer, Organist, Komponist und Impresario. Den vielseitig Interessierten fesselte vor allem ein populäres Buch über Astronomie. Besessen von dem Wunsch, selber ein Fernrohr zu besitzen, machte er sich an die Anfertigung von Spiegelfernrohren und brachte es darin zu solcher Meisterschaft, daß seine Instrumente als die besten der Zeit begehrt waren. Selbst der König, sein Gönner und Förderer, bestellte bei ihm. Mit seiner Ernennung zum Royal Astronomer war er auf Einkünfte als Musiker nicht mehr angewiesen. Im Jahr 1781 entdeckte er den Planeten Uranus, den er anfangs für einen Kometen hielt, und vermehrte so die Zahl der Wandelsterne, wie sie schon die Babylonier kannten, nach drei Jahrtausenden um einen weiteren. Die mit seinen Instrumenten aufgefundenen Doppelsterne und Nebel füllten einen ganzen Katalog, zu diesen fügte er auch noch die Erkenntnis, daß die Milchstraße eine Sternansammlung von der Gestalt eines Diskus sei.

Der Umgang mit Fernrohren war es auch, der ihn zum Entdecker des Ultrarot — heute sagt man Infrarot — werden ließ. Da die Beobachtung der Sonne mit Fernrohren nur mittels stark absorbierender, zwischen Okular und Auge angebrachter Gläser möglich ist, Herschel dabei aber gar Sonderbares und auch Widersprüchliches feststellte, fühlte er sich zu einer eigenen Abhandlung veranlaßt.

Untersuchungen über die wärmende und die erleuchtende Kraft der farbigen Sonnenstrahlen; Versuch über die nicht sichtbaren Strahlen der Sonne und deren Brechbarkeit

Zweifel an allgemein angenommenen und zugegebenen Dingen, sind schon manchmal für die Physik sehr ersprießlich gewesen, da hier mehrentheils die Mittel, uns über jeden Zweifel Auskunft zu verschaffen, in unsrer Macht stehn, und jeder Versuch, etwas, das man bis dahin auf bloßen Glauben annahm, durch Erfahrung zu prüfen, für unsre Kenntniß der Natur von wichtigen Folgen seyn kann. So z.B. ist es so höchst natürlich, zu glauben, daß zu der Hitze im Focus eines Brennglases jeder der dort condensirten Sonnenstrahlen seinen Antheil gleichmäßig beitrage, daß man es für absurd halten würde, wenn jemand behaupten wollte, daß manche dieser Strahlen im Vergleiche mit andern nur auf eine sehr unbedeutende Art zum Verbrennen und Verglasen der Körper, die man in den Focus legt, mitwirken. Es wird daher nicht uninteressant seyn, wenn ich hier angebe, wie ich auf die Vermuthung gekommen bin, das Vermögen, zu wärmen, und das Vermögen, zu erleuchten, möchten nicht auf einerlei Art unter die farbigen Strahlen der Sonne vertheilt seyn.

Ich wünschte die beste und sicherste Art zu wissen, die Sonne durch große Teleskope von ansehnlicher Öffnung und Vergrößerung zu betrachten. Zu dem Ende stelle ich eine Reihe von Versuchen mit verschieden gefärbten Gläsern an, die ich auf mannigfaltige Art miteinander verband, um daraus die schicklichste Verbindung zu verdunkelnden Sonnengläsern zu nehmen. Was mich nicht wenig überraschte, war, daß ich bei einigen, die nur wenig Licht hindurch ließen, doch eine merkliche Wärme verspürte, dagegen bei andern viel lichthellern fast gar keine Wärme fühlte. Da nun zugleich durch solche Gläser die Sonne in verschiedenen Farben erschien, so mußte ich natürlich auf die Vermuthung kommen, daß die farbigen Strahlen, wie sie das Prisma sondert, ein sehr verschiedenes Vermögen haben, zu wärmen; und hatten sie das, so mochte vielleicht eine ähnliche Verschiedenheit in ihrem Vermögen, zu erleuchten, obwalten; denn gesetzt, gewisse Farben wären mehr geeignet, zu wärmen, so könnten dafür andere geschickter zum Sehen und zum Erleuchten der Gegenstände seyn. Über alles dieses ließ sich nur allein durch Versuche urtheilen."

Erste Versuchsreihe: Über die wärmende Kraft der Sonnenstrahlen: Was die Versuchsanordnung betrifft, ist alles Wesentliche dem beigegebenen Bild zu entnehmen. Auf dem Tisch wird ein Spektrum des durch einen horizontalen Spalt einfallenden Sonnenlichts entworfen. Auf einem verschiebbaren Tablett befinden sich etwas erhoben drei empfindliche Thermometer mit unterschiedlichen Größen der Kugeln und Skalenlängen. Die Kugeln sind berußt. Das Tischchen wird so verschoben, daß eines der Thermometer nacheinander vom violetten, blauen, zuletzt roten Teil beleuchtet wird. Die bei-

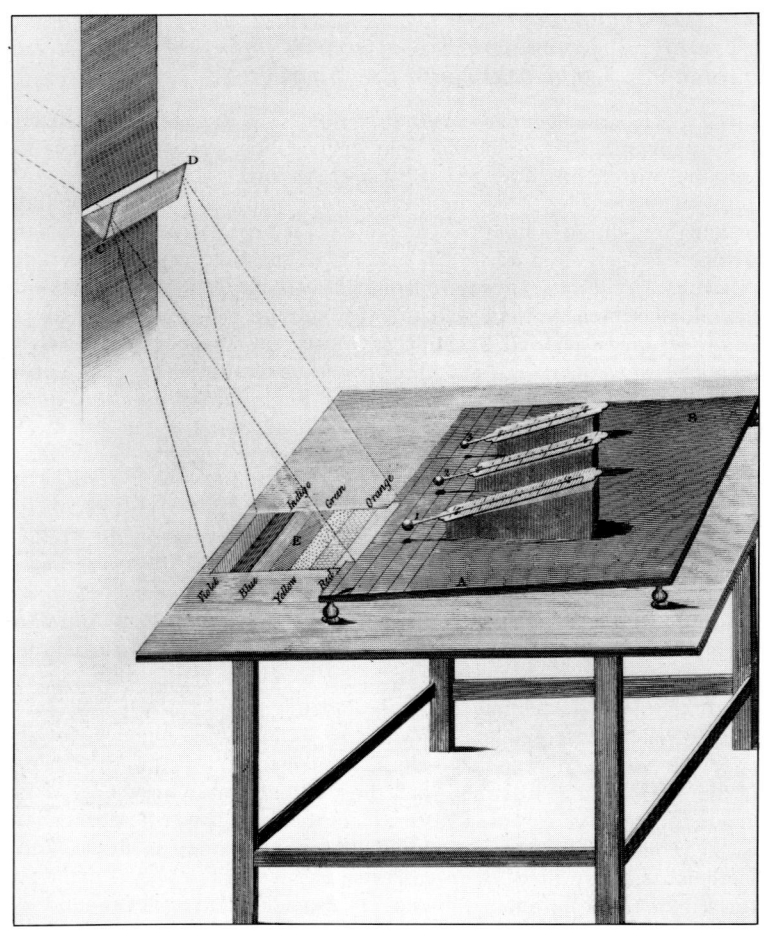

Bild 51 Herschels Vorgehen zur Untersuchung der Temperaturverteilung im Sonnenspektrum.

den anderen Thermometer befinden sich außerhalb des Spektrums oder „im Schatten“, sie dienen zum Vergleich mit den Angaben des dritten. Außerdem werden sie untereinander ausgewechselt.

Das Ergebnis einer Reihe von Versuchen stellt das Kurvenbild dar: Die Grundlinie gibt die Verteilung der Farben im Spektrum nach Newtons Vor-

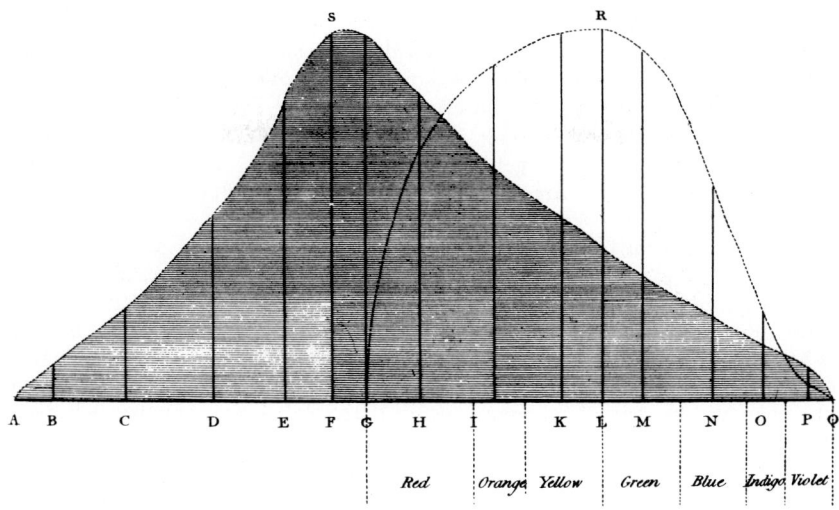

A B   C   D   E F G H   I   K L M   N   O   P Q

Red |Orange|Yellow Green | Blue |Indigo|Violet|

Bild 52 Graphische Darstellung des Ergebnisses. Im sichtbaren Teil des Spektrums hielt sich Herschel an die Newtonsche Einteilung.

bild wieder. Die Längen der senkrechten Striche (Ordinaten) innerhalb der schraffierten Fläche verhalten sich wie die aus mehreren Versuchen gemittelten Übertemperaturen des Thermometers im Spektrum in bezug auf die Vergleichsthermometer, die unbeeinflußt blieben.

Die große Überraschung: Die Übertemperaturen nahmen von Violett bis Rot gleichmäßig zu und setzten diese Zunahme auch nach Passieren des roten Endes des Spektrums noch fort, durchschritten ein Maximum, um dann wieder abzunehmen. Der Bereich, bis keine Übertemperaturen mehr gefunden wurden, verhielt sich zur Ausdehnung des sichtbaren Spektrums wie 2 : 3, genauer wie $2\frac{1}{4}$: 3. Die in diesen Bereich fallenden Strahlen werden also weniger gebrochen als die roten und alle sichtbaren.

Zweite Versuchsreihe: Über die leuchtende Kraft der Sonnenstrahlen: Wie Herschel zu der zweiten Kurve in obigem Bild kam, ist überaus originell. Er setzte die Helligkeit in Beziehung zur Deutlichkeit, mit der sich feine Strukturen unter dem Mikroskop erkennen ließen, wenn sie mit den einzelnen Farben eines Spektrums beleuchtet wurden. Nach langem Suchen entschied er sich für das Bild, das ein rostiger Nagel bot. Der maximale Helligkeitswert im Bild wurde der maximalen Temperatur angeglichen.

127

Bis hierher folgt unleugbar, „daß es Sonnenstrahlen gibt, die minder brechbar als alle sind, welche den Sinn des Sehens afficieren, und daß diese nicht-sichtbaren Sonnenstrahlen zwar mit einer großen Kraft zu erwärmen, aber nicht mit dem Vermögen zu erleuchten begabt sind. Gerade dieses aber ist der Grund, warum sie unserer Aufmerksamkeit bisher entgangen und von allen Physikern unbemerkt geblieben sind. Immerhin hat sich aus den bisherigen Versuchsreihen ergeben, daß die Wärme im Farbenspektrum sich keineswegs nach der Erleuchtung richtet."

Einen Bericht über Voltas Brief und die Herschelschen Arbeiten in den „Philosophical Transactions" brachte der Herausgeber der „Annalen der Physik", Ludwig Wilhelm Gilbert, im Band VII (1801). In der Romantikerstadt Jena lebte damals der einstige Apotheker und nunmehrige Physiker Johann Wilhelm Ritter, der „genievolle würdige Repräsentant des Galvanismus in Deutschland". Am 28. Januar 1801 schrieb er an Gilbert: „Ich danke Ihnen für die Aushängebogen von Bd. VII, Stück 2, der Annalen. Ich hatte den Tag vor ihrem Empfange (den 24. Jan.) eben eine mühsame Arbeit über die Polarität im Galvanismus beendigt, ihre Lektüre war daher für mich eine herrliche Erfrischung. Was Herschels Beobachtungen einem Physiker, der es ernstlich meint, seyn müssen, können Sie sich leicht vorstellen, ja, daß sogar ein Galvanist' sich ihrer freuen darf, denke ich Ihnen schon in dem Aufsatz über Volta's Batterie ... deutlich darzuthun."

In der Zusammenfassung seiner Arbeit hatte nämlich Herschel geschrieben: „Diese Untersuchungen dürften vielleicht noch manch ähnliche, nicht minder interessante veranlassen. Sollte sich so z. B. in den chemischen Eigenschaften des farbigen Lichtes vielleicht eine ebensolche Verschiedenheit finden als in ihrem Vermögen zu erleuchten und zu erwärmen? Es lassen sich leicht zweckmäßige Methoden angeben..." Dazu Fußnote des Herausgebers Gilbert: „Scheele legte ein mit Hornsilber bestrichenes Stückchen Papier in das Farbenspektrum des Prismas und bemerkte, daß es in der violetten Farbe weit eher schwarz wurde als in den anderen Farben."

Am Ende desselben Annalenbandes VII meldete Ritter als „Brief an den Herausgeber": „Am 22. Februar habe ich auf der Seite des Violetts im Farbspektrum, außerhalb desselben, Sonnenstrahlen angetroffen, und zwar durch Hornsilber aufgefunden. Sie reduzieren noch stärker als das violette Licht selbst, und das Feld dieser Strahlen ist sehr groß." Ritter ließ sich demnach die Anregungen Herschels und Gilberts nicht entgehen, vielleicht reizte den gelernten Apotheker der Hinweis auf Hornsilber.

Das in Wasser unlösliche Hornsilber, Silberchlorid, hat seinen Namen daher, daß es in der Natur unter anderem wie eine zum Beispiel Steine überziehende Hornschicht auftritt. Im Laboratorium erhält man es durch Ausfällen aus einer Lösung von Silbernitrat mit Kochsalz. Daß Ritter die Schwärzung irrtümlich als Reduzierung oder Desoxidation ansah, ist hier ohne Belang. Auf Anforderung Gilberts berichtete dann Ritter im Band XII der Annalen (1802), S. 409–415: „Einen etwa 8 Zoll langen Streifen starkes weißes Papier überstrich ich mit feuchtem, aber erst bereitetem Hornsilber und ließ im dunklen Zimmer das reinliche Spectrum des Prismas in der Entfernung von fünfzig bis sechzig Zoll von diesem auf dessen Mitte fallen. Das Hornsilber fing zuerst, und äußerst schnell, in einer beträchtlichen Entfernung vom äußersten Violett nach außen an schwarz zu werden. Erst darauf folgte das im Violett selbst nach... Beym Herausnehmen des Streifens aus der Brechungsebene fand ich die stärkste Schwärzung in der Entfernung eines guten halben Zolles vom äußersten Violett... und hörte von reichlich anderthalb Zoll vom äußersten Violett ganz auf.‟

Einige Zeilen später: „Scheele muß seinen Versuch nur flüchtig angestellt haben, es hätte ihm sonst kaum entgehen können, daß das Hornsilber im Violett keineswegs ‚weit eher wie in den übrigen Farben‘ schwarz wurde, sondern daß es in der That in fast der vollen Hälfte der vorhandenen Farben gar nicht schwarz wurde; und wirklich ist es zu bedauern, daß gerade er diesen Umstand übersah.‟

Herschels und Ritters Entdeckungen erweiterten das Wissen um die Strahlen unseres Tagesgestirns auf ungeahnte Weise. Ausgelöst hat sie ein aus Liebhaberei zum Astronomen gewordenen Musiker durch seine Suche nach die Wärmestrahlen zurückhaltenden Strahlenfiltern. Soweit wurde die heute bei Wissenschaftstheoretikern beliebte Frage nach der Motivation von Herschel selbst kurz und bündig beantwortet. Ritter wurde durch die Lektüre von dessen Publikation motiviert. Nicht von sich aus suchte er auf der violetten Seite des Spektrums nach einem Gegenstück zum Herschelschen Befund auf der roten Seite, sondern die Gilbertsche Fußnote und das Hornsilber waren es, die den ehemaligen Apotheker angesprochen hatten und spontan handeln ließen. Ob eine Suche nach einer Polarität des Spektrums, vergleichbar der Polarität eines Stabmagneten, von Anfang an eine Rolle spielte, ist nicht erkennbar, von derlei Spekulationen ist erst im Nachhinein zu lesen. Was den Apotheker Scheele betrifft, so wollte dieser vermutlich nur wissen, ob ein bestimmter und welcher Teil des Spektrums die Schwärzung der Silbersalze bewirkt, und er fand eine ihm – etwa für die Wahl der Farbe der zur Aufbewahrung der Salze geeigneten Gläser – genügende Antwort. Der Herschelsche Befund war zu seiner Zeit noch nicht bekannt, deswegen hatte er auch keinen Anlaß, auf Begebenheiten auch jenseits des violetten Endes des Spektrums zu achten. Ritter hingegen war gerade darauf „gespannt‟. Deswegen war seine Bemerkung, Scheele hätte eben zu flüchtig gearbeitet, nicht berechtigt. Konsequent war Ritters Frage: Ist Hornsilber die einzige Substanz, auf welche das Licht chemisch wirkt? Nur ein paar Jahre später fanden die französischen Forscher Thenard und Gay-Lussac die fördernde Wirkung ultravioletten Lichts auf die Bildung von Chlorwasserstoff (Salzsäure) aus einem Gemisch von Chlor- und Wasserstoffgas. Eine quantitative Analyse der gebildeten Salzsäuremenge in Abhängigkeit von der Wellenlänge lieferten Bunsen und sein Schüler Roscoe 50 Jahre nach Ritter. Das Gegenstück zur Herschelschen Temperaturkurve blieb Ritter schuldig, er hätte allenfalls eine Schwärzungskurve ermitteln müssen, aber wie?

Das 1860 veröffentlichte Bild (Bild 53) verführte zu der verbreiteten Ansicht, daß das Sonnenlicht aus dreierlei Strahlen bestehe, Wärmestrahlen, Lichtstrahlen und chemischen Strahlen, wie man kurzerhand sagte. Diese Dreiheit erwies sich aber als scheinbar, sie wurde vorgetäuscht — und das steht ja schon bei Herschel — durch die verschiedenen Empfänger, mit denen die Strahlen analysiert wurden: Thermometer, Augen, chemische Prozesse.

Herschel selber hatte auch Kritiker, ja ausgesprochene Gegner, allen voran John Leslie. Dieser fand wie auch andere, daß das mit dem Thermometer festzustellende Maximum keineswegs außerhalb des sichtbaren Teils des Spektrums liege.

„Alles, was Herschel behauptet, wurde ohne viel Überlegung unternommen, ohne Vorsicht und in vieler Hinsicht ungenau ausgeführt... Es sollte mir leid tun, wenn sich Dr. Herschel durch meine Kritik beleidigt fände. Bloße Autorität kann für die Wissenschaft, läßt man sie aufkommen, die traurigsten Folgen haben. Wie hinderlich war nicht ihren Fortfchritten das Ansehen, in welchem Aristoteles und Descartes standen, ja selbst in einigen Punkten der ehrwürdige Namen Newtons!" Beleidigt war in Wirklichkeit Leslie, nämlich daß Herschel in ein Revier eingebrochen war, das er als sein ureigenes in Anspruch nahm.

„Ich bewundere seine astronomischen Entdeckungen und bin überzeugt, daß England bei seinem wissenschaftlichen Verfall der Einfuhr fremder Genies bedarf... Kann ich einige seiner neuesten Spekulationen nicht gleichmäßig billigen, so bedenke ich, daß selten Männer ihre eigenen Kräfte

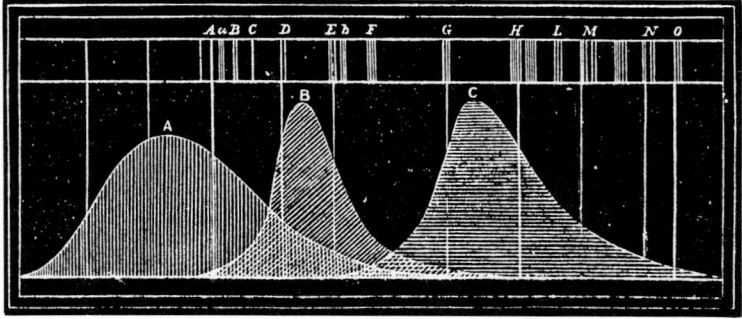

Bild 53 Rund 60 Jahre später die Beschreibung der Sonnenstrahlung je nach Meßmethode, worauf die Sonnenstrahlung in Wärmestrahlen, Lichtstrahlen und chemische Strahlen unterschieden wurde.

richtig zu schätzen wissen. Indem sie sich an neue Gegenstände wagen, vermögen sie nicht immer, sich die Kenntnis, Präcision und Vorsicht zugleich zu erwerben, welche nur die Frucht der Erfahrung und unermüdeter Anstrengung sind."

Herschel zog aus der gringeren Brechbarkeit der Wärmestrahlen den Schluß, daß Linsen zwei Brennpunkte haben mußten, einen (mittleren) für die sichtbaren Strahlen und einen, in etwas größerem Abstand von der Linse, für die Wärmestrahlen. Reizend, wie Herschel nun mit seiner Puderquaste die Luft im Zimmer stäubte, um hinter einer sonnenbeschienenen Linse den Brennpunkt der sichtbaren Strahlen zu orten. Ein aus etwas größerer Distanz als der Brennweite genähertes Stückchen Siegellack fing aber deutlich schon 3—4 mm vorher, wie er es erwartete, zu schmelzen an. Dazu Leslie: „Ist es nicht wahrscheinlich, sondern möglich, daß viele geschickte Physiker sich ein Jahrhundert mit Vervollkommnung der Brenngläser und Versuchen im Brennpunkt derselben beschäftigten, ein so leichtes und am Tage liegendes Faktum übersehen haben sollten?"

F. Fraunberger

Neue Instrumente – die Thermoelektrizität

Wenn sich Leslie damit getröstet hatte, die Herschelschen Wärmestrahlen „mögen eine Zeitlang gemeine Neugierde befriedigen, aber gewiß bald in Vergessenheit geraten", so blieb es bei diesem Wunsch. Der Schotte stieß sich besonders an Herschels Behauptung, das Maximum der Wärme liege jenseits des Sichtbaren, was mit seinen eigenen Beobachtungen durchaus im Widerspruch sei. Erst Thomas Seebeck, damals in der Romantikerstadt Jena lebend, Goethes Korrespondent und gelegentlich auch Gesprächspartner in Sachen Physik, kam auf den Verdacht, es könnte an den Prismen liegen, wo das Maximum erscheint. Er füllte ein gläsernes Hohlprisma mit Wasser, dann war das Maximum im Gelb, Auflösung farblosen Salmiaks verschob es ins Orange, schwachbrechendes Kronglas beließ es im Rot, stark brechendes, weil bleihaltiges Flintglas gab eindeutig Herschel recht. Die Lehre daraus: Auch das Werkzeug, wie hier das Prisma, redet mit.

Thomas Seebeck (1770–1831), in Reval als Sohn eines sehr wohlhabenden Kaufmanns geboren und mit einer entsprechenden Erbschaft versehen, studierte in Berlin und Göttingen Medizin, triftete dann aber, vielleicht unter Lichtenbergs Einfluß, zu den Naturwissenschaften hin. Von 1802–1810 in Jena, führte er obige Untersuchungen durch. Nach seiner Verehelichung zog er nach Bayreuth, dort unter einem Dach mit Jean Paul lebend. Nach weiteren Jahren als Privatgelehrter in Nürnberg folgte er einem Ruf an die Berliner Akademie der Wissenschaften. Seebeck hatte das Glück, in eine Hochzeit der physikalischen Forschung hineingeboren zu sein. Als die Voltasäule bekannt wurde, zählte er 30 Jahre, in seinem 50. Lebensjahr entdeckte Oersted die Ablenkung der Magnetnadel durch den elektrischen Strom, und im Dezember 1831, seinem Sterbemonat, war auch die Induktion durch Faraday erkundet.

Oersteds Entdeckung hatte ihn sofort in Bann gezogen. Seine Devise: Nachprüfen, dann weiterforschen! Oersteds Mitteilung trägt das Datum des 21. Juli 1820. Am 13. September zeigte der Physiker Johann Salomon Christoph Schweigger auf der Naturforschertagung zu Halle, wie sich durch Herumführen eines Drahtes um eine Nadel oder das Gehäuse einer Bussole der Ablenkungseffekt enorm steigern läßt. Seebeck nannte das Ganze bald darauf Multiplikator.

In seinem ersten Beitrag (1820—21) beschäftigte sich der Balte mit der Abhängigkeit der magnetischen Effizienz — er sagte der magnetischen Spannung — von der Beschaffenheit der Stromquelle. „Bei der Fortsetzung der Untersuchung über das gegenseitige Verhältnis der elektrischen, chemischen und magnetischen Tätigkeiten in den galvanischen Elementen stieß ich auf Erscheinungen, welche mir anzudeuten scheinen, daß auch wohl zwei Metalle für sich, ohne Mitwirkung irgendeines feuchten Leiters, magnetisch werden möchten. Zu den ersten, in diesem Sinne unternommenen Versuchen wählte ich zwei Metalle, welche ich als Glieder in den gewöhnlichen galvanischen Ketten mit Kupfer verbunden in manchen Stücken abweichend und veränderlich gefunden hatte, Wismut und Antimon."

Diese Wahl muß Seebeck eine recht wohlwollende Fee zugeflüstert haben, denn die Metalle erwiesen sich im folgenden nicht nur als die wirksamsten, sondern auch als jene, die den Erfolg überhaupt ermöglichten. Die Versuchsanordnung war denkbar einfach: Auf einem Zuleiter zum Multiplikator lag eine Kupferscheibe, auf dieser eine Scheibe Wismut, darüber schwebte das andere Ende des Multiplikatordrahtes, eigentlich ein etwa 5 mm breiter Blechstreifen. Drückte er diesen mit dem Finger auf die Scheibe, so reagierte die Magnetnadel tatsächlich. Es ging auch ohne die unterliegende Kupferscheibe. Die Scheibe aus Antimon hingegen drehte die Nadel nach der anderen Seite, wenn auch weniger weit. Scheiben aus Zink, Kupfer, Silber zeigten keinen Effekt. Im Verdacht, die Feuchtigkeit des Fingers hätte eine verborgene Volta-Kombination erschleichen können, schob Seebeck zwischen Finger und Draht ein dünnes Glasplättchen. Es stellte sich dennoch ein Ausschlag ein, wenn auch mit Verzögerung. Wurde der Leiter mit Stäbchen aus Holz oder Glas angedrückt, blieb die Magnetnadel in Ruhe. Mit Metallstäben aber brachte er sie in Bewegung, wenn Seebeck sie nicht am oberen, sondern am unteren Ende, d.h. in Drahtnähe, hielt.

„Nach dieser Erfahrung mußte sich der Gedanke aufdrängen, daß die Wärme, welche sich von der Hand dem einen Berührungspunkt der Metalle

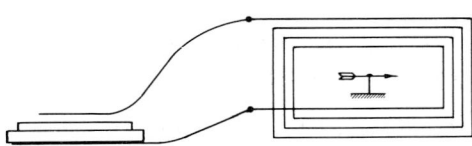

Bild 54 Skizze zu Seebecks Anordnung

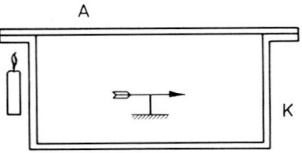

A

K

Bild 55

Ein Viereck aus einem Wismutstab und dickem Kupferdraht genügte bei Erhitzung einer der Lötstellen um die Nadel eines Kompasses abzulenken.

stärker mitteilt, die Ursache des Magnetismus dieser zweigliedrigen Kette sein möchte. Demnach war zu erwarten, daß ein höherer Grad der Temperatur als der, welcher dem Metall mit der Hand mitgeteilt werden kann, auch eine höhere magnetische Spannung bewirken müßte."

Im weiteren Verlauf konnte Seebeck sogar den Multiplikator entbehren. Wenn ein Wismut- oder ein Antimonstab mit einem dicken, geeignet geknickten Draht zu einem Viereck verlötet und aufrecht gestellt war, wurde eine Kompaßnadel in der Nähe abgelenkt, sobald an einem Ende des Stabes eine Öl- oder Kerzenflamme brannte, nach der anderen Seite, wenn die Erhitzung am anderen Ende geschah. Erhitzen in der Mitte des Stabes ließ die Nadel in Ruhe. Ergebnis: Voraussetzung für eine magnetische Wirkung war, daß zwischen den Lötstellen ein Temperaturunterschied bestand. Wurden mehrere Paare von Streifen nach Art von Volta-Ketten verlötet und sachgemäß erwärmt, so erhielt man schon bei geringer Erwärmung bedeutende Ausschläge. Mit diesem Trick zeigten auch andere Metalle Thermomagnetismus.

Dies war eine ungewöhnlich schöne Entdeckung, durchsichtig im Hergang, wichtig in der Sache, so daß man sich nochmals fragen muß, welche Umstände sie so begünstigten. Da Seebeck seidenumsponnenen Draht wie Schweigger offenbar nicht besaß, wickelte er die Spule für den Multiplikator — er sagte noch, wie damals üblich, die Spirale — aus einem Kupferband von 40 Fuß Länge und zweieinhalb Linien (ca. 5 mm) Breite mit Zwischenlagen aus Seide. So war der Widerstand klein genug, so daß auch die geringe Thermospannung von angenommen 1 Millivolt zur Ablenkung der Nadel hinreichte. Der obere Kupferstreifen hing „schwebend" über der Wismutscheibe. Hätte Seebeck ihn angeschraubt oder mit Hilfe eines Gewichtes angedrückt, wäre ihm die Entdeckung entgangen. Ergo: Auch ein Provisorium kann Glück bringen wie Antimon und Wismut.

Die erste Mitteilung machte Seebeck der Berliner Akademie am 26. August 1821, also 13 Monate, nachdem Oersted seine Rundschreiben versandt hatte. Letzterer war es dann auch, der auf seiner Reise nach Paris dort von der Entdeckung berichtete. Den größten Eindruck machte sie offenbar auf den Physiker Antoine César Becquerel (1788—1878), der auch die erste Anwendung fand, nämlich aus der Größe der Thermospannung oder des Thermostroms auf die Temperatur der Lötstelle zu schließen.

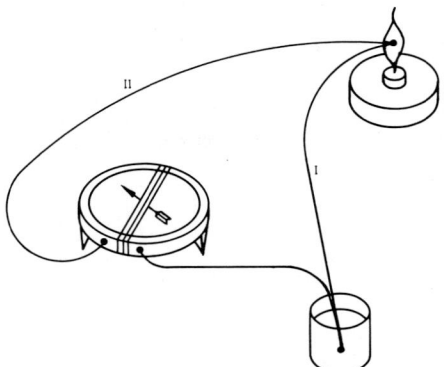

Bild 56
Antoine César Becquerel's Thermometer für hohe Temperaturen.
Der drahtumschlungene Kompaß bedeutet einen Multiplikator.

Becquerel bediente sich zweier verschiedener reiner Platindrähte, eichte sie mit einem Celsiusthermometer und verlängerte die Vergleichstabelle auf gut Glück bis 1300°. Die zweite Lötstelle befand sich in schmelzendem Eis. Mit diesem Thermoelement tastete er eine Weingeistflamme ab. Temperaturen bis 1300° zu messen, war bis dahin noch niemand imstande gewesen. Aber etwas anderes ist viel bemerkenswerter. Die bisher benützten Thermometer beruhten auf der Wärmeausdehnung von Flüssigkeiten, Gasen oder Metallen, Erscheinungen der sinnlich faßbaren Welt. Hier nun wurde das zu Messende einer elektrischen Wirkung anvertraut, etwas den Sinnen ganz und gar Unzugänglichem. Erst eine zweite Transformation, die Wirkung des Stroms auf die Magnetnadel und die Ablesung des Ausschlags, brachte die Sinne wieder zur Geltung. Was heute in hundert- oder tausendfacher Variation geschieht, hier, im Laboratorium Antoine César Becquerels, geschah es zum ersten Mal, und dieser Becquerel war der Großvater von Henri Becquerel, von dem hier auch noch die Rede sein wird. Damals war zum Beispiel der Arzt mit dem Stethoskop noch etwas Menschliches, der Patient konnte sich vorstellen, wozu das Hörrohr diente. Ein an einen Elektrokardiographen angeschlossener Patient hingegen läßt die Manipulationen der Assistentin apathisch über sich ergehen, die Zeichen, die der Apparat auf einen Papierstreifen schreibt, sind für ihn unlesbare Hieroglyphen. Angefangen muß diese Entwicklung einmal haben, und warum nicht im Jahre 1827 in einem Laboratorium in Paris? Und die Entdeckung der radioaktiven Strahlen durch den Enkel Henri, auch in Paris — welche Laune der Geschichte!

Sonderbarerweise fand Becquerels elektrisches Thermometer, soweit in der Fachliteratur erkennbar, kaum Beachtung, bis der italienische Physiker Nobili mit seinem Thermomultiplikator in Erscheinung trat. So nannte er

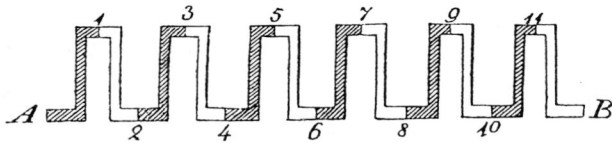

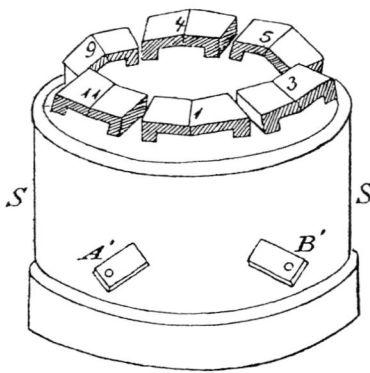

Bild 57 Nobili's Strahlungsmesser bestand in einer zu einem
Kreis angeordneten Serie von Antimon- und Wismutstückchen.
Die der Strahlung ausgesetzten Partien waren berußt.

seine für Strahlungsmessungen entwickelte Kombination von zu einem
Kranz geordneten Thermopaaren aus Antimon- und Wismut-Elementen mit
einem Nadelgalvanometer (1830). Der Zeiger war hier einfach eine magnetisierte Nähnadel oder ein astatisches Nadelpaar mit entgegengesetzten Polen
übereinander, um die Richtkraft des Erdfeldes auszuschließen. Dann wirkte
nur noch die rücktreibende Kraft des Aufhängefadens der Drehkraft des Stromes entgegen. Diese Art der Astatisierung benützte als erster Ampère.

„Herr Melloni, Professor für Physik an der Universität Rom, der sich einen meiner Thermomultiplikatoren verschaffte, in der Absicht, ihn für Wärmestrahlen wirksam zu machen... Er ist dann von uns beiden vervollkomm-
net worden, der dient, wie schon der Name sagt, zur Auffindung der schwäch-
sten Spuren der Wärme. Um eine Vorstellung von seiner Empfindlichkeit zu
geben, braucht nur gesagt zu werden, daß er schon in einer Entfernung von
25 bis 38 Fuß durch die Wärme eines Menschen ergriffen wird." Von den um-
fangreichen Messungen, die vor allem Melloni durchführte (Durchlässigkei-
ten, Absorptions- und Reflexionsvermögen in Abhängigkeit vom Material

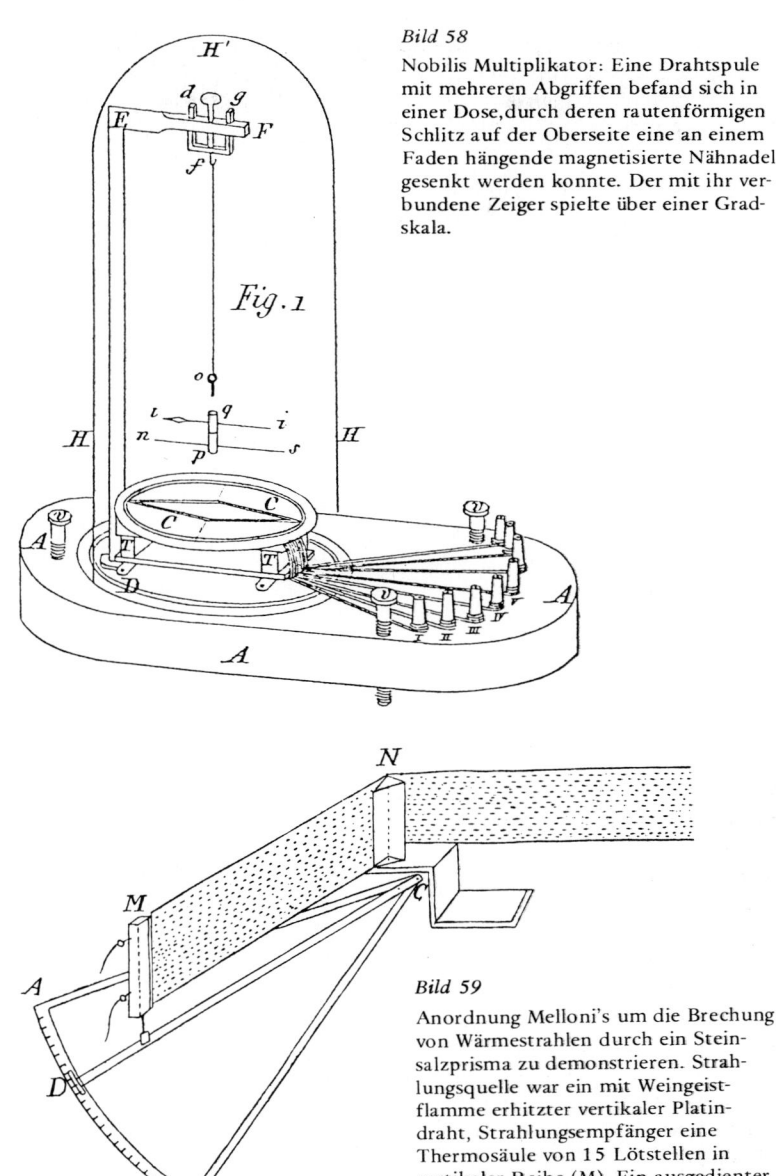

Bild 58

Nobilis Multiplikator: Eine Drahtspule mit mehreren Abgriffen befand sich in einer Dose, durch deren rautenförmigen Schlitz auf der Oberseite eine an einem Faden hängende magnetisierte Nähnadel gesenkt werden konnte. Der mit ihr verbundene Zeiger spielte über einer Gradskala.

Bild 59

Anordnung Melloni's um die Brechung von Wärmestrahlen durch ein Steinsalzprisma zu demonstrieren. Strahlungsquelle war ein mit Weingeistflamme erhitzter vertikaler Platindraht, Strahlungsempfänger eine Thermosäule von 15 Lötstellen in vertikaler Reihe (M). Ein ausgedienter Oktant war hilfreich um das Spektrum definiert zu überstreichen.

und von den Strahlungsquellen), erwähnen wir als Beispiel, daß Wasser Wärmestrahlen am stärksten zurückhält. Von 100 Strahlen läßt es — gleiche Schichtdicken vorausgesetzt — nur 11 durch, Kronglas 50, Steinsalz aber 92!

Um auch die Verteilung der Strahlungsintensitäten längs der Spektren erfassen zu können, ordnete er eine Anzahl von Lötstellen in einer Linie an.

In einem späteren Abschnitt, bei der schwarzen Strahlung, werden wir der linearen Säule Mellonis wieder begegnen. Die Namen der beiden Italiener sind heute gänzlich vergessen. Leopoldo Nobili (1787–1835) war erst Artillerieoffizier, dann Direktor einer Waffenfabrik, schließlich Professor für Physik in Florenz. Macedonio Melloni (1798–1854), Professor für Physik in Parma, mußte wegen Teilnahme an einem Aufstand gegen den Großherzog nach Frankreich fliehen, wurde nach seiner Rückkehr nach Italien Direktor des Museums für Kunst und Gewerbe in Neapel, ab 1847 auch Direktor des Observatorijms auf dem Vesuv, wo es ihm gelang, die Wärmestrahlung des Mondes nachzuweisen. (Von einer Professur in Rom ist nur bei Nobili die Rede.)

F. Fraunberger

Das Licht als Wellenvorgang

Beim Wort Wellen fallen einem die auf einer Wasserfläche sich bildenden und immer größer werdenden Kreise ein, etwa wenn ein Stein in einen
Weiher geworfen wird. Man hat dann den Eindruck, es würde sich Wasser über
die Oberfläche vom Zentrum wegbewegen. Ein auf dem Wasser schwimmen-
des Blatt oder Stückchen Holz zeigt aber, daß nur Auf- und Abbewegungen
vorkommen, die auch schnell abklingen und eine Folge der Trägheit sind.
Es liegt eine sehr gedämpfte Transversalwelle vor.

Zu einer Wellenbewegung im geläufigen Sinn gehört, daß die Erregung
periodisch erfolgt, wie es der hier abgebildete Herr mit einem an der Hand
hängenden Stein durch Auf- und Abbewegen derselben praktiziert. Hand
und Stein stellen einen Sender oder Oszillator dar. Je schneller die Hand sich
bewegt, um so dichter folgen die Kreise aufeinander, die eine Folge von Wel-
lenbergen und Wellentälern bilden. Das Ganze bildet ein Wellenfeld. Die

Bild 60
Erzeugung von Kreis-
wellen auf einer
Wasseroberfläche.

139

Zahl der Schwingungen des Senders heißt, pro Zeiteinheit genommen, Frequenz, der Abstand zweiter Wellenberge oder -täler Wellenlänge. Wellenberg und Wellental sind nur zwei extreme Zustände, allgemeiner spricht man von den einzelnen Phasen, die ein Wasserteilchen während einer vollen Schwingung durchmißt, so daß wir sagen können, unter Wellenlänge versteht man den Abstand zweier gleicher Phasen längs der Ausbreitungsrichtung. Zwei Stellen im Abstand einer halben Wellenlänge haben entgegengesetzte Phasen.

Zwischen Frequenz (ν), Wellenlänge (λ) und Ausbreitungsgeschwindigkeit (v) besteht der fundamentale Zusammenhang $\lambda \cdot \nu = v$. Der Buchstabe c statt v ist für Lichtwellen reserviert. Daß Licht Wellencharakter hat, war schon Leonhard Euler (1707−1783) bekannt, Isaac Newton erwog die Möglichkeit, verwarf sie aber wieder. Die verbreitete Meinung, der Holländer Christiaan Huygens sei der Begründer der Wellenlehre des Lichts, ist falsch, wenn wir unter Welle einen periodischen Vorgang verstehen. In seiner 1690 erschienenen Schrift „De la lumière" schloß er dies nachdrücklich aus. Der Ruhm, den periodischen Charakter der Welle erkannt und nachgewiesen zu haben, kommt einzig und eindeutig dem Londoner Arzt Thomas Young zu.

Thomas Young (1773−1829) ist eine der fesselndsten Persönlichkeiten der Wissenschaftsgeschichte, ein Wunderkind, das mit zwei Jahren fließend lesen konnte, ein Sprachgenie, als Mitentzifferer der Hieroglyphen unvergessen. Er bekannte sich als Quäker, sein Leitspruch: Alles kann der Mensch, wenn er will. Von einem Seiltänzer in einem Zirkus bezaubert, eignete er sich diese Kunst binnen kurzem an und trat dann in diesem auch selber auf. Seine Erklärung der Akkommodation des Auges brachte ihm die hohe Ehre des Fellowship der Royal Society (FRS) zu London ein. Im Zuge seiner Studien über den Schall in Hinsicht auf den Hörprozeß entdeckte er das Prinzip der Interferenz. Dieses von Young eingeführte Wort bedeutet Einmischung, Beeinflussung. Ein Bild, die Überlagerung zweier Wellensysteme, auch wieder Oberflächenwellen, bringt dem Leser am schnellsten in Erinnerung, wovon die Rede ist. Zwei in gleichem Takt schwingende Erreger erzeugen zwei Wellenfelder. An gewissen Stellen im Bereich der Überlagerung erscheint das Auf und Ab der Wellenbewegung besonders lebhaft, daneben gibt es auch Streifen, die von jeder Bewegung unberührt erscheinen.

Was den Arzt Young um jene Zeit besonders interessierte, waren die Wirkungsgrundlagen der Sinne, die physikalischen Grundlagen erst der Ohren, dann der Augen. Als erstes Ergebnis seiner Studien verkündete er in der Sitzung der Royal Society vom 12. November 1801: „Mir will scheinen, daß das Interferenzprinzip von noch ausgedehnterem Nutzen sein wird zur Erklärung der Farben." Im Vordergrund dachte er dabei an das Newtonsche Farbenglas, an die Farben von Seifenblasen und an die Farben, die sich an polierten, mit parallelen Kratzern dicht überzogenen metallischen Oberflächen beobachten lassen, an die Schillerfarben von Perlmutter wie

Bild 61 Zwei in gleichem Takt auf- und abschwingende
Küglein verursachen ein System von sogen. stehenden
Wellen, anschauliches Beispiel einer Interferenz. Die
an Ort und Stelle bleibenden Wellenberge sind Orte
maximaler Auf- und Abbewegungen von Wasserteilchen,
dazwischen Streifen der Ruhe. Im Fall von Lichtwellen-
interferenzen entsprechen ersteren Orte maximaler
Helligkeit, letzteren Dunkelheit. Einfachstes Beispiel
Bild 75

auch an die von gewissen Insekten und von Schmetterlingen. (Man braucht
nur eine Schallplatte so vor die Augen zu halten, daß das Licht der Sonne
oder einer künstlichen Lichtquelle streifend auffällt, und den reflektierten
Strahlen entgegenzublicken, um zu sehen, was gemeint ist.)

Worum es bei der Interferenz geht, erläuterte der Arzt an einem Modell:
Young, der die Arbeiten seiner Vorgänger genau kannte, übernahm von Huygens dessen Äther, ein allgegenwärtiges, alles durchdringendes, unvorstellbar
subtiles Medium. Das Licht betrachtete er als einen dem Schall analogen Vorgang in eben jenem Äther. Die Ätherteilchen bewegen sich periodisch parallel
und antiparallel zur Fortpflanzungsrichtung, bleiben also im Mittel am Ort.
Bei monochromatischem, d.h. einfarbigem Licht schwingen alle Teilchen eines Strahls mit derselben Frequenz, der Frequenz der sie aussendenden Lichtquelle.

Diese sei nun vorausgesetzt. Es sei Punkt L ein Lichtsender. In seinem
Wellenfeld werden zwei Punkte 1 und 2 von der Wellenbewegung ergriffen
und so zu sekundären Sendern. Sie pulsieren im selben Rhythmus wie L,

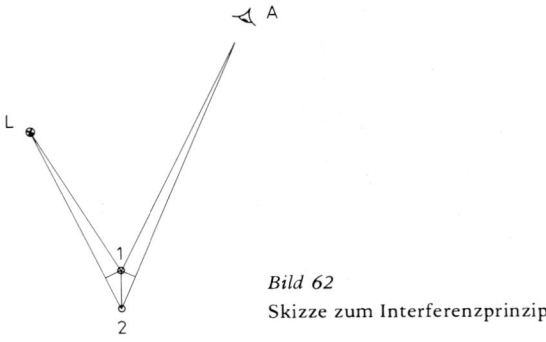

Bild 62
Skizze zum Interferenzprinzip

wenn auch 2 etwas zeitverschoben, jedenfalls nicht unabhängig voneinander. Man sagt: Es besteht ein Zusammenhang, sie sind kohärent.

Ein Auge oder besser, eine Stelle A der Netzhaut eines Auges empfängt Wellen von 1 und 2. Trotzdem kann es sein, daß die Stelle A kein Lichtsignal an das Gehirn weitergibt, nämlich dann — so Young —, wenn die im Bereich von A befindlichen Ätherteilchen von der Welle von 1 gerade zu einer Vorwärtsbewegung, einer „progressive motion" getrieben, jene von der Welle 2 zu einer „retrograde motion", einer Rückwärtsbewegung, veranlaßt werden.

Die besagte „Auslöschung" tritt nach Young dann ein, wenn sich die Strecken L1A und L2A um $\lambda/2$ unterscheiden, oder um $3\lambda/2, 5\lambda/2 \ldots$

Den meisten Leserinnen und Lesern wird dies nichts Neues sein. Hier geht es auch nicht darum, Altes aufzuwärmen, sondern darum, wie solche die Physikbücher besiedelnden Begriffe wie Wellenlänge, Interferenz, Gangunterschied in die Welt gekommen sind und durch welche Experimente sie ihre Daseinsberechtigung erweisen mußten.

Seine entscheidende Bewährung lieferten dem Wellenbild vom Licht die sogenannten Beugungserscheinungen, die Beugung durch einen Spalt zum Beispiel. Aber von den Newtonschen Ringen versprach sich Young noch mehr, vielleicht auch nur deshalb, weil es sich — wenigstens in Gelehrtenkreisen seiner Zeit — um ein viel diskutiertes Phänomen handelte.

Eigentlich müßte das Newtonsche Farbenglas Hookesches Glas heißen. Robert Hooke (1635—1703), Sohn eines Geistlichen, diente in der Jugend als Kellner. Über Roberte Boyle kam er in Verbindung mit der Wissenschaft und entpuppte sich als phantasievoller, auch manuell überaus geschickter Experimentator. Seine Untersuchungen mit dem Mikroskop ließen ihn an der Korkrinde die Zellstruktur erkennen. Der Name Zelle im Bereich der Biologie stammt auch von ihm. Er war ein recht streitfreudiger Herr. Isaac Newton machte dies nicht wenig zu schaffen.

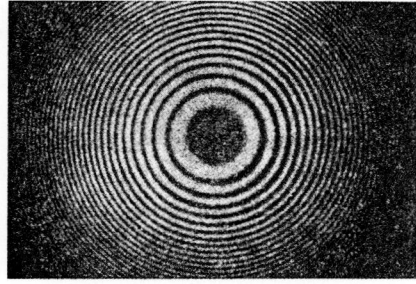

Bild 63

Newton'sche Ringe. Thomas Young
erkannte sie als erster als einen Fall
von stehenden Lichtwellen, von
Interferenzen im hypothetischen
Medium Äther.

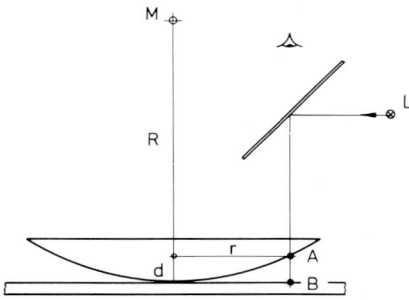

Bild 64

Herstellung der Ringe. Die Skizze
bedeutet einen vertikalen Schnitt
durch die Mitte einer auf einer
Glasplatte ruhenden Linse. Eine
schräge Glasschicht solle Licht von
einer seitlichen Quelle L senkrecht
auf die Linse lenken und nach
Reflexion bei A und B in ein oberhalb der Glasschicht befindliches
Auge lassen.

Nun zum Farbenglas, das man vorliegen hat, wenn mit weißem Licht
experimentiert wird. Arbeiten wir erst mit einfarbigem Licht, wie man es am
einfachsten durch eine mit Kochsalz gefärbte Bunsenflamme erhält oder eine
Natriumdampflampe. Wird eine plankonvexe Linse von möglichst großem
Krümmungsradius auf eine ebene Platte aus Glas oder poliertem Metall gelegt, die Linse von oben beleuchtet, so sieht man ein System von hellen Ringen, bei Beleuchtung mit weißem Licht sind die Ringe farbig. Wie kommt
es zu den hellen Ringen bei einfarbigem Licht?

Im nebenstehenden Bild sei A eine Stelle eines hellen Kreises. Ein von
oben einfallender oder von einer Lichtquelle L an einer Glasplatte umge-
lenkter Strahl teile sich bei A, so daß ein Teil nach oben reflektiert wird,
der andere erst bei B. Bei A treffen sich die Teilstrahlen wieder, und das
Auge wird von dieser Stelle Licht empfangen, falls der von B kommende
Teil bei A mit gleicher Phase eintrifft oder wenn AB + BA = 2d = λ, 2λ, 3λ
usw. ist.

Aufschluß über die zu den einzelnen Radien r gehörigen Abstände d liefert der Sehnensatz der Kreisgeometrie. Mit hier weit hinreichender Genauigkeit heißt er

$$d = r^2/2R \qquad (1)$$

R = Krümmungsradius der Linse.

Als Bedingung für helle Kreise mit den Radien $r_1, r_2, r_3 \ldots$ setzen wir:

$$2d_1 = \lambda, \ 2d_2 = 2\lambda, \ \ldots$$

Ersatz der d nach (1) gibt:

$$r_1^2 : r_2^2 : r_3^2 \ldots = 1 : 2 : 3 \ldots$$

Newton aber fand $\qquad 1 : 3 : 5 \ldots$

Hier muß etwas übersehen worden sein! Der selbst in der Infinitesimalrechnung versierte Arzt dürfte schnell gesehen haben, daß die richtige Proportion dann zustande kommt, wenn die Strecken 2d um jeweils $\lambda/2$ verlängert werden.

Es ist also zu setzen

$$2d_1 + \lambda/2 = \lambda, \ 2d_2 + \lambda/2 = 2\lambda, \ \ldots \qquad (2)$$

und dann liefert (1) den Newtonschen Befund.

Aber weshalb die Verlängerungen der 2d um $\lambda/2$? Hierzu Young: Die vor- und rückwärts sich bewegenden Ätherteilchen werden nach den Gesetzen des Stoßes bei der Bewegung gegen B zurückgeworfen, also ihre Bewegungsrichtung oder ihre Phase umgekehrt, was sich längs der Strecke BA fortpflanzt. Die Reflexion am dichten Medium Glas läuft darauf hinaus, als ginge die reflektierte Welle als Fortsetzung des Stückes AB nicht von B aus, sondern von einer Stelle B', die um $\lambda/2$ tiefer liegt als B. Dann hätte sie bei B gerade die umgekehrte Phase wie vor dem Stoß. Deswegen hat in der Rechnung an Stelle der Strecke 2d die Strecke $2d + \lambda/2$ zu treten. Auch in der elektromagnetischen Theorie des Lichts ist so zu rechnen, wenn auch dort die Wellen Transversalwellen sind und von Ätherteilchen nicht mehr die Rede ist.

„Wir aber sind uns der Vergänglichkeit von Theorien und Bildern bewußt und schätzen sie deshalb auch nur dann hoch ein, wenn sie zur Förderung der Naturerkenntnis dienen: dann haben sie ihre Schuldigkeit getan.“

(Walther Gerlach)

Aus (2) und (1) folgt

$$r_m^2 = (2m - 1) \cdot R \, \lambda/2 \quad \text{wobei } m = 1, 2, 3, \ldots \text{ ist} \qquad (3)$$

Nun hatte Newton gefunden, daß, wenn sich zwischen Linse und Platte statt Luft eine durchsichtige Flüssigkeit mit dem Brechungsindex n befindet, die Quadrate der Kreise auf $\frac{r^2}{n}$ schrumpfen („Optice"). Wegen (3) bedeutet dies, daß die Wellenlänge in der Flüssigkeit ebenfalls auf λ/n verkürzt ist, und wegen $\lambda \cdot \nu = c$ beträgt – da sich die Frequenz ν nicht ändert – die Ausbreitungsgeschwindigkeit des Lichts in der Flüssigkeit c/n. Huygens und Fermat haben recht, Descartes und Newton nicht! Bis der Franzose Foucault dies auch durch direkte Messung (aus Weg und Zeit) der Fortpflanzungsgeschwindigkeit bestätigen konnte, dauerte es noch ein halbes Jahrhundert.

Young lehnte Newtons Ansichten vom Licht ab, aber seine Messungen schätzte er. Letzterer bestimmte mit einem Farbenglas, Radius der Linse 89 Zoll (ca. $2\frac{1}{4}$ m), die Ringradien für verschiedene Farben eines prismatischen Spektrums. Aus diesen Werten berechnete Young nach (3) die Wellenlängen sowie unter Zugrundelegung einer Lichtgeschwindigkeit von 500 000 Millionen feet in $8\frac{1}{2}$ Minuten auch die Schwingungszahlen pro Sekunde. Da diese in die Hunderte von Billionen gehen und sich so jeglicher Vorstellbarkeit entziehen, berechnete er auch die Anzahl von Wellenlängen, die auf eine Strecke von 1 inch (Zoll) treffen, jene Größe, die man, auf 1 cm bezogen, heute als Wellenzahl bezeichnet. Hätte der Arzt, dem die Patienten wegen seiner berufsfremden Spinnereien haufenweise weggelaufen sein sollen, ahnen können, welche Rolle diese Größe im folgenden Jahrhundert in der Theorie der Spektren spielen sollte?

Die Tabelle in den „Philosophical Transactions" von 1802 scheint völlig vergessen zu sein, ganz und gar zu unrecht, stellt sie doch nichts anderes

Colours.	Length of an Undulation in parts of an Inch, in Air.	Number of Undulations in an Inch.	Number of Undulations in a Second.
Extreme -	.0000266	37640	463 millions of millions
Red - -	.0000256	39180	482
Intermediate	.0000246	40720	501
Orange - -	.0000240	41610	512
Intermediate	.0000235	42510	523
Yellow -	.0000227	44000	542
Intermediate	.0000219	45600	561 (= $2^{\underline{u}}$ nearly)
Green - -	.0000211	47460	584
Intermediate	.0000203	49320	607
Blue - -	.0000196	51110	629
Intermediate	.0000189	52910	652
Indigo - -	.0000185	54070	665
Intermediate	.0000181	55240	680
Violet - -	.0000174	57490	707
Extreme - -	.0000167	59750	735

Bild 65 Der Geburtsschein der Wellentheorie des Lichts, ausgestellt von Dr. med. Thomas Young, London, bis 1796 Student in Göttingen.

dar als den Geburtsschein der Wellentheorie des Lichts! Vielleicht war es aber gerade diese Aufstellung mit den extrem großen Zahlen, die mißtrauisch machte. Jedenfalls war die Arbeit nicht so bahnbrechend, wie es ihr gebührt hätte. Erst 1815 brachte wiederum ein scheinbar Nichtkompetenter, der französische Straßenbauingenieur Augustin Fresnel, die Wellentheorie abermals zur Sprache; ihm war es vorbehalten, ihr endlich zum Durchbruch zu verhelfen. Auch er wußte nichts von Young, bis ihn Arago auf dessen Pionierleistung aufmerksam machte.

Daß sich beim „Farbenglas" alle möglichen Farben zeigen, hat seinen Grund natürlich darin, daß bei Beleuchtung mit weißem Licht die Wellenlängen des ganzen Spektrums im Spiele sind. Exakte Auslöschung findet immer nur für eine Wellenlänge statt, ins Auge gelangen ihre entsprechenden Komplementärfarben. Als unerwünschte Gäste treten sie häufig beim Projizieren von alten Dias auf, wenn blasige Unebenheit des Films mit den ebenen Deckgläsern Newtonsche Kombinationen bilden.

F. Fraunberger

146

Fraunhoferlinien

Schon im 18. Jahrhundert gab es Hypothesen und Untersuchungen darüber, ob bestimmte Spektralfarben charakteristische Eigenschaften strahlender Substanzen sein könnten. So beobachtete 1756 T. Melville eine Natriumflamme, aus der ein Lichtbündel durch ein rundes Loch ausgeblendet und durch ein Prisma geschickt wurde. Er sah „alle Sorten von Strahlen [d.h. Farbanteilen] ... das Gelb weitaus stärker als der ganze Rest zusammen"[1], und er stellte dazu die Frage, ob nicht dieser maximale Anteil einer Farbe charakteristisch für einen leuchtenden Körper sein könne. Doch entsprachen solche Fragestellungen nicht der allgemeinen Forschungsrichtung. Ja, noch 1802 erklärte Thomas Young — durch seine Wellenhypothese des Lichtes verführt — die Färbung von Flammen als Interferenzerscheinung analog zu den Farben dünner Blättchen, hier durch Schichtbildung von Substanzen in der Flamme entstanden. Die Interferenzthese tauchte dann bei der Entdeckung der Fraunhoferlinien ab etwa 1814 wieder auf — jetzt als Interferenz am Spalt — und wurde noch 1860 von David Brewster kurz vor Kenntnisnahme der berühmten Kirchoffschen Arbeit zur Spektralanalyse nicht ausgeschlossen. 1802 erschien auch eine Arbeit von William Hyde Wollaston: „Eine Methode, um Brechungs- und Dispersionskräfte durch prismatische [Total-] Reflexion zu untersuchen". Wollaston brachte darin verschiedene durchsichtige flüssige und feste Substanzen mit ein und demselben Glasprisma in innige Oberflächenberührung und vermied so die Herstellung von eigenen Prismen der zu untersuchenden Medien. Am Ende dieser Untersuchung entdeckte er die „Fraunhoferlinien" — oder entdeckte sie auch nicht:

„Als ich ferner zu verschiedenen Zeiten viele Dispersionsexperimente mit Hilfe von Keilen [offenbar Prismen] anstellte, etwa vergleichbar denen des Mr. Dollond, Dr. Blair und anderer, habe ich es unternommen, die so untersuchten verschiedenen Substanzen auf eine Tabelle zu reduzieren; doch da die Farbgrenzen in wenigen Beispielen gut genug für genaues Messen definiert sind, habe ich nicht versucht, einen numerischen Anhaltswert ihrer [Dispersions]Kräfte anzufügen, sondern habe allein die Reihenfolge ermittelt, in der sie einander folgen; und in der folgenden Tabelle habe ich sie aufgrund des Überschusses ihres [Brechungs]Effektes auf Violett gegenüber rotem Licht bei einem gegebenen Ablenkungswinkel angeordnet [Es folgt eine Tabelle von 33 Substanzen, angeführt von Schwefel mit der stärksten Dispersion]... Vergleicht man diese Tabelle mit der Anordnung nach Brechungskräften in der ersten Tabelle, sieht man, wie wenig sie übereinstimmen; und demgemäß, wie zahlreich die Kombinationen sind, mit denen man ein Strahlenbündel, das durch zwei Medien geht, ohne Aufspaltung in seine Farben ablenken kann [das war die Herstellung achromatischer Objektive].

Ich kann diese Beobachtungen über Dispersion nicht abschließen, ohne zu bemerken, daß die Farben, in die ein Strahl weißen Lichtes durch Brechung aufgeteilt werden kann, für mich nicht sieben an der Zahl scheinen, wie sie gewöhnlich im Regenbogen gesehen werden, noch irgendwie reduzierbar sind (soweit ich finden kann) auf drei, wie einige Leute angenommen haben; sondern daß, bei Anwendung eines sehr dünnen Strahlenbündels, vier Hauptteile des Prismenspektrums gesehen werden können, mit einem Grad von Deutlichkeit, wie er nach meinem Glauben früher nicht beschrieben oder beobachtet worden ist.

Wenn ein Strahl Tageslicht durch einen Spalt $^1/_{20}$ inch breit [etwa 1,3 mm] in einen dunklen Raum eingelassen wird und durch das Auge, an das ein Flintglasprisma, frei von Schlieren gehalten wird, auf eine Entfernung von 10 oder 12 Fuß [ca. 3–3,60 m] empfangen wird, sieht man den Strahl allein in die vier folgenden Farben aufgeteilt: Rot, Gelb-grün, Blau und Violett; in den Verhältnissen, wie sie in Figur 3 (Bild 66) dargestellt sind. Die Linie A, die die rote Seite des Spektrums begrenzt, ist einigermaßen verwischt, was teilweise daher zu kommen scheint, daß Mangel an Kraft im Auge herrscht, rotes Licht zu konvergieren. Die Linie B, zwischen Rot und Grün, ist in einer bestimmten Stellung des Prismas perfekt deutlich; das gilt auch für D und E, die zwei Grenzen des Violett. Doch C, die Grenze von Grün und Blau, ist nicht so klar merklich wie der Rest; es gibt auch auf jeder Seite dieser Grenze

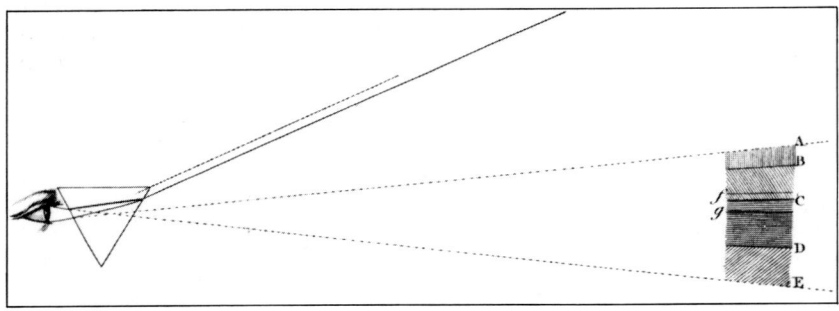

Bild 66 Wollastons „Beinahe"-Entdeckung der Fraunhoferschen Linien.

andere deutliche dunkle Linien, f und g, die in einem mangelhaften Experiment als Grenzen dieser Farben mißinterpretiert werden könnten.

Die Stellung des Prismas, in der die Farben am klarsten unterteilt sind, ist vorhanden, wenn das einfallende Licht etwa gleiche Winkel mit 2 Seiten macht. Ich fand in diesem Fall die Zwischenräume AB, BC, CD, DE, die von den Farben eingenommen werden, nahezu wie die Zahlen 16, 23, 36, 25. Da die Verhältnisse dieser Farben zueinander nach Annahme Dr. Blairs mit dem Medium, durch das sie produziert werden, wechseln sollten, habe ich diese Erscheinung mit Bildern aus prismatischen Gefäßen verglichen, in denen Substanzen enthalten waren, die nach ihm in dieser Beziehung am meisten voneinander abweichen sollten, so wie starke aber farblose Schwefelsäure, rektifiziertes Terpentilöl, sehr bleiches Sassafrasöl und Kanadabalsam, auch nahezu farblos. Bei jeder habe ich dieselbe Anordnung dieser 4 Farben gefunden, und in ähnlichen Stellungen des Prismas, soweit ich urteilen konnte, in den gleichen Proportionen.

Wenn jedoch die Anhebung des Prismas geändert wird, so daß die Farbaufspaltung wächst, verändert sich auch das Verhältnis zueinander, so daß die Zwischenräume AC und CE anstatt 39 und 61 wie zuvor jezt bis zu 42 und 48 geändert erscheinen.

Mit Kerzenlicht kann ein anderer Satz von Erscheinungen unterschieden werden. Wenn eine sehr schmale Linie des blauen Lichts im unteren Teil der Flamme allein untersucht wird, und zwar in derselben Weise durch ein Prisma hindurch, kann man das Spektrum, anstatt in eine Reihe von Lichtern verschiedener aneinanderstoßender Farben, in fünf Bilder mit Abstand zwischen ihnen aufgespalten sehen. Das erste ist breites Rot, begrenzt von einer glänzenden Linie Gelb; das zweite und dritte sind beide grün; das vierte und fünfte sind blau, wobei dies letztere der Aufteilung von Blau und Violett im Sonnenspektrum zu entsprechen scheint, oder der Linie D in Figur 3 (Bild 66).

Wenn das betrachtete Objekt eine blaue Linie des elektrischen Lichtes [d.h. des Lichtbogens zwischen zwei Elektroden] ist, habe ich das Spektrum ebenfalls in mehrere Bilder aufgespalten gefunden; doch sind die Erscheinungen einigermaßen verschieden von den vorhergehenden. Es ist jedoch nutzlos, Phänomene sehr genau zu beschreiben, die sich mit dem Glanz des Lichtes verändern und die ich nicht zu erklären weiß."[2]

War dies nun die Entdeckung der „Fraunhoferlinien", das hieße dann natürlich der „Wollastonlinien"? Der Text von Wollaston zu diesem Problem wurde deshalb ungekürzt gebracht, weil er den Begriff einer „unvollständigen Entdeckung" deutlich macht. Die Beobachtungen blieben für Wollaston eine Randerscheinung — am Ende eines Artikels. Ihre Bedeutung wurde durch den allerletzten Satz noch weiter abgeschwächt — kein Wunder, daß niemand diese Beobachtungen intensiver weiterführte. Dazu kam, daß interessanter- und eigentlich auch verständlicherweise Wollaston vor allem von den Farben selbst fasziniert war, von deren Einteilungsprinzip entsprechend den unterschiedenen Farbanteilen des Regenbogens und nicht so sehr von den Linien, die er entdeckt hatte. Er trat also mehr als Physiker von der Seite der Farbentheorie, wie sie damals vielfach psychologisch, physiologisch, physikalisch und chemisch diskutiert wurde, an die Sache heran. Deshalb blieb er so sehr auf die — keinesfalls exakt passende — Erklärung der dunklen Linien als Grenzmarken zwischen den Farben fixiert, obwohl er selbst schon zwei der Linien (f, g) von dieser Erklärung ausnehmen mußte. Bezeichnenderweise erwähnte er diese Ausnahme auch nicht mehr weiter. Das alles erstaunt jedoch trotzdem, wenn man die ersten Sätze des Textes betrachtet, in denen Wollaston das Fehlen genauer Grenzen zwischen den Farben zur Fixierung vergleichbarer Dispersionswerte bedauert. Genau diese Marken hat er gleich darauf beschrieben, ohne daraus Konsequenzen für seinen übrigen Artikel zu ziehen! Offenbar war sein Interesse an einer Farbentheorie zu stark und sein Wunsch nach genauer Messung von Dispersionswerten ohne besonderen Antrieb.

Mit dieser Vorgeschichte und ihrer Interpretation erscheint nun die berühmte Entdeckung Fraunhofers ca. 1814 in Benediktbeuern um so interessanter: Welche Hypothesen gab es vor dem Experiment bei Fraunhofer? Waren seine Ergebnisse besser? Wie kam es zu der historischen Nachwirkung bei ihm? Warum verzögerte sich die chemische und astronomische Anwendung — d.h. die Einführung der Spektralanalyse — bis nach Kirchhoff und Bunsen 1859?

Fraunhofers Ausgangspunkt war es, den Brechungsindex und die Dispersion von Glassorten möglichst genau zu bestimmen: ,,Bey Berechnung achromatischer Fernröhre setzt man die genaue Kenntnis des Brechungs- und Farbenzerstreuungs-Vermögens der Glasarten, die gebraucht werden, voraus. Die Mittel, welche man bisher zur Bestimmung desselben angewendet hat, geben Resultate, die unter sich oft sehr bedeutend abweichen; daher bey aller Genauigkeit in Berechnung achromatischer Objektive, die Vollkommenheit derselben zweifelhaft ist, und zum Theile auch deswegen selten den Erwartungen ganz entspricht.''

Er versuchte es zunächst, wahrscheinlich 1813, mit einer Anordnung von gleichfarbigen Lampen (Fig. 3, B bis C in Bild 67), deren Licht durch das Prisma (A) aufgespalten wurde. Aufgrund der großen Entfernung von etwa 208 m zum Prismenspektralapparat (Fig. 3 unten und Fig. 1 in Bild 67, auch Bild 68, S. 275) trafen unterschiedliche und sehr schmale Teile der entstandenen Lampenspektren in das Auge (Fig. 4, I bis O, das entspricht Violett bis Rot).

In den Lampenspektren entdeckte er im Rotgelben einen hellen ,,Streif, der in jedem Farbenbilde vom Lichte des Feuers gesehen wird''. Er versuchte nun, eine solche Spektralaufteilung auch vom Sonnenlicht zu erhalten, und betrachtete mit seinem Spektralapparat eine schmale Öffnung in einem Fen-

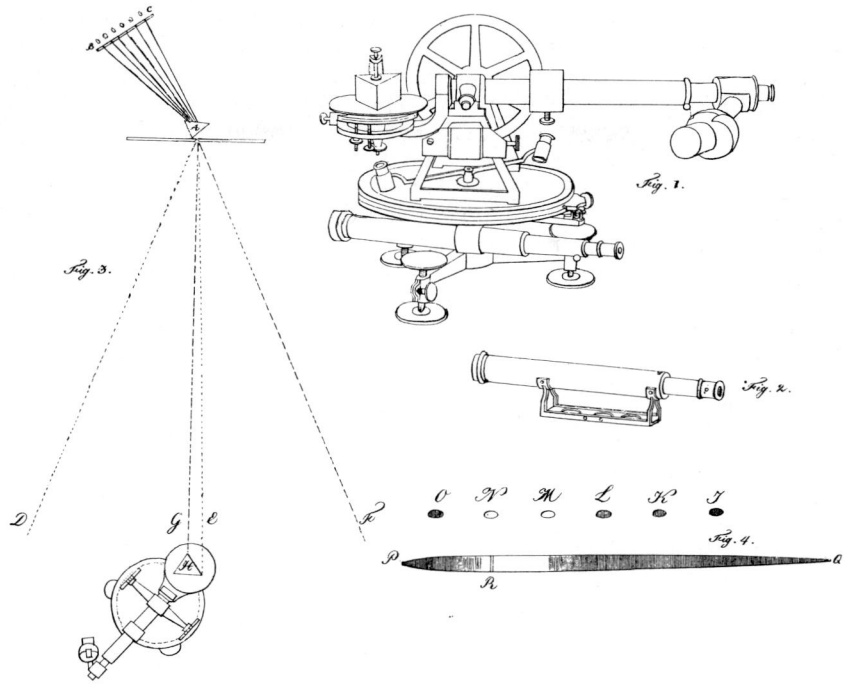

Bild 67 An der Schwelle der Entdeckung: Fraunhofers Lampenapparat und sein Pris-
menspektroskop.

sterladen. Da entdeckte er nun ungeheuer zahlreiche dunkle Linien, die er
eingehend untersuchte und klassifizierte:

„Um die Exponenten der Brechungsverhältnisse der verschiedenen farbigen Strahlen noch genauer zu bestimmen, theils auch um zu erfahren, ob
die Wirkung der brechenden Mittel auf das Sonnenlicht dieselbe sey, wie auf
künstliches Licht, war ich bemüht, einen Apparat zu machen, der für Sonnenlicht dasselbe wäre, was der oben beschriebene für Lampenlicht ist; dieser
wurde jedoch bald überflüssig.

In einem verfinsterten Zimmer ließ ich durch eine schmale Öffnung im
Fensterladen, die ungefähr 15 Sekunden breit und 36 Minuten hoch war, auf
ein Prisma von Flintglas, das auf dem oben beschriebenen Theodolith stand,
Sonnenlicht fallen. Das Theodolith war 24 Fuß vom Fensterladen entfernt,
und der Winkel des Prisma maß ungefähr 60°. Das Prisma stand so vor dem

Objektive des Theodolith-Fernrohres, daß der Winkel des einfallenden Strahles dem Winkel des gebrochenen Strahles gleich war. Ich wollte suchen, ob im Farbenbilde von Sonnenlichte ein ähnlicher heller Streif zu sehen sey wie im Farbenbilde vom Lampenlichte, und fand anstatt desselben mit dem Fernrohre fast unzählig viele starke und schwache vertikale Linien, die aber dunkler sind als der übrige Theil des Farbenbildes; einige scheinen fast ganz schwarz zu seyn. Wurde das Prisma so gedreht, daß der Einfallswinkel größer wurde, so verschwanden diese Linien; sie wurden auch unsichtbar, wenn der Einfallswinkel kleiner wurde. Bei einem größeren Einfallswinkel wurden diese Linien wieder sichtbar, wenn das Fernrohr sehr bedeutend kürzer gemacht wurde. Bey einem kleinern Einfallswinkel mußte das Okular sehr viel herausgezogen werden, um die Linien wieder zu sehen. Wenn das Okular so gestellt war, daß man die Linien im rothen Theile des Farbenbildes deutlich sah, so mußte es etwas hineingeschoben werden, um die im violeten Theile deutlich zu sehen. Wurde die Öffnung, durch welche das Licht einfiel, breiter gemacht, so wurden die feinern Linien undeutlich, und verschwanden ganz, wenn diese Öffnung ungefähr über 40 Sekunden breit war. Wurde die Öffnung über eine Minute breit gemacht so waren auch die breiten Linien nur undeutlich zu erkennen. Die Entfernung der Linien von einander, und überhaupt ihr Verhältniß unter sich, blieb bey Veränderung der Öffnung am Fensterladen gleich, so wie auch die Entfernung des Theodoliths von der Öffnung am Fensterladen sie nicht änderte. Das Prisma mochte aus was immer für einem brechenden Mittel bestehen, und der Winkel desselben groß oder klein seyn, so waren diese Linien immer sichtbar, und nur im Verhältniß der Größe des Farbenbildes stärker oder schwächer, und daher leichter oder schwerer zu erkennen.

Selbst das Verhältnis dieser Linien und Streifen unter sich schien bey allen brechenden Mitteln genau dasselbe zu seyn, so daß z. B. dieser Streif bey allen nur in der blauen Farbe, der andere bey allen nur in der rothen sich findet; daher man leicht erkennt, mit welchen Streifen oder Linien man zu thun habe. Auch in dem auf gewöhnliche und ungewöhnliche Art gebrochenen Strahle im Isländischen Krystalle sind diese Linien zu erkennen. Die stärkern Linien machen keineswegs die Grenzen der verschiedenen Farben; es ist fast immer zu beyden Seiten einer Linie dieselbe Farbe, und der Übergang von einer Farbe in die andere unmerklich.

In Bezug auf diese Linien wird das Farbenbild, wie in Fig. 5 [siehe das handkolorierte Farbspektrum in Bild 69, S. 276], gesehen; es ist jedoch fast nicht möglich, in diesem Maßstabe alle Linien und ihr Licht auszudrücken. Ungefähr bey A ist das rothe, bey I das violete Ende des Farbenbildes; eine bestimmte Grenze ist aber auf keiner Seite mit Sicherheit anzugeben, leichter noch bey Roth, als bei Violet. Ohne unmittelbares oder durch einen Spiegel reflektirtes Sonnenlicht scheint auf der einen Seite die Grenze ungefähr zwischen G und H zu fallen, auf der andern Seite in B zu seyn; doch mit Sonnenlichte von sehr großer Dichtigkeit wird das Farbenbild fast noch um die Hälfte länger. Um aber diese größere Ausdehnung des Farbenbildes sehen zu können, muß das Licht von dem Raume zwischen C und G verhindert werden in das Auge zu kommen, weil der Eindruck, den das Licht von den Grenzen des Farbenbildes auf das Auge macht, sehr schwach ist und von dem übrigen verdrängt wird. In A ist eine scharf begrenzte Linie gut zu erkennen; doch ist hier nicht die Grenze der rothen Farbe, sondern sie geht noch merklich darüber weg. Bey a sind mehrere Linien angehäuft, die gleichsam einen Streifen bilden. B ist scharf begrenzt und von merklicher Dicke. Im Raume von B nach C können 9 sehr feine, scharf begrenzte Linien gezählt werden. Die Linie C ist von beträchtlicher Stärke und so wie B sehr schwarz. Im Raume zwischen C und D zählt man ungefähr 30 sehr feine Linien; doch können diese, zwey ausgenommen, wie auch die zwischen B und C, nur mit starken Vergrößerungen oder stark zerstreuenden Prismen deutlich gesehen werden; sie sind übrigens sehr scharf begrenzt. D besteht aus zwey starken Linien, die nur durch eine helle Linie getrennt sind. Zwischen D und E zählt man ungefähr 84 Linien von verschiedener Stärke. E selbst besteht aus mehrern Linien, wovon die in der Mitte etwas stärker ist als die übrigen. Zwischen E und b sind ungefähr 24 Linien. Bey b sind 3 sehr starke Linien, wovon 2 nur durch eine schmale helle Linie getrennt sind; sie gehören zu den stärksten im Farbenbilde. Im Raume zwischen b und F zählt man ungefähr 52 Linien. F ist ziemlich stark. Zwischen F und G sind ungefähr 185 Linien von verschiedener Stärke. Bey G sind viele Linien angehäuft, worunter sich mehrere durch ihre Stärke auszeichnen. Im Raume von G nach H zählt man ungefähr 190 Linien von sehr verschiedener Stärke. Die zwey Streifen bey H sind am sonderbarsten; sie sind beyde fast ganz gleich, und bestehen aus vielen Linien; in ihrer Mitte ist eine starke Linie, die sehr schwarz ist. Von H nach I sind die Linien gleich zahlreich. Es können demnach bloß im Raume zwischen B und H ungefähr 574 Linien gezählt werden, wovon jedoch nur die stärkern in der Zeichnung angedeutet sind. Die Entfernungen der stärksten Linien von einander wurden mit dem Theodolith gemessen, und in der Zeichnung ohngefähr nach diesem Verhältnisse aufgetragen; die schwachen Linien aber wurden bloß nach der Ansicht des Farbenbildes ohne genaues Maß gezeichnet.

Ich habe mich durch viele Versuche und Abänderungen überzeugt, daß diese Linien und Streifen in der Natur des Sonnenlichtes liegen, und daß sie nicht durch Beugung, Täu[s]chung u.s.w. entstehen. Lässt man das Licht einer Lampe durch dieselbe schmale Öffnung am Fensterladen einfallen, so findet man keine dieser Linien, sondern nur die helle Linie R (Bild 67, Fig. 4), die aber mit der Linie D (Fig. 5) (Abb. 69, S. 276) genau an einem Orte ist, so daß der Exponent des Brechungsverhältnisses für den Strahl D mit dem Exponenten für den Strahl R einerley ist. Warum die Linien undeutlich werden, oder gar verschwinden, wenn die Öffnung am Fenster zu breit wird, ist nicht schwer einzusehen. Die stärkeren Linien haben ungefähr 5 bis 10 Sekunden Breite; ist die Öffnung am Fensterladen nicht so schmal, daß das Licht, welches durch sie fährt, gleichsam nur für einen Strahl anzusehen ist, oder beträgt die Breite der Öffnung, im Winkel, bedeutend mehr, als die Breite der Linie: so fällt das Bild einer und derselben Linie mehrmal neben einander hin, und wird folglich undeutlich, oder verschwindet bey zu großer Breite der Öffnung ganz. Warum beym Verdrehen der Prismen die Linien und Streifen nicht gesehen werden, ohne das Fernrohr länger oder kürzer zu machen, wird aus Folgendem klar.

Nur wenn die Strahlen auf ein Prisma so fallen, daß der Winkel des einfallenden Strahles dem Winkel des gebrochenen gleich ist, fahren sie, in Hinsicht auf Divergenz, so aus, wie sie auffallen; ist der Winkel der auffallenden Strahlen größer, so divergiren sie nach der Brechung durch das Prisma von einem weiter entlegenen Punkte her; ist er kleiner, so divergiren sie von einem näher gelegenem Punkte her. Die Ursache ist, daß die Strahlen, die näher an der Spitze des Prisma durchgehen, einen kürzern Weg durch dasselbe zu machen haben, als die von der Spitze entfernter durchgehen. Dies ändert zwar die Winkel der gebrochenen Strahlen nicht, aber die Seiten des Dreyeckes für die ausfahrenden Strahlen werden in dem einen Falle größer, in dem andern kleiner. Dieser Unterschied muß verschwinden, wenn die Strahlen parallel auf das Prisma fallen, welches auch der Erfahrung gemäß ist. Da die violeten Strahlen durch das Objektiv des Theodolith-Fernrohres eine kürzere Vereinigungs-Weite haben, als die rothen, so ist klar, warum man das Okular verrücken müsse, um in den verschiedenen Farben die Linien deutlich zu sehen.

Da die Linien und Streifen im Farbenbilde nur eine sehr geringe Breite haben, so ist klar, daß der Apparat große Vollkommenheit haben müsse, um allen Abweichungen zu entgehen, welche die Linien undeutlich machen, oder ganz zerstreuen könnten. Die Seitenflächen der Prismen müssen daher sehr gut plan seyn. Das Glas, welches zu solchen Prismen gebraucht wird, muß ganz frey von Wellen und Streifen seyn; daher mit englischem Flintglase, das nie ganz frey von Streifen ist, nur die stärkern Linien gesehen werden. Auch das gemeine Tafel- und englische Crownglas enthält sehr viele Streifen, wenn sie auch für das freye Auge nicht sichtbar sind. Wer nicht im Besitze eines Prisma von vollkommenem Flintglase ist, wählt besser eine stark zerstreuende Flüssigkeit, z.B. Anisöl, um alle Linien zu sehen; doch muß das prismatische Gefäß sehr vollkommen plane und parallele Seitenflächen haben. Bey allen Prismen müssen die Seitenflächen mit der Grundfläche ziemlich nahe 90° machen; die Grundfläche muß horizontal vor dem Fernrohre liegen, wenn die Achse des Fernrohres horizontal läuft. Die schmale Öffnung, durch welche das Licht einfällt, muß genau vertikal stehen u.s.w. Die Ursache, warum Undeutlichkeit entsteht, wenn eins oder das andere vernächlässigt wird, ist leicht einzusehen…

Vor Entdeckung der Linien im Farbenbilde überzeugte ich mich von dem gleichen Brechungsvermögen zweyer Stücke Glases dadurch, daß ich von beyden Stücken, zusammengeküttet, ein Prisma schliff: erschienen die beyden Spektra, die durch dieses Prisma gesehen wurden, an einem Orte und gegen einander nicht verrückt, so schloß ich, daß das Brechungsvermögen beyder Stücke gleich sey. Nach Entdeckung der Linien im Farbenbilde aber fand ich, daß zwey solche Stücke noch sehr verschiedenes Brechungsvermögen haben können, ohne daß es auf obige Art bemerkbar wird. Nicht nur Stücke aus verschiedenen Orten eines Schmelzhafens waren in ihrem Brechungsvermögen merklich verschieden, sondern auch in zwey Stücken von einer Scheibe fand ich vielmal noch sehr kenntliche Unterschiede. Ich habe es jezt durch viele Versuche dahin gebracht, daß aus einem Hafen mit 400 Pfund Flintglas selbst zwey Stücke, wovon eines vom Boden, das andere von der Oberfläche des Hafens genommen, gleiches Brechungsvermögen haben.

Beym Anblicke der vielen Linien und Streifen im Farbenbilde vom Sonnenlichte enthält man sich vielleicht schwer der Vermuthung, daß die Beugung des Lichtes an den schmalen Öffnungen des Fensterladens mit diesen Linien in Verbindung seyn könnte, ob schon die angegebenen Versuche nicht im geringsten darauf hinweisen, sondern es vielmehr gänzlich verneinen. Theils um in dieser Hinsicht ganz gewiß zu seyn, theils auch um noch einige andere Erfahrungen zu machen, änderte ich die Versuche noch auf folgende Art ab. Läßt man durch eine kleine *runde* Öffnung am Fensterladen, deren Durchmesser ungefähr nur 15 Sekunden beträgt, Sonnenlicht auf ein Prisma fallen, das vor dem Theodolithfernrohre liegt, so ist klar, daß das Farbenbild, welches durch das Fernrohr gesehen wird, nur unmerkliche Breite haben könne, also nur eine Linie bildet; in einer farbigen Linie aber können keine feine Querlinien gesehen werden. Um in diesem Farbenbilde die vielen Linien sehen zu können, käme es nur darauf an, durch das Objektiv das Farbenbild breiter zu machen, ohne es in seiner Länge im geringsten zu verändern. Dieses brachte ich dadurch zu Stande, dass ich an das Objektiv noch ein Glas legte, das auf einer Seite sehr gut plan, auf der andern nach einem Zylinder von sehr großem Durchmesser gekrümmt war. Die Achse des Zylinders lief mit der Grundfläche des Prisma genau parallel; folglich konnte das Farbenbild in seiner Länge nicht geändert werden, und wurde nur breiter gemacht. In diesem Falle erkannte ich im Farbenbilde wieder alle Linien unverändert, so wie sie gesehen werden, wenn das Licht durch eine lange schmale Öffnung einfällt.

Dieselbe Vorrichtung habe ich dazu angewendet, zur Nachtzeit unmittelbar nach der Venus zu sehen, *ohne das Licht durch eine kleine Öffnung einfallen zu lassen*, und ich fand auch im Farbenbilde von diesem Lichte die Linien, wie sie im Sonnenlichte gesehen werden. Da aber das Licht der Venus, im Vergleiche mit dem von einem Spiegel reflektirten Sonnenlichte, nur sehr geringe Dichtigkeit hat, so ist die Intensität der violeten und äussern rothen

Strahlen sehr schwach, und deswegen werden in diesen beyden Farben selbst die stärkern Linien schwer erkannt; in den übrigen Farben aber sind sie sehr gut zu sehen. Ich habe die Linien D, E, b F (Fig. 5) ganz begrenzt gesehen, und erkannte selbst, daß die bey b aus zwey, nämlich einer schwächern und einer stärkern, bestehe; daß aber die stärkere selbst wieder aus zweyen bestehe, konnte ich aus Mangel des Lichtes nicht erkennen. Aus demselben Grunde wurden die übrigen feinern Linien nicht bestimmt gesehen. Ich habe mich durch ungefähres Messen der Bögen DE und EF überzeugt, daß das Licht der Venus in dieser Beziehung von einerley Natur mit dem Sonnenlichte sey.

Ich habe auch mit derselben Vorrichtung Versuche mit dem Lichte einiger Fixsterne erster Größe gemacht. Da aber das Licht dieser Sterne noch vielmal schwächer ist, als das der Venus, so ist natürlich auch die Helligkeit des Farbenbildes vielmal geringer. Demohngeachtet habe ich, ohne Täuschung, im Farbenbilde vom Lichte des Sirius drey breite Streifen gesehen, die mit jenen vom Sonnenlichte keine Ähnlichkeit zu haben scheinen; einer dieser Streifen ist im Grünen, und zwey im Blauen. Auch im Farbenbilde vom Lichte anderer Fixsterne erster Größe erkennt man Streifen; doch scheinen diese Sterne, in Beziehung auf die Streifen, unter sich verschieden zu seyn. Da das Objektiv, das an dem Theodolithfernrohre ist, nur 13 Linien Öffnung hat, so ist klar, daß diese Versuche noch mit vielmal größerer Vollkommenheit gemacht werden können. Ich werde sie mit zweckmäßigen Veränderungen und mit einem größeren Objektive noch einigemale wiederholen, um vielleicht einem geübten Naturforscher zur Fortsetzung dieser Versuche Veranlassung zu geben; was um so mehr zu wünschen wäre, da sie zugleich zur genauesten Vergleichung der Brechbarkeit des Lichtes der Fixsterne mit der des Lichtes der Sonne dienen.

Das Licht der Elektrizität ist in Hinsicht der Streifen und Linien des Farbenbildes, sowohl vom Sonnenlichte, als auch vom Lichte des Feuers, sehr auffallend verschieden. Man findet im Farbenbilde von diesem Lichte mehrere, zum Theil sehr helle Linien, worunter eine im Grünen gegen den übrigen Theil des Spektrums fast glänzend hell ist. Eine andere nicht ganz so helle Linie ist im Orange; sie scheint dieselbe Farbe zu haben, wie die helle Linie im Farbenbilde vom Lampenlichte, mißt man aber den Winkel der Brechung, so findet man, daß ihr Licht bedeutend stärker gebrochen ist, ungefähr so wie die gelben Strahlen beym Lampenlichte. Gegen das Ende des Farbenbildes im Rothen bemerkt man eine Linie, die nicht sehr hell ist; ihr Licht wird, so weit ich mich bis jetzt davon versichern konnte, eben so stark gebrochen, wie das der hellen Linie vom Lampenlichte. In dem übrigen Theile des Farbenbildes kann man noch 4 helle Linien sehr leicht erkennen.

Läßt man Lampenlicht durch eine sehr schmale Öffnung, von 15 bis 30 Sekunden Breite, auf ein stark zerstreuendes Prisma fallen, das vor einem Fernrohre liegt, so erkennt man, daß die röthlich gelbe helle Linie dieses

Spektrums aus zwey sehr feinen hellen Linien besteht, die in Stärke und Entfernung den beyden dunklen Linien D (Fig. 5) ähnlich sind. Sowohl wenn die Öffnung, durch welche das Lampenlicht fährt, schmal, als wenn sie breit ist, wird, wenn man die Spitze der Flamme und das untere blaue Ende derselben zudeckt, also nur den hellsten Theil der Flamme frey läßt, die röthlicht gelbe Linie des Farbenbildes nicht sehr hell gesehen, und daher schwerer erkannt. Es scheint demnach diese Linie hauptsächlich von dem Lichte der beyden Enden der Flamme, besonders von dem untern, gebildet zu werden.

Im Farbenbilde von dem Lichte, welches durch Verbrennen von Wasserstoffgas, auch in dem, welches durch Verbrennen von Alkohol entsteht, ist die röthlicht gelbe Linie im Verhältnisse zu dem ürigen Theile des Farbenbildes sehr hell. Beym Verbrennen von Schwefel wird sie nur sehr schwer erkannt.

Ich werde diejenigen Versuche, die auf Vervollkommnung achromatischer Fernröhre Bezug haben, mit einem neuen Instrumente, mit dem ich wenigstens noch doppelt so große Genauigkeit zu erhalten hoffe, wiederholen. Ich werde mit diesem Instrumente auch neue Versuche machen können, wozu das bisher gebrauchte nicht geeignet ist, die vielleicht für praktische Optik von Interesse werden könnten.

Bey allen meinen Versuchen durfte ich, aus Mangel der Zeit, hauptsächlich nur auf das Rücksicht nehmen, was auf praktische Optik Bezug zu haben schien, und das Übrige entweder gar nicht berühren, oder nicht weit verfolgen. Da der hier mit physisch-optischen Versuchen eingeschlagene Weg zu interessanten Resultaten führen zu können scheint, so wäre sehr zu wünschen, daß ihm geübte Naturforscher Aufmerksamkeit schenken möchten."[3]

Zur Interpretation: Es waren tatsächlich technische Interessen, die dazu führten, aus einem seltsamen Nebeneffekt (wie bei Wollaston) eine zentrale Entdeckung zu machen. Unabhängig von aller physikalischen Problematik waren die dunklen Linien ausgezeichnete Meßmarken für die „praktische Optik" — und dies war die Hauptaufgabe Fraunhofers in Benediktbeuern. Seine Brechungsindizes waren im übrigen vielfach genauer als die Newtons. Nach der Säkularisation des Klosters Benediktbeuern war die optische Abteilung des Münchner feinmechanischen Instituts von Joseph von Utzschneider, Georg von Reichenbach und Joseph Liebherr 1807 hierher verlegt worden. Dieses Institut 1802 gegründet, stellte vor allem Vermessungsinstrumente her (Theodoliten u. a.), die für die Landesvermessung wichtig waren. Politische Umstände (Interesse an kriegerisch und zivil verwendbaren Landeskarten, Umgehen der Versorgungsengpässe aufgrund der Kontinentalsperre bei Instrumenten und Glas aus dem technisch führenden England) waren erste Ursache, daß eine solche wissenschaftlich-technische Begabung wie Fraunhofer überhaupt eine Chance bekam, sich zum Genie zu entwickeln. Die Herstellung von Glas nach vorher bestimmten und wiederholbaren Qualitätsmerkmalen an Reinheit, Färbung, Spannungsfreiheit, Brechungsindex, Dispersion und in ökonomisch vertretbaren Mengen war damals das große Problem. Nur damit waren einwandfreie achromatische Linsenkombinationen — damals aus zwei Linsen: die eine Kronglas, die andere Flintglas — berechenbar. Bis zu dieser Zeit lief fast alles zufällig, und fast die ganze Schmelze der dort schon länger ansässigen Glashütte war Ausschuß. Fraunhofer reduzierte diesen Anteil ab 1811 auf immerhin etwas über 70 %. Und neben weiteren nichtchemisch-technologischen Leistungen von ihm beim Schleifen und Polieren, in der Feinmechanik und bei der Berechnung von Linsenzusammenstellungen stehen also auch die Fraunhoferschen Linien. Daß sie gleichzeitig von immenser wissenschaftlicher Bedeutung waren, zeigte erst eine mühselige Entwicklung bis 1859. Aber sie wurden nicht mehr vergessen, auch wenn sich verschiedene „geübte Naturforscher" zunächst die wissenschaftlichen Zähne fast ausbissen.

Die Verschwisterung von politisch-gesellschaftlichem Anreiz, technischem Fortschritt und wissenschaftlichen Erkenntnissen (wobei hier technischer Fortschritt die wissenschaftlichen Entdeckungen anregte), wie sie vor allem von dieser Zeit an bis in unsere Gegenwart so charakteristisch wurde, ist an dem Beispiel besonders gut zu erkennen. Fraunhofer besaß also keine wissenschaftlichen Hypothesen, die die Entdeckung in seinem Bewußtsein vorbereiteten. Er hatte dafür ganz bestimmte technische Interessen, die einen bestimmten Ausschnitt der Wirklichkeit, eben die dunklen Linien, für ihn hervorhoben, dies im Gegensatz zu Wollaston. Die technischen Interessen führten aber unmittelbar zu wissenschaftlichen Untersuchungen, zur Klärung der Frage nämlich, ob diese Linien wirklich Eigenschaften des benutzten Lichts waren.

Die Ergebnisse Fraunhofers erstaunen, weil man in ihnen schon dreierlei angelegt findet, was erst viel später wissenschaftliches Allgemeingut wurde: 1. die Möglichkeit zur astronomischen Spektralanalyse (Unterschiede in den Linien für Sonne und Fixsterne), 2. die Möglichkeit zur chemischen Spektralanalyse sehr kleiner Stoffmengen (Vergleich von Flammen, elektrischem Lichtbogen usw.), 3. die physikalische Gleichwertigkeit von Absorption und Emission (die dunklen D-Linien des Sonnenspektrums glichen den hellen der Flamme).

Ein Haupthindernis bei dieser Entwicklung war etwas, was später als besonderer Vorteil erkannt wurde, nämlich daß äußerst kleine Stoffmengen in der Flamme schon Linien hervorriefen. Bei den damaligen schlechten Reinheitsgraden der Stoffe blieben so viele Beimengungen enthalten, daß immer wieder andere zusätzliche Linien vorgetäuscht wurden. Vor allem waren die D-Linien fast allgegenwärtig (und wurden erst mit Bunsen und Kirchhoff als Natriumverunreinigungen erkannt). Ein weiteres Problem waren die unterschiedlichen Linien, die — wie später geklärt — auf unterschiedliche Anregungszustände, zum Beispiel höhere Temperaturen wie bei Sternatmosphären, zurückzuführen waren. Trotzdem gab es schon vor 1859 viele Arbeiten, die richtige Antworten enthielten. Ein Hauptgrund für den schließlichen Durchbruch 1859 durch Kirchhoff und Bunsen könnte gewesen sein, daß die wissenschaftliche Bedeutung der Fraunhoferlinien, nämlich ein neuartiges Verbindungsglied zwischen den im 19. Jahrhundert zunächst auseinanderstrebenden Spezialwissenschaften (wie Astronomie, Chemie, Physik) zu sein, erst fruchtbar werden konnte, als sich Wissenschaftler verschiedener Fächer miteinander verbanden. Hier war es die Freundschaft zwischen dem Chemiker Robert Wilhelm Bunsen und dem Physiker Gustav Robert Kirchhoff.[4]

J. Teichmann

Spektralanalyse

Fraunhofers Vorhersage, daß der von ihm eingeschlagene Weg noch zu interessanten Ergebnissen führen werde, bewahrheitete sich erstmals 30 Jahre nach seinem Ableben. Da erschien 1856 in Schottland eine Arbeit des Physikers William Swan, in deutscher Übersetzung in Poggendorffs „Annalen der Physik", Band 100 (1857) enthalten, einem für die Geschichte der Spektralanalyse in mehrfacher Hinsicht höchst aufschlußreichen Band. Wie nebenbei wird auch der Bunsenbrenner vorgestellt, zwar für einen speziellen Zweck erdacht, aber zu vielseitiger Verwendbarkeit gekommen. In England wurde er schon ein Jahr früher bekannt und von Swan unverzüglich in Anspruch genommen.

An der Universität Heidelberg wirkten zu jener Zeit der Chemiker Robert Wilhelm Bunsen und der Physiker Gustav Robert Kirchhoff. Bunsen (1811–1899), Sohn eines Philologen in Göttingen, und Kirchhoff (1824–1887), Sohn eines Justizrats in Königsberg, führte das Schicksal erstmals an der Universität Breslau zusammen, wo der 26jährige Kirchhoff 1850 eine außerordentliche Professur für Physik bekommen hatte. Im Mai 1851 schrieb er an die Mutter: „Mein Aufenthalt in Breslau ist mir neuerdings angenehmer geworden durch die Besetzung der Professur für Chemie. Zu Anfang des Semesters kam der neue Chemiker Prof. Bunsen, vorher in Marburg, hier an; über seine Berufung freue ich mich ungemein, weil ich in ihm einen ausgezeichneten Fachgenossen erhalten habe und weil er ein Mensch von ungewöhnlicher Liebenswürdigkeit ist." Wenn auch dem Alter nach 13 Jahre auseinander, entwickelte sich zwischen den beiden bald eine innige Freundschaft. Aber schon ein Jahr darauf folgte Bunsen einem Ruf als Professor für Chemie an die Universität Heidelberg. Doch wiederum standen die Sterne gut, insofern nämlich der bisherige Inhaber des Lehrstuhls für Physik, Philipp von Jolly, an die Universität München überwechselte. So gelang es Bunsen, inzwischen in der Stadt am Neckar zu hohem Ansehen und zu Einfluß gelangt, seinen Freund auf die vakante Professur zu holen. Damit war das Gespann Bunsen-Kirchhoff wieder beisammen, um fortan Physikgeschichte zu machen.

Bunsen begann um jene Zeit mit seinem Schüler Roscoe mit der quantitativen Untersuchung der Bildung von Chlorwasserstoff aus Chlorknallgas unter dem Einfluß von Licht, erst des Sonnenlichts, dann des Lichts von Flammen verschiedener Art und verschiedener Farben. Zu diesem Zweck erfand Bunsen den nach ihm benannten Brenner. Auf den Schlot des Brenners wurden passend geformte Ringe aus poröser Kohle aufgesteckt, diese mit Lösungen farbgebender Salze getränkt. „Die roten, violetten, gelben und grünen Flammen von Chlorlithium, Chlorkalium, Chlornatrium und Chlorbarium ließen sich mit unserer Lampe in größter Schönheit und Bestimmtheit darstellen."

Bunsen dachte daraufhin an eine Verwertung des Brenners zu einem Analyseverfahren unter Benutzung geeigneter Farbgläser oder Farblösungen zur Erkennung und Bestimmung der die Flamme färbenden Elemente. Die Nützlichkeit von blauem Kobaltglas und einer Indigolösung zur Identifizierung von Kalium war alles, was bei diesen Versuchen herausgekommen ist. Kirchhoff, von seinem Freund über dieses Vorhaben unterrichtet, machte daraufhin den Vorschlag, das Licht mittels Prismen zu zerlegen. Hatte er Swans Arbeit im Kopf?

Wie schon erwähnt, steht eine Übersetzung der eingangs genannten Arbeit Swans im Band 100 der „Annalen", der auch die Abhandlung Bunsens und Roscoes mit dem Bunsenbrenner und eine Arbeit Kirchhoffs über die elektrische Leitfähigkeit der Alkalimetalle enthält. Folglich konnte den

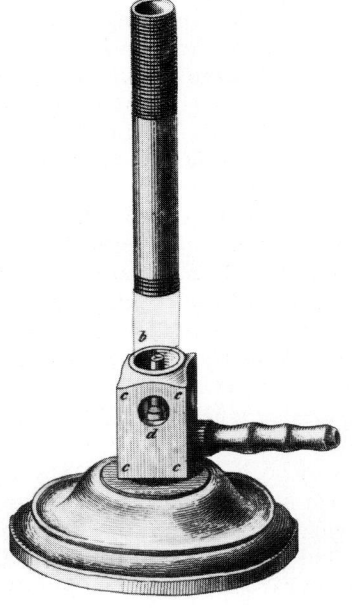

Bild 70

Zur Herstellung von farbigen Flammen hoher Leuchtkraft erfand Robert Bunsen den Bunsenbrenner (1857)

161

Heidelberger Forschern die Arbeit Swans nicht entgangen sein, sie erwähnen sie auch in ihrer ersten gemeinsamen Veröffentlichung von 1860 mit den Worten: „Schon Swan hat auf die Kleinheit der Kochsalzmengen aufmerksam gemacht, welche die Natriumlinie hervorbringen können." Swan hatte sich nämlich vorgenommen, die „hellen Linien", d. h. die Emissionslinien von mit Kohlenwasserstoffen gespeisten Flammen zu untersuchen, also Flammen von Öllampen, Kerzen, Leuchtgas usw., und die Lage der Linien relativ zu den Fraunhoferschen Linien des Sonnenspektrums zu erfassen.

Denn die genannten Flammen waren, so die Begründung seines Vorhabens, fast ausschließlich die gebräuchlichen Lichtquellen. Dabei rührt das Licht, wie Davy festgestellt hat, von glühenden Kohlenstoffteilchen her, die sich aus zersetztem Kohlenwasserstoff in der Flamme bilden. So zeigen die helle Spitze und der leuchtende Mantel der Flammen auch ein kontinuierliches Spektrum. Aber im blauen Teil über dem Docht treten deutlich helle Linien auf, nur überstrahlt vom Kontinuum.

Es sei nun in der von dem Heidelberger Professor Bunsen erfundenen Lampe die Luftzufuhr so gut und die Temperatur der Flamme so hoch, daß aller freie Kohlenstoff verbrannt wird. Die hellen Linien des blauen Teils der Flamme zeigen sich aufs deutlichste. Aber manchmal flackert die Flamme unter Gelbfärbung, und im Spektrum zeigt sich die gelbe Linie Fraunhofers, denn sie fällt exakt zusammen mit der D-Linie im Sonnenspektrum. Swan schloß aus dem nur zeitweisen und vorübergehenden Auftreten der gelben Linie, daß diese nicht dem Kohlenwasserstoffspektrum angehört, sondern durch Einflüsse von außen herrührt. Er fragte sich, nachdem Sir David Brewster, sein Vorgänger auf dem Lehrstuhl in St. Andrews, Flammen durch Zugabe von Salpeter gelb färben und die gelbe Linie hervorrufen konnte, ob das gelbe Aufleuchten der Bunsenflamme gar von in der Luft enthaltenem Kochsalz herrührte, das ja wie Salpeter auch Natrium enthält. Wie wenig Kochsalz dazu nötig ist, wies Swan nach, indem er einen gut ausgeglühten Streifen Platinblech in eine immer stärker verdünnte Kochsalzlösung tauchte und ihn nach dem Trocknen in die Flamme hielt. Schon unglaublich geringe Mengen zeigten eine Reaktion, wie sich aus der Konzentration der Lösung berechnen ließ; wir werden bei Bunsen noch darauf zurückkommen.

Swan benützte nach Fraunhofers Vorbild einen Theodoliten mit 20 Winkelsekunden Ablesegenauigkeit. Aber während jener bei seinen Untersuchungen des Sonnenspektrums den Spalt in einem Fensterladen angebracht hatte, 24 Fuß vom Prisma entfernt, hatte Swan schon 1849 den Kollimator, wie er ihn nannte, erfunden: ein Rohr, das wie bei einem Fernrohr an einem Ende eine Linse enthielt und am anderen Ende einen Spalt im Abstand der Brennweite der Linse, so daß der Spalt in deren Brennebene lag. Das Rohr war mit dem Theodoliten fest verbunden. Das Licht einer vor den Spalt gestellten Flamme verließ nach Passieren des Spalts das Rohr als Parallelbündel, um als solches ins Prisma einzutreten. Zur Betrachtung des Sonnenlichts diente wie bei Fraunhofer zur Strahllenkung auf den Spalt ein Heliostat. Gemessen wurde jeweils der zu einer Linienfarbe gehörige Ablenkungswinkel im Minimum der Ablenkung.

Ein Kupferstecher fertigte nach Swans Angaben und unter seiner Aufsicht eine Darstellung der Ergebnisse in Form eines Doppelspektrums an. Das Zusammenfallen (Koinzidenz) der gelben Flammenlinie α mit der dunklen Fraunhoferschen Linie D ist frappant. Die Linie α wollte Swan aber nicht als eine Kohlenwasserstofflinie zählen, sie habe in Einflüssen von außen ihren Ursprung, sei einwandfrei eine Natriumlinie.

Dazu liest man folgende bemerkenswerte Sätze: ,,Aus der wohlbekannten, von Fraunhofer entdeckten Koinzidenz der α im Flammenspektrum mit D im Sonnenspektrum, vereint mit seitdem beobachteten Erscheinungen, könnte als allgemeines Gesetz der Flammenspektren geschlossen werden, daß ihre hellen Linien immer zusammenfallen mit dunklen des Sonnenspektrums." Dies sei nach seinen bisherigen Ergebnissen allerdings nicht der Fall, außer mit den gelben Linien, die aber nicht zum Kohlenwasserstoffspektrum gehören. ,,Wo auch in anderen Fällen eine Koinzidenz ermittelt wäre, da wird der Eindruck eines physischen Connexes zwischen zwei Gruppen (von Linien) unwiderstehlich."

Hatte die Arbeit Swans Einfluß auf das Vorgehen der Heidelberger? Betrachtet man den Spektralapparat, wie ihn Kirchhoff und Bunsen vorerst benützten, fällt zunächst das Spaltrohr auf, der Swansche Kollimator! Weshalb sollten die Heidelberger Forscher dessen Vorteil nicht erkannt und genützt haben? Eine Zweiterfindung war unnötig.

Auf zeitraubende Präzisionsmessung mit einem Theodoliten nach Swans Vorbild mußten sie im Hinblick auf ihr umfangreiches Programm von vornherein verzichten. Um trotzdem die Lage der Linien für eine zeichnerische

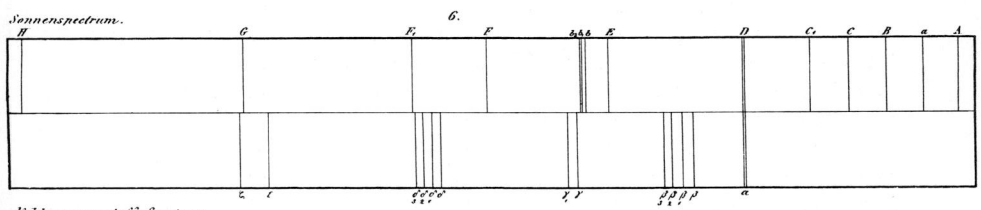

Bild 71 Von dem Schotten William Swan stammt die erste an Fraunhoferlinien orientierte Darstellung eines Emissionsspektrums, nämlich die ,,hellen" Linien, wie sie in Flammen von Kohlenwasserstoffen, den damals üblichen Lichtquellen, vorkommen. Nach Fraunhofers Vorbild arbeitete Swan mit einem Theodolithen. Die Koinzidenz des in Wirklichkeit hellen Linienpaares alpha mit dem dunklen Linienpaar D ist nicht Augenschein, sondern exakt gemessen.

Darstellung zahlenmäßig festlegen zu können, versahen sie das drehbare Tischchen mit dem Prisma — einem mit dem stark zerstreuenden Schwefelkohlenstoff gefüllten Hohlprisma — mit einem Spiegel zuunterst, um nach Art der Spiegelablesung eine Zahl notieren zu können, wenn eine Linie mittels des kleinen Hebels mit einem vertikalen Faden im Okular des Fernrohrs in Deckung gebracht war. Geschah dies ebenso mit den wichtigsten Fraunhoferschen Linien, wie es auch Swan praktizierte, waren Spektren auch ohne Kenntnis der Wellenlängen einwandfrei darzustellen.

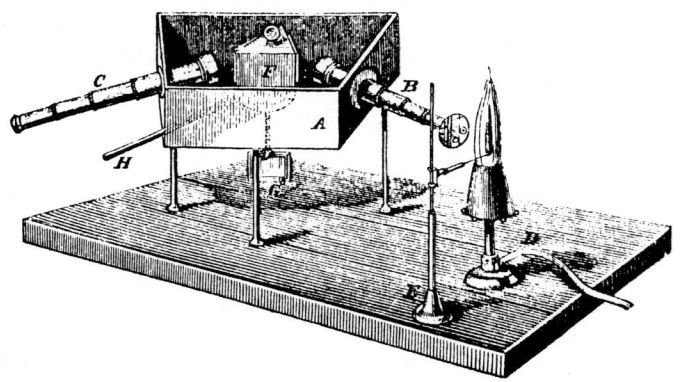

Bild 72 Das von Kirchoff und Bunsen improvisierte Spektroskop mit Prisma, Fernrohr und Spaltrohr. Ein weiteres Fernrohr mit einem horizontalen Maßstab zur Einordnung der Linien nach Art der Spiegelablesung ist weggelassen.

Als wesentliche Ergebnisse, die alles, was bisher über Spektren bekannt geworden war, in den Schatten stellten, führen wir nur an: Das Aussehen eines Spektrums einer Verbindung (etwa eines Salzes) wird allein durch das Metall bestimmt, einerlei, ob die Verbindung z. B. als Chlorid, Sulfat, Nitrat in der Flamme verflüchtigt wird. Je heißer die Flamme, um so heller die Linien, um so mehr Linien werden sichtbar. Offenbar werden in der Flamme die Verbindungen zersetzt, die Metallatome in Freiheit gebracht. Von ihnen allein stammen die farbigen Linien. Jedes Metall hat ein eigenes Spektrum. An seinen Linien sollt ihr es erkennen!

Die Nachweisempfindlichkeit ist von Element zu Element verschieden, Natrium steht an der Spitze. Um von ihr einen Begriff zu bekommen, verfuhr Bunsen so: Er entzündete Milchzucker, mit 3 Milligramm fein zerpul-

164

vertem Kochsalz gemischt. Die Verbrennung, mehr eine Verpuffung, erfüllte das etwa 60 cbm große Laboratorium ganz mit Rauch. Die möglichst weit entfernte Bunsenflamme begann sich nach einigen Minuten gelb zu färben und zeigte im Spektralapparat eine kräftige gelbe Linie. Der Brenner saugte pro Sekunde 0,065 Gramm Luft an, je 1 Zwanzigmillionstel der verdampften 3 Milligramm Kochsalz enthaltend. Anders gerechnet: Das Auge kann in der Flamme das Vorhandensein von 1 Dreimillionstel Milligramm Kochsalz erkennen. So wird die schon von Swan erkannte Allgegenwart von Kochsalz begreiflich, ein bloßes Aufwirbeln von Staub oder ein In-die-Hände-Klatschen läßt eine farblose Bunsenflamme gelb werden.

Mit solchen extrem empfindlichen, alle chemischen Methoden weit übertreffenden Nachweismethoden war es dann auch bald möglich, bisher unbekannte Elemente zu entdecken, die Schar der „spektroskopischen Elemente", als erste Rubidium und Cäsium, von Bunsen nach der Farbe ihrer Hauptlinien Rubinrot und Himmelblau benannt.

Wie schon gesagt, waren die Forscher auch zur Beobachtung des Sonnenspektrums eingerichtet. So muß es Kirchhoff eines Tages (im Jahre 1859) gereizt haben, die Koinzidenz der Natriumlinie mit der Fraunhoferschen Linie D nicht nur in der Swanschen Darstellung zu sehen, sondern sich von diesem rätselhaften Phänomen mit eigenen Augen zu überzeugen. Er rückte eine mit Kochsalz gefärbte Alkoholflamme vor den sonnenbeschienenen Spalt, in der Erwartung, die dunkle D-Linie aufhellen oder gar verschwinden lassen zu können. Zu seiner Verblüffung wurde sie aber nur noch dunkler!

„Kirchhoff vermochte im Augenblick keine Erklärung zu geben, nach 24 Stunden hatte er indessen das Princip gefunden, welches seinen Namen trägt, und nach welchem ein Körper [hier die Flamme] gerade diejenigen Strahlen stark absorbiert, die er vorzugsweise aussendet." So erzählte es Bunsen, als ihn Wilhelm Ostwald, der Herausgeber der „Ostwalds Klassiker", vier Jahre vor seinem Ableben über den Hergang seiner Erinnerung zufolge ausfragte. Bunsens Bericht ist, auch wenn das Geschehen schon mehrere Jahrzehnte zurücklag, ungleich lebensnäher und wirklichkeitsnäher als Kirchhoffs eigene beiden Darstellungen im Abstand von einem und drei Jahren. Damals wußte der Forscher längst von der Ursache des Phänomens, was auf den Bericht natürlich Einfluß hatte.

Endlich war das Geheimnis der Fraunhoferschen Linien entschleiert! Nicht nur das, die theoretische Durchleuchtung führte zu jenem Kirchhoffschen Theorem, das über die „schwarze Strahlung" zur Entdeckung des Planckschen Wirkungsquantums führte.

Kirchhoff verbrachte die nächsten Jahre unter anderem mit der Ermittlung der den Fraunhoferlinien entsprechenden Spektrallinien irdischer Elemente, eine Arbeit, die ihn beinahe das Augenlicht gekostet hätte; denn es war etwas Ungeheures, mit Hilfe der Spektralanalyse sagen zu können, welche Elemente es auf der Sonne gibt, welche auf anderen Fixsternen. Damit war eine neue Wissenschaft begründet, die Astrophysik.

Im Mai 1860 schrieb Kirchhoff seinem Bruder Otto: „Da Du auch ein halber Chemiker bist, so will ich Dir mitteilen, daß ich jetzt mich sehr eifrig mit Chemie beschäftige. Ich will nämlich nichts Geringeres als die Sonne chemisch analysieren und vielleicht später auch die Fixsterne. Ich habe das Glück gehabt, den Schlüssel zur Lösung dieser Aufgabe zu finden. Das klingt sehr verwunderlich, und ich habe es einem entfernten Bekannten von mir, einem Doktor der Philosophie, nicht verdacht, daß er mir erzählte, ein verrückter Kerl wolle auf der Sonne Natrium entdeckt haben. Ich konnte der Versuchung nicht widerstehen, ihm zu sagen, daß ich dieser verrückte Kerl sei."

Ist das ganze nicht wie im Märchen? Am Anfang ein chemisches Problem, in Zusammenhang damit die Erfindung eines idealen Brenners, die wunderbaren Möglichkeiten der Lichtzerlegung mit Prismen, die Entschleierung der dunklen Linien im Sonnenspektrum, zu guter Letzt der Griff hinaus ins Universum! — Alles zustande gebracht von zwei „geübten Naturforschern", wie Fraunhofer sie sich gewünscht hatte.

F. Fraunberger

Das Beugungsgitter, ein Göttergeschenk an die Physik

Die Messungen der Brechungszahlen, die Harriott um 1600 zu erstaunenswerter Präzision gebracht hatte, und die erste Wellenlängentabelle von Thomas Young hingen insofern in der Luft, als die Farben, auf die sich die Meßwerte bezogen, nur in Worten ausgedrückt werden konnten. Nach Entdeckung der Fraunhoferschen Linien waren wenigstens meßtechnisch eindeutige Bezugspunkte gegeben. Man erinnert sich an das Wort Voltas: ,,Was läßt sich schon Gutes, besonders in der Physik, hervorbringen, wenn nicht alles auf Maß und Zahl berechnet ist?" Auch dies sollte Fraunhofer gelingen, und zwar auf eine Weise, über die er sich am Ende selber wunderte. Nach seinen Erfolgen mit jenen Linien, von denen schon an anderer Stelle die Rede ist, verlangte es den Forscher nach einer Vertiefung seines theoretischen Wissens. Zufällig erschien im Jahre 1815, als Fraunhofer seine ersten Arbeiten abgeschlossen hatte, jene Arbeit Augustin Fresnels, die der Wellentheorie des Lichtes zum Durchbruch verhalf. Fraunhofer bekam aber erst nach Jahren Kenntnis von ihr. So hielt er sich vorerst an Jean Baptiste Biots ,,Traité de physique expérimentale et mathématique" von 1816, wo man ,,alles findet, was über die Beugung des Lichtes bekannt ist".

Unter Beugung versteht man zum Beispiel die Erscheinung, daß Licht beim Durchgang durch einen engen Spalt in mehrere Strahlen aufgefächert wird, so daß auf einem Schirm hinter dem Spalt neben dem direkt durchgegangenen Licht entgegen der sonstigen Erfahrung, daß Licht seine Richtung beibehält, auch seitlich noch helle, durch dunkle Zonen getrennte farbige Streifen bei weißem, einfarbige bei einfarbigem Licht auftreten.

Nun hatte Jean Baptiste Biot (1774–1862), einer der angesehensten Physiker der Zeit, die Messungen, wie sie schon Newton und Young versucht hatten, wiederholt. Er fing die Beugungserscheinungen mit einer Mattscheibe auf und legte an der Rückseite ein Mikrometer an, d.h. eine dünne Glasplatte mit äquidistant eingeritzten Strichen, wie man es für Messungen unter dem Mikroskop gebrauchte. Da die Abstände der Streifen auch bei zunehmender Distanz Spalt — Schirm von einigen Dezimetern bis selten einem Meter zwar zunahmen, aber kaum größer als 1 mm waren, waren die berechneten Ablenkungswinkel nur von beschränkter Genauigkeit. Wichtigstes Ergebnis Biots ist die Abhängigkeit der Streifenabstände von der Farbe, siehe Bild 75.

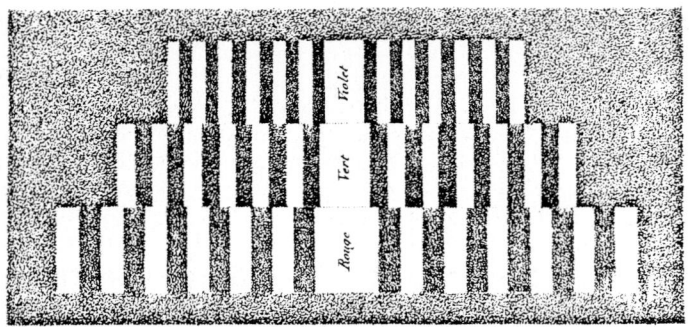

Bild 75 Schematische Zeichnung von Beugungsbildern, wie sie auf einem Schirm weit hinter einem beleuchteten Spalt auftreten, nach dem Buch des französischen Physikers Jean B. Biot, das auch Fraunhofer benutzte.

Auch die Spaltbreite wurde variiert, ohne daß sich bei Biot ein zahlenmäßiger Zusammenhang hinsichtlich Spaltbreite und Streifenabstand zu erkennen gab. Aber wenn es um Winkelmessungen ging, war Fraunhofer in seinem Element. So stellte er einen Spalt mit variablem Backenabstand auf das Tischchen seines Theodoliten. Ein Heliostat lieferte ihm einen horizontalen Sonnenstrahl gleichbleibender Richtung unabhängig vom jeweiligen Sonnenstand. Dieses Instrument, bei dem ein beweglicher Spiegel von zwei Uhrwerken gelenkt wird, hatte der holländische Physiker s'Gravesande erfunden. Fraunhofer sah den Spalt als hell leuchtende Öffnung, durch das Fernrohr vergrößert. Beiderseits schloß sich ein Spektrum an, beginnend mit Blau und endend mit Rot, und unmittelbar anschließend ein zweites und drittes usw. Wegen des Farbwechsels vom Rot des ersten zum Blau des zweiten Spektrums war ein hinreichend scharfer Übergang gegeben, so daß diese Trennungslinien als Bezugslinien der beabsichtigten Winkelbestimmungen, gemessen gegen die Mitte des weißen Spaltbildes, dienen konnten.

Seine Vorgänger, Biot und Fresnel, gaben die Spaltweiten an mit 0,25 mm, 1,00 mm, 1,75 mm. Fraunhofer, der sie mit einem Mikroskop bestimmte, nennt Zahlen von 0,00114 bis 0,11545 Pariser Zoll (= 0,0308 bzw. 2,247 mm). Bezeichnen wir die zur 1., 2. 3. usw. Farbgrenze gehörigen Strahlrichtungen als 1., 2., 3. Ordnung, so war nach Fraunhofers Befunden, wenn α den Winkel und d die zugehörige Spaltweite bedeutet, $\alpha_1 \cdot d = 1 \cdot 0,0000211$, $\alpha_2 \cdot d = 2 \cdot 0,0000211$, $\alpha_3 \cdot d = 3 \cdot 0,0000211$ für 14 Spaltweiten ermittelt. Ergebnis: Bei gegebener Spaltbreite verhalten sich die Ablenkungswinkel wie 1 : 2 : 3 ... und sind umgekehrt proportional zu den Spaltbreiten.

Um den Kontrast zu den Messungen der Vorgänger, hier Biots, zu beleuchten: Berechnet man dieselben Produkte aus den Messungen Biots, so erstrecken sie sich, an 8 Spaltbreiten von 0,25 mm bis 0,2 mm, von 537 bis 386 (Winkelsec · mm), von Konstanz wie bei Fraunhofer keine Rede. Die Überlegenheit der direkten Winkelmessung ist offensichtlich, Fraunhofers Befriedigung verständlich. Sie bestätigt die Ansicht vom Wellenbild des Lichts, wie Fresnel auch schon durch eigene Messungen darlegen konnte. Biot war Newtonianer, erklärter Verfechter des Teilchenbildes, dieses aber liefert keinen Weg zur Erklärung des Fraunhoferschen Befundes. Mit heute nicht mehr vorstellbarer Leidenschaft wurden damals wissenschaftliche Standpunkte verfochten, jahrzehntelange Freundschaften gingen in Brüche. Biot überwarf sich sowohl mit Fresnel als auch mit Arago, dem „Secrétaire perpétuel" der Pariser Académie des Sciences.

Beflügelt von seinem neuerlichen Erfolg, stellte sich Fraunhofer nun die Frage, wie die Sache wohl aussehen möge, wenn anstelle eines einzigen Spalts, der ein Lichtbündel so einengt, daß nur ein winziger Teil der Fernrohrlinse des Theodoliten ausgenützt wird, eine ganze Reihe äquidistanter Spalte tritt. Unter dem Titel „Gegenseitige Einwirkung einer großen Anzahl gebeugter Strahlen" schreibt er:

„Um auf die ganze Fläche des Objectiv des Theodolithfernrohrs eine große Anzahl gleich stark gebeugter Strahlen fallen zu machen, spannte ich sehr viele gleich dicke Fäden parallel und in gleicher Entfernung nebeneinander auf einen Rahmen; durch die Zwischenräume mußte demnach das Licht gebeugt werden. Damit ich versichert seyn möchte, daß die Fäden genau parallel sind, und gleiche Entfernungen von einander haben, machte ich an zwey entgegengesetzten Enden des viereckigen Rahmens in der ganzen Länge hin, eine feine Schraube, bey welcher nahe 169 Umgänge auf einen Pariser Zoll gehen; in die Gänge dieser Schraube spannte ich die Fäden, und ich konnte folglich sicher seyn, daß sie genau parallel sind, und gleiche Entfernungen unter sich haben.

Auf das Objectiv des Theodolithfernrohrs leitete ich durch eine vertikale Öffnung am Heliostat, welche 2 Zoll hoch und 0,01 Zoll breit war, einen intensiven Sonnenstrahl, und stellte auf die Mitte der Scheibe des Theodoliths das Gitter, welches ungefähr aus 260 parallelen Fäden bestund, die 0,002021 Zoll dick, und deren Ränder 0,003862 Zoll von einander entfernt waren. Ich trug Sorge, daß auf das Objectiv kein anderes Licht fiel, als das, welches durch das Fadengitter fuhr. Da die schmalen Zwischenräume das Licht beugen, so war alles Licht, welches durch das Fadengitter auf das Objectiv fiel, gleich stark gebeugt. Ich war sehr verwundert zu sehen, daß die Erscheinungen, welche man mit dem Fadengitter durch das Fernrohr sieht, ganz verschieden von jenen sind, welche bey dem durch eine einzelne Öffnung gebeugten Lichte beobachtet werden. Man sieht nämlich die Öffnung am Heliostat unverändert so, wie sie durch das Fernrohr ohne Fadengitter

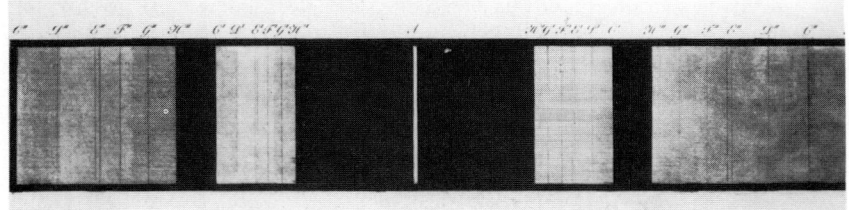

Bild 76 Fraunhofers erstes mit einem Gitter erhaltenen Spektrum. Es bestand aus 260 parallelen Fäden auf rund 3,6 cm Breite. Bei Verwendung von Sonnenlicht zeigten sich die dunklen Linien wie bei Prismen.

gesehen würde, und in einiger Entfernung von demselben, zu beyden Seiten, eine große Anzahl Farbenspectra, die eben so sind, wie sie durch ein gutes Prisma gesehen werden; sie werden immer breiter, je weiter sie von der Mitte abstehen, nehmen aber an Intensität ab. Bild 76 stellt einen Theil dieser Spectra dar. In A wird die Öffnung am Heliostat gesehen ganz ohne Farben und scharf begränzt, wie man sie ohne Gitter durch das Fernrohr sieht. Zu beyden Seiten von A sind die Erscheinungen vollkommen symmetrisch. Wenn der Apparat vollkommen ist, so ist im Raume AH^1 kein Licht. Im Raume H^1C^1 ist das erste Farbenspectrum; H^1 ist das violete, C^1 das rothe Ende desselben. Der Raum zwischen C^1 und H^{II} ist ohne Licht. Im Raume $H^{II}C^{II}$ ist das zweyte Spectrum; es ist doppelt so breit als das erste, und die Ordnung der Farben dieselbe; auch ist es etwas weniger intensiv, als das erste. Im Raume zwischen C^{II} und F^{IV} ist das dritte Spectrum; ein Theil der violeten Strahlen desselben fällt aber in die rothen des zweyten, so wie das Ende der rothen des dritten in die blauen des vierten. Die Intensität des dritten Spectrum ist wieder geringer, als die des zweyten. Zwischen F^{IV} und D^{IV} ist das vierte Spectrum, dessen blaues Ende in das dritte und das rothe Ende in das fünfte Spectrum fällt. Es folgen noch viele Spectra, die immer schwächer werden, und deren man bey einiger Vollkommenheit des Apparats, auf jeder Seite von A, leicht 13 zählt, man überzeugt sich auch ohne Mühe von dem Daseyn einer noch größeren Anzahl, die nur deswegen nicht leicht gezählt werden können, weil sie immer breiter werden, und in demselben Verhältnis mehr in einander fallen.

Wenn das Okular des Fernrohrs so gestellt ist, daß man ohne Gitter die Öffnung am Heliostat vollkommen begränzt sieht, so wird man in den Farbenspectren, welche durch das Fadengitter hervorgebracht werden, die Linien und Streifen sehen, welche ich in dem durch ein gutes Prisma hervorgebrachten Farbenspectrum von dem Lichte der Sonne entdeckt habe, was von großem Interesse ist, weil es dadurch möglich wird, die Gesetze dieser, wie man sehen wird, durch gegenseitige Einwirkung einer großen Anzahl gebeugter Strahlen entstandene Modifikation des Lichtes im hohen Grade genau kennen zu lernen. Ich habe in der Zeichnung in jedem Spectrum nur die stärkeren dieser Linien angedeutet, mit welchen man zu thun haben wird; man sieht deren aber, besonders in den breiteren Spectren, eine große Anzahl wie durch ein Prisma. Auch das Verhältnis der Stärke der Linien, und ihre Gruppirung unter sich ist wie durch Prismen; nur in Hinsicht des Verhältnisses des Raumes, welchen in einem Spectrum die verschiedenen Farben einnehmen, ist ein auffallender Unterschied zwischen den durch Gitter und Prismen hervorgebrachten. Deswegen und weil bey einigen Arten von Fadengittern die Spectra sehr klein sind, muß man mit den durch ein Prisma gebildeten Linien sehr vertraut seyn, um bey jeder Größe des Spectrum sogleich zu wissen, mit welchen Streifen oder mit welcher Linie man zu thun hat.

In einer weiteren Arbeit, den Mitgliedern der Bayerischen Akademie vorgetragen am 14. Juni 1823, gab Fraunhofer bekannt, daß bei seinem feinsten Drahtgitter die Konstante 0,001952 Zoll (= 0,0537 mm), der Ablenkungswinkel der ersten Ordnung der D-Linie rund 38 min. betrug. Dieser Winkel und auch die der folgenden Ordnungen wären zu klein gewesen, um eine Behauptung der Wellentheorie zu prüfen, derzufolge sich nicht die Winkel, wie beim einfachen Spalt, sondern die Sinusse wie 1 : 2 : 3 ... verhalten sollten. Es bestand also das Problem, größere Ablenkungswinkel zu bekommen, was nur mit noch kleineren Gitterkonstanten möglich war.

Der „Künstler" belegte Plangläser mit Blattgold und versuchte parallele Striche „wegzuradieren", aber weit kam er nicht, denn bald löste sich das Blattgold vom Glas. Auch gefirniste oder mit einer Fettschicht überzogene Gläser führten nicht zum Ziel. Er schreibt:

„Nur mittelst des Diamanten gelangte ich zu noch feineren Gittern, nachdem eine eigens zu diesem Zwecke eingerichtete Maschine mich in den Stand gesetzt hatte, mit einer Diamantspitze, Parallellinien in möglichster Vollkommenheit unmittelbar in die Oberfläche eines Planglases zu radiren. Wenn man so glücklich ist, eine gute Diamantspitze zu finden, so können mit dieser Maschine so feine Linien radirt werden, daß man sie mit dem stärksten zusammengesetzten Mikroskope nicht gewahr werden kann. Es ist jedoch nicht genug, daß man es dahin bringt, in einen bestimmten Raum eine sehr große Anzahl Linien zu radiren, welche noch Zwischenräume zwischen sich lassen, sondern es kömmt darauf an, daß diese Linien auch in so hohem Grade gleiche Entfernung von einander haben, daß die mehrsten nicht um den hundertsten Theil dieser kleinen Entfernung einander näher oder ferner sind. Mit Hülfe meiner Maschine habe ich ein Gitter erhalten, bei welchem d = 0,0001223 Zoll ist, und dessen Linien noch in einem so hohen Grade gleiche Entfernung von einander haben, daß man die fixen Linien des ersten und zweiten Spectrums, welche durch dasselbe gesehen werden, noch sehr deutlich erkennt. Durch dieses Gitter entstehen Spectra, welche so groß sind, als die durch große Prismen hervorgebrachten, und schon im ersten Spectrum erkennt man die Linie D (im Orange) so gut als doppelt, so daß die Breite des Zwischenraums gemessen werden kann. Und da bei diesem Gitter schon $D^1 = 10° 14'$ ist, so läßt sich das Gesetz dieser Modification des Lichtes aus den Versuchen mit demselben mit sehr großer Genauigkeit ableiten." (Aus: J. Fraunhofer, Gesammelte Schriften, München 1888.)

Das Ergebnis sorgfältigster Messungen läßt sich so ausdrücken: Ein senkrecht auf ein Gitter fallendes Strahlenbündel der Wellenlänge λ wird aufgrund der Interferenz in mehrere Bündel symmetrisch zur Einfallsrichtung aufgeteilt, gebeugt, und für die Beugungswinkel, bezogen auf die Einfallsrichtung, gilt

$$\sin\alpha_m = \frac{m \cdot \lambda}{d},$$

α_m ist der Beugungswinkel der m-ten Ordnung, λ = Wellenlänge, d = Gitterkonstante, m = 1, 2, 3... Diese Beziehung läßt sich so deuten, daß Strahlen einer Beugungsrichtung aus Teilstrahlen bestehen, die nach Passieren der zwischen den Gitterstrichen unverletzt und durchlässig gebliebenen Streifen des Glases gegen die Nachbarstrahlen eine Phasendifferenz von λ, 2λ, 3λ... besitzen.

Fraunhofer ließ es sich nicht entgehen, nach dieser Formel die Wellenlängen der Fraunhoferlinien C, D, E ... auszurechnen. „Aus den Versuchen mit dem Glasgitter lernen wir die Größe d so genau kennen, daß für die helleren Farben fast nicht der tausendste Teil von λ ungewiß sein kann." Wegen der nicht ganz richtig bestimmten Gitterkonstante erhielt er (in Angström umgerechnet) als Mittelwert der beiden D-Linien 5887,7 statt 5892,9, d.h. 0,1 % zu wenig. „All diese Erscheinungen beruhen auf den Prinzipien der Interferenz, welche schon im Jahre 1802 von Dr. Young aufgestellt und nachher zuerst von den HH. Arago und Fresnel gewürdigt worden sind."

Nun hatte Young bereits ein Strichgitter, ein Mikrometer mit 500 Strichen/inch (20 Striche/mm), und aus seiner Theorie hergeleitet, daß die Sinusse der Beugungswinkel sich wie 1:2:3 verhalten müssen. Er beobachtete die Reflexion und erhielt Beugungswinkel von 10 bis 45 Grad. Wie dies bei der Gitterkonstante möglich war, mit welcher Fraunhofer nicht einmal 1° erhielt, ist schleierhaft. Young aber war besonders stolz auf sein Ergebnis: „Es bringt eine sehr kräftige Bestätigung der Theorie. Es ist unmöglich, irgendeine Erklärung aus irgendeiner der bisher beigebrachten Hypothesen herzuleiten."

Noch ein Letztes: Fraunhofer stellte ein Gitter in Wasser, Terpentinöl, Anisöl und fand erwartungsgemäß, daß sich die Beugungswinkel β so verkleinern, wie es die auf λ/n verkürzten Wellenlängen erfordern, wobei n die Brechungszahl der Flüssigkeiten ist (Bild 77). Dies war nach Young der exakteste Beweis, daß die Lichtgeschwindigkeit im Medium auf c/n verringert wird. Vor

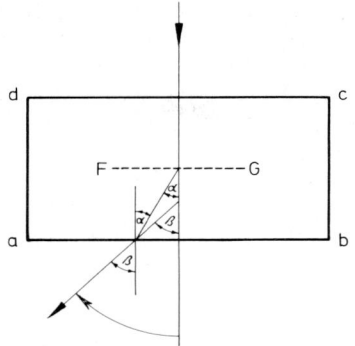

Bild 77

Die gestrichelte Linie bedeutet die Spur eines in eine Flüssigkeit getauchten Gitters. Wie erwartet schrumpften die Beugungswinkel nach Maßgabe des Brechungsindexes.

Fraunhofer hatte schon Biot einen Spalt in Flüssigkeiten gestellt und Verkleinerungen der Beugungswinkel festgestellt. Wir tun Fraunhofers Leistung keinerlei Abbruch, wenn er von da her die Anregung zu seinen Versuchen erhalten haben sollte.

Fraunhofers Methode der Wellenlängenmessung lieferte Johann Jakob Balmer die Daten, die zur Balmerformel führten und das Zeitalter der quantitativen Spektroskopie überhaupt erst ermöglichten. Auch hier gilt wieder: Die richtigen Werkzeuge sind nötig. Und kaum ein zweiter Physiker läßt uns so ins Handwerk schauen wie Joseph Fraunhofer.

F. Fraunberger

Die Entdeckung der elektromagnetischen Induktion von 1822 bis 1831

1822 gelang André Marie Ampère zusammen mit dem Schweizer Physiker Auguste de la Rive in Genf ein Versuch, den man als die Entdeckung der Induktion — oder zumindest: induzierter Ströme — bezeichnen kann, weil wirklich induzierte Ströme für die beobachteten Bewegungserscheinungen verantwortlich waren, dies auch so interpretiert wurde — allerdings mit bestimmten Einschränkungen —, alles an leicht zugänglicher Stelle veröffentlicht wurde (Fachzeitschriften, Sammelwerk). Die zweite Forderung ist unbedingt notwendig, doch soll sich bei Behandlung dieses Falls zeigen, wie schwierig es praktisch ist, mit diesem Definitionsteil der Geschichte gerecht zu werden. Man kann diese Entdeckung, wenn man will, auch als verpaßte Gelegenheit deuten.

Gerade an verpaßten Gelegenheiten so bedeutender Forscher wie Ampère läßt sich — mitunter deutlicher als an ihren Erfolgen — manche wissenschaftstheoretische Einsicht gewinnen. Zwei sollen hier herausgestellt werden: erstens, wie schwer neues Wissen gefunden wird, und zweitens, daß keine Entdeckung ohne Vorbereitung in und außerhalb der bewußten Umgebung des Entdeckers stattfindet — auch nicht die sogenannte zufällige Entdeckung. Die entscheidenden Textstellen bei Ampère lauten folgendermaßen: „Es entsteht in einem beweglichen Leiter, der einen vollständig geschlossenen Kreis bildet, ein elektrischer Strom durch Einfluß [influence] eines anderen, den man in einem festen runden, verstärkten [redoublé] Leiter erzeugt, der sehr nahe dem beweglichen Leiter angebracht ist, doch ohne ihn zu berühren."

„Das ... Experiment besteht aus dem Einfluß auf einen kreisförmig gebogenen Kupferstreifen, der von einem von starken elektrischen Strömen durchflossenen Gürtel umgeben und in dessen Mitte aufgehängt ist, wobei sich beide nicht berühren. Diese Beeinflussung, die M.[onsieur] Ampère zunächst als nicht vorhanden glaubte, ist in Genf durch ihn selbst auf sehr präzise Weise nachgewiesen worden. Wenn er einer Seite des Kupferstreifens einen sehr starken Hufeisenmagneten nahebrachte, sah man den Kupferstreifen sich entweder zwischen die beiden Magnetpole bewegen, oder im Gegensatz dazu, wie er von diesen abgestoßen wurde, beides gemäß der Richtung des Stromes in den umgebenden Leitern. Dieser wichtige Versuch zeigt also, daß die Stoffe [corps], die nicht geeignet sind, durch Einfluß elektrischer Ströme eine ständige Magnetisierung zu erhalten, wie es bei Eisen und Stahl der Fall ist, zumindest eine vorübergehende Magnetisierung erhalten können, solange sie unter diesem Einfluß stehen."[1]

Ampères und de la Rives Versuch 1822 sah folgendermaßen aus (Bild 78): In einer schmalen, vertikal stehenden, ortsfesten Spule hing an einem Faden leicht beweglich aufgehängt ein Kupferring. Vor ihn konnte ein Hufeisenmagnet gebracht werden, die ortsfeste Spule wurde mit Strom beschickt. Die genauen Umstände der Experimente sind nun nicht eindeutig auszumachen, da zum Teil entsprechende Angaben fehlen bzw. widersprüchliche Angaben vorliegen. Wahrscheinlich wurden die Versuchsbedingungen mehrfach variiert: genaue Stellung des Magneten, Ein- und Ausschalten des Stromes oder nur Umschalten der Stromrichtung, Material des Fadens. Jedenfalls ist sehr wahrscheinlich bei festliegendem Magneten, frei beweglichem Ring und nunmehriger Stromstärkenänderung in der ortsfesten Spule zum ersten Mal eine Drehbewegung des Ringes beobachtet worden. De la Rive sprach von einer „vorübergehenden Magnetisierung" des Ringes – nicht von Strömen. Bei Ampère findet man die Erklärung, daß „ein elektrischer Strom durch Einfluß" des äußeren Stroms entstand. Doch fehlt bei Ampère jeder Hinweis darauf, daß der

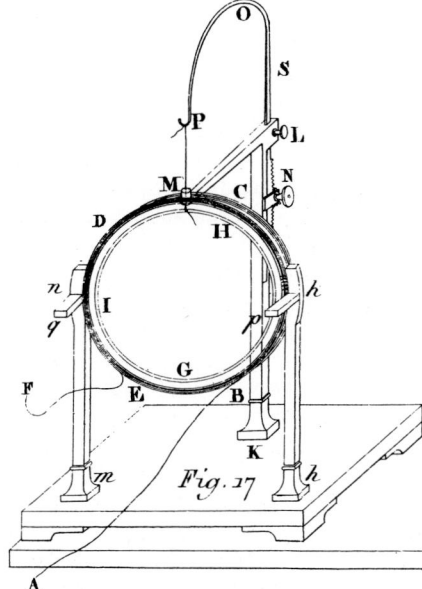

Bild 78

Das Experiment Ampères 1822, mit dem er die elektromagnetische Induktion – fast – entdeckte.

175

induzierte Strom nur bei Ein- und Ausschalten des äußeren Stroms existierte, sowie darauf, daß er entgegengesetzt zu diesem gerichtet war. Daß er die Induktion nicht als Ein- und Ausschalteffekt erkannt hatte, versuchte Ampère 1833, als er Faradays Ergebnisse von 1831 kennengelernt hatte, mit experimentellen Gründen zu entschuldigen: ein Seidenfaden als Aufhängung, der eine längere Wirkung vortäuschte.

Darf man trotz der fehlenden Hinweise auf Zeitdauer und Richtung des Stroms Ampère als Entdecker der Induktion, oder wenigstens als Mitentdecker, bezeichnen? Diese Frage ist nicht objektiv zu beantworten, wie man an ähnlich gelagerten Fällen in der Geschichte sehen kann. Die wahre Ursache für Ampères recht oberflächliche Beschäftigung mit der Induktion dürfte zunächst eher — grob formuliert — folgende gewesen sein: Man sieht auch als Naturwissenschaftler oft nur das, was man sehen will. ,,Dreckeffekte'', die mitunter gerade das wesentlich Neue enthalten, werden entweder gar nicht gesehen oder weginterpretiert oder unter der übrigen Arbeit vergessen. Meist ist es eine Kombination dieser drei Gründe. Bei Ampère trifft vor allem der dritte zu. Er hatte sich mit der weiterführenden quantitativen Untersuchung der Oerstedschen Phänomene am konstanten Strom sowie mit seiner Theorie der Molekularströme eine immense Arbeit aufgeladen, die er sehr ausführlich und sorgfältig durchführte. Jedoch spielten bei der oberflächlichen Beschäftigung auch die anderen Gründe mit. Ampère glaubte zum Beispiel zu selbstverständlich an die Existenz *konstanter* Ströme durch Influenz — so sah er die Abweichung von dieser Erwatung kaum. Interessant ist, daß Ampères Theorie der Molekularströme — verantwortlich für den Magnetismus der Festmagnete waren Kreisströme in deren kleinsten Teilchen — zunächst Anlaß zur Entdeckung der Induktion war, aber gleichzeitig auch Schuld an ihrem schnellen Vergessen trug. Gegen die Behauptung Faradays, die Molekularströme seien eine unbeweisbare Hypothese (und deshalb unnötig), weil sich ihr elektrischer Charakter nirgendwo makroskopisch zeigen ließe, versuchte Ampère den Nachweis, daß sich auch außerhalb des Bereichs der Ferromaterialien — zum Beispiel in Kupfer — Ströme durch Influenz erzeugen ließen — so wie nach seiner Theorie bis dato ein Spulenstrom Molekularströme in einem Eisenkern erzeugte. Dieser Versuch mißlang zunächst 1821, obwohl die gleiche Apparatur wie 1822 verwendet wurde. Ampère schloß aus diesem Mißlingen seine heute noch berühmte These, daß in Ferromaterialien schon grundsätzlich Molekularströme existierten und vom Spulenstrom nur geordnet würden — aber eben nur in Ferromaterialien. Ein irrtümlicher Versuchsausgang wurde also zur Stütze für einen richtigen Gedanken. Als ihm nun 1822 das Experiment doch gelang, hätte er diese Auffassung eigentlich revidieren müssen. Aber er glaubte nun (zumindest nach seiner Auskunft von 1833), auf diese Weise gar nichts mehr pro oder kontra Molekularströme sagen zu können, obwohl er diese These nicht wieder aufgab, und so vergaß er lieber das gesamte Induktionsexperiment als unwichtig für seine

Hauptanliegen. Übrigens wäre ja auch die Tatsache der Gegenrichtung des induzierten Stromes gegen den induzierenden nach seiner Analogie Spule/Eisenkern nicht erklärbar gewesen, wie er 1833 auf Vorhaltungen Faradays auch zugab.[2] Seine endgültigen Worte zum Experiment von 1822 scheinen — noch im gleichen Jahr — folgende zu sein: „... aber diese Tatsache, unabhängig bis jetzt von der allgemeinen Theorie der elektrodynamischen Phänomene, bringt keine Änderung für diese Theorie."[3] Das wirkt aus heutiger Sicht deutlich als Betonung, daß sein System abgeschlossen war, das heißt hier: Dinge, die nicht grob widersprechen, werden sich schon irgendwie irgendwann fügen. Der andere Aspekt ist aber: Wenn das Experiment nicht in seine Theorie eingeordnet werden konnte, wußte man eben nicht, ob eine spätere Einordnung nicht doch eine Änderung der gesamten Theorie erforderte.

Bei dem Vergessen des Ampèreschen Induktionsexperiments spielt die mangelnde Kommunikation unter den damaligen Wissenschaftlern eine entscheidende Rolle: Faraday las offenbar die französische Veröffentlichung nicht, und die übrige wissenschaftliche Welt war noch nicht so stark an diesem Problem interessiert, wie dies vielleicht 1824, nach der Entdeckung der sogenannten Rotationsmagnetismusphänomene der Fall gewesen wäre (d.h. zum Beispiel der Mitrotation einer Magnetnadel dicht über einer rotierenden Kupferscheibe). Diese Phänomene interpretierte auch erst Faraday einwandfrei als Induktionserscheinungen, obwohl Erklärungsversuche anderer — auf der Grundlage der Ampèreschen Vorstellungen — der endgültigen Erklärung nahe gekommen waren.

Ein interessantes Experiment zu diesem Rotationsmagnetismus, auf das Faraday später ausführlich einging, wurde 1825 mitgeteilt: „Das folgende Experiment stammt von Mr. Sturgeon aus Woolwich. Eine dünne Kupferplatte [Rad], ungefähr 5 oder 6 Zoll Durchmesser [ca. 13—15 cm], wurde sehr fein an einer Achse aufgehängt und dann eine Seite ein wenig beschwert, um periodische Schwingungen zu ermöglichen. Der Schwerpunkt wurde nun auf die gleiche Höhe wie die Achse gehoben und die Anzahl der Schwingungen der Platte bis zur Ruhestellung gezählt. Dasselbe wurde wiederholt, nur mit dem Unterschied, daß die Schwingungen zwischen den Polen eines Hufeisenmagneten stattfanden: Die Anzahl dieser Schwingungen bis zur Ruhestellung war sehr wenig mehr als die Hälfte der Schwingungen aus dem ersten Beispiel. Das ist genau die Umkehrung der Experimente von Herrn Arago, in denen er zeigt, wie Kupfer und andere Metallringe die Schwingungszahl einer Magnetnadel verringern. Wenn statt eines Hufeisenmagneten die zwei gegensätzlichen Pole zweier Stabmagneten benutzt werden, ist die Wirkung die gleiche wie zuvor; doch wenn gleichnamige Pole, d.h. beide als Nordpole oder beide als Südpole, angewendet werden, dann ist die Wirkung kaum bemerkbar. Das ist ein wichtiges Ergebnis, da es zeigt, daß die Wirkung nicht von irgendeiner Art widerstrebendem Medium stammt, wie es im ersten Augenblick angenommen wurde."[4]

Seit Faraday ist die Interpretation klar: Durch die Magnetfelder werden Ströme in der Kupferscheibe induziert, die deren Bewegung hemmen (modern: Wirbelströme). Bis 1831 aber versuchte man die Phänomene als eine Art magnetostatischer Influenz zu erklären, ohne aber die notwendige Bewegung dabei befriedigend erklären zu können. Es ist schwer verständlich, warum Ampère − für den ja jeder Magnetismus, also auch dieser, durch elektrische Ströme erklärt werden mußte − sich hier nicht zur endgültigen Entdeckung der Induktion durchrang. Er hatte offenbar sein Experiment von 1822 vollständig zu den Akten gelegt.

Faraday war − wie erwähnt − ein Gegner der Molekularstromthesen von Ampère. Er war in einem sehr konträren Sinn zu Ampère ausschließlich „Experimentalphysiker" − um so interessanter, daß seine rein phänomenalen Konzepte, vor allem die realen „Kraftlinien" der magnetischen Wirkung, später über die Feldtheorie Maxwells (analog zur Hydrodynamik) doch entscheidende theoretische Bedeutung bekommen sollten. Trotz seiner Gegnerschaft zu Ampère glaubte auch Faraday an eine enge Verwandtschaft zwischen Elektrizität und Magnetismus. Hier hatte ihn die romantisch-naturphilosophische Vorstellung beeinflußt, daß alle Naturprinzipien gleichberechtigt ineinander umwandelbar seien. Für ihn lag deshalb kein bestimmtes Prinzip (etwa die Molekularströme) den anderen zugrunde. Diese romantisch-naturphilosophische Vorstellung führte 1842 J.R. Mayer zum Energieerhaltungssatz! Zugrunde lag bei Faraday und bei Ampère gemeinsam die Vorstellung einer Einheit der Natur und ihrer Zurückführbarkeit auf einfachere Prinzipien.

Erfolglose Versuche zur Induktion kann man nach Faradays Tagebüchern 1824, 1825 und 1828 ausmachen, doch erst 1831 hatte er Erfolg. Warum dauerte dieser Weg so lange? Man kann mehrere Schwierigkeiten erkennen: Zunächst brauchte er empfindliche Meßgeräte, die auch auf kurzzeitige Stromstöße reagierten (eine frei bewegliche Magnetnadel konnte aber ausreichen). Sodann war es nicht vorhersehbar, welche Anordnung besonders wirksam war. Die bisher bekannten Erscheinungen (auch der Rotationsmagnetismus) gaben dazu keine konkreten Hinweise. Und schließlich erwartete auch Faraday Dauerwirkungen, nicht Stromstöße.

Die Entdeckung der Induktion notierte Faraday in seinem Tagebuch unter dem 29.8.1831 (Bild 79): „Experiment über die Erzeugung von Elektrizität aus Magnetismus.

Ich hatte einen Ring aus weichem Rundeisen von $^7/_8$ Zoll Dicke und 6 Zoll äußerem Durchmesser, um dessen eine Hälfte ich viele Windungen Kupferdraht wickelte, die durch Zwirn und Kaliko voneinander isoliert waren. Es waren drei Drahtenden von je etwa 24 Fuß Länge, die zu einem Draht verbunden oder als getrennte Stücke benutzt werden konnten. Versuche mit einer Batterie zeigten, daß jeder Draht vom anderen isoliert war. Ich werde diese Seite des Ringes A nennen. Auf die andere Seite, durch einen Zwischenraum getrennt, wurden zwei Enden Draht, deren Länge zusammen etwa 60 Fuß betrug, im gleichen Sinne wie zuvor gewickelt; diese Seite sei B.

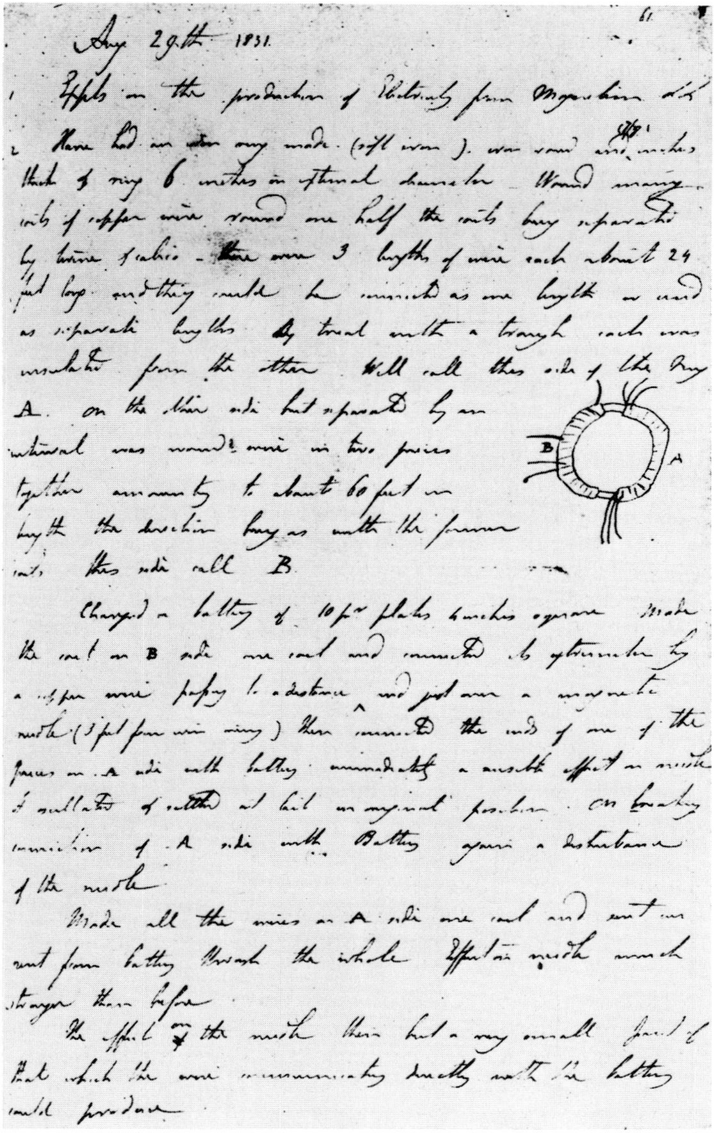

Aug 29th 1831.

1 Expts. on the production of Electricity from Magnetism, &c.

2 Have had an iron ring made (soft iron), iron round and 7/8 inches thick and ring 6 inches in external diameter. Wound many coils of copper wire round one half, the coils being separated by twine & calico – there were 3 lengths of wire each about 24 feet long and they could be connected as one length or used as separate lengths. By trial with a trough each was insulated from the other. Will call this side of the ring A. On the other side but separated by an interval was wound wire in two pieces together amounting to about 60 feet in length, the direction being as with the former coils; this side call B.

Charged a battery of 10 pr. plates 4 inches square. Made the coil on B side one coil and connected its extremities by a copper wire passing to a distance and just over a magnetic needle (3 feet from iron ring). Then connected the ends of one of the pieces on A side with battery. Immediately a sensible effect on needle. It oscillated & settled at last in original position. On breaking connection of A side with Battery again a disturbance of the needle.

Made all the wires on A side one coil and sent current from battery through the whole. Effect on needle much stronger than before.

The effect on the needle then but a very small part of that which the wire communicating directly with the battery could produce.

Bild 79 Das erste erfolgreiche Induktionsexperiment Faradays (aus seinem Tagebuch).

Ich lud eine Batterie von 10 Paar Platten, jede 4 Zoll im Quadrat. Die Windungen auf der B-Seite wurden zu einer Spule zusammengeschlossen und ihre Enden durch einen Kupferdraht verbunden, der über eine 3 Fuß vom Eisenring entfernte Magnetnadel führte. Dann verband ich die Enden eines der Teile der A-Seite mit der Batterie; sofort zeigte sich eine merkliche Wirkung auf die Nadel. Sie oszillierte und kehrte schließlich in ihre ursprünglinge Lage zurück. Beim Trennen der Verbindung der A-Seite von der Batterie wieder eine Beunruhigung der Nadel."[5]

Es induzierte also der Strom in einer Primärspule (A) beim Ein- und Ausschalten Spannungen in der Sekundärspule (B), die bei Schließung des Kreises B hier einen weiteren Strom bewirkten, der mit Hilfe eines einfachen „Galvanometers" beobachtet wurde. Am 17.10.1831 gelang auch der Versuch, einen Stabmagneten in eine Spule hineinzustoßen und wieder herauszuziehen und dabei Stromstöße in der Spule zu registrieren. Veröffentlicht wurde alles 1832.

Es gab dabei auch Versuche, die direkt und eindeutig den Rotationsmagnetismus als Induktionserscheinung entlarvten — darunter den berühmten „Faraday-Generator", der gar nicht als Generator (zur technischen Stromerzeugung) gedacht war, sondern als Nachweis der Existenz von Wirbelströmen in einer zwischen Magnetpolen rotierenden Kupferscheibe (Bild 80). Interessant ist Faradays Beantwortung des Sturgeon-Experimentes. Er verglich eine Kupferscheibe mit einer Eisenscheibe und fand dabei (fast) entgegengesetzte Verhältnisse, wenn sie zwischen unterschiedlich angesetzten Magnetpolen pendelten. Er schloß daraus:

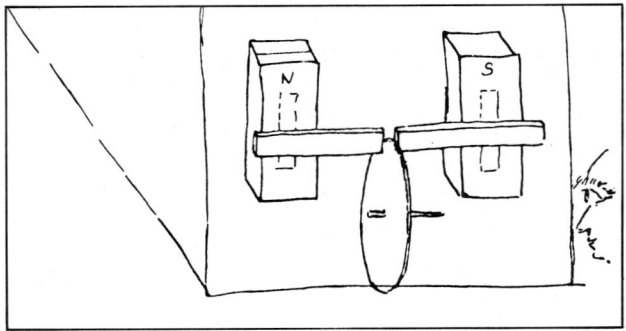

Bild 80 Der „Faraday-Generator". In einer zwischen Magnetpolen rotierenden Kupferscheibe werden Ströme nachgewiesen (aus Faradays Tagebuch).

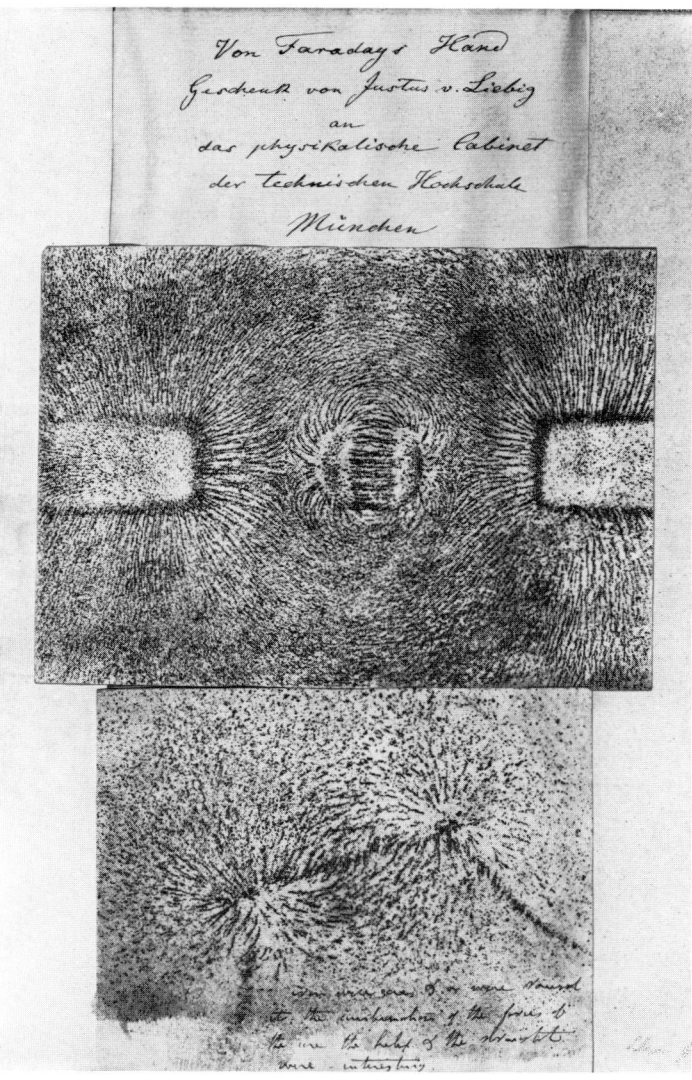

Bild 81 Kraftlinienbild — von Faraday selbst 1850 mit Eisenspänen erzeugt und fixiert. Die Vorstellung von wirklich existenten Kraftlinien bei Faraday beeinflußte Maxwell in seiner Elektrodynamik wesentlich.

„Nichts kann demnach klarer sein, als daß beim Eisen und den anderen Körpern, in denen gewöhnliche magnetische Induktion stattfindet, ungleichnamige Pole an entgegengesetzten Seiten des Scheibenrandes ihre Wirkungen aufheben, während gleichnamige Pole sie erhöhen; auch ein einziger Pol vor dem Rande übt eine Wirkung aus. Beim Kupfer dagegen sowie bei den Substanzen, welche den gewöhnlichen magnetischen Einwirkungen nicht zugänglich sind, heben umgekehrt gleichnamige Pole an entgegengesetzten Seiten der Scheibe ihre Wirkung auf, während ungleichnamige sie verstärken und ein einziger Pol vor dem Rande gar keine Wirkung ausübt.

Nichts kann die gänzliche Unabhängigkeit der von Arago mit Metallen erhaltenen Wirkungen von denen der gewöhnlichen magnetischen Kräfte vollständiger dartun...“[6]

Diese Fast-Umkehrung des Wirbelstromphänomens von Kupfer in Eisen erklärte also Faraday mit dem Unterschied zwischen elektromagnetischer Induktion und magnetostatischer Influenz. In Wirklichkeit entstehen auch in der Eisenscheibe Wirbelströme. Der zusammengesetzte Effekt ist auch heute noch nicht genau untersucht. (Bild 81).

J. Teichmann

Eine Formel weiß mehr – die Balmerformel

Von Heinrich Hertz stammt das Wort, man müsse „bisweilen die Empfindung haben, als wohne den mathematischen Formeln selbständiges Leben und eigener Verstand inne, als seien dieselben klüger als wir, klüger sogar als ihre Erfinder, als gäben sie mehr heraus, als seinerzeit in sie hineingelegt wurde. Es ist dies auch nicht geradezu unmöglich, es kann eintreten, wenn die Formeln richtig sind über das Maß dessen hinaus, was der Erfinder wissen konnte". Kaum ein zweites Beispiel dürfte den Sinn dieser Zeilen eindringlicher und durchsichtiger illustrieren als das folgende.

Das elektrisch in Geißlerröhren hervorgerufene Leuchten von verdünntem Wasserstoff stellt sich im Spektroskop in vier Linien dar, einer roten, grünen, blauen und violetten, von Julius Plücker mit $H\alpha$, $H\beta$, $H\gamma$ und $H\delta$ bezeichnet. Daß zwischen den Wellenlängen bzw. Schwingungszahlen mathematisch ausdrückbare Beziehungen bestehen könnten oder müßten, war anzunehmen.

Die Wellenlängen hatte der schwedische Physiker Anders Jonas Angström (1814–1874) mit einem Beugungsgitter 1868 nach bestem Vermögen bestimmt. Er gab die Wellenlängen in 10^{-10} Metern an, damals insofern praktisch, als jedenfalls die vier Ziffern vor dem Komma sicher waren. Diese Einheit erhielt 1905 den Namen Angström, AE = Angströmeinheit. Der englische Physiker George Johnstone rechnete aber mit Schwingungszahlen und kam 1871 zu dem Befund, daß die ersten drei Linien als der 20., 27. und 32. „Oberton" einer Grundschwingung der Wellenlänge 0,0013127 mm angesehen werden können. Nachahmer spürten im Spektrum des Natriums Obertöne der 132. bis 165. Ordnung auf – sinnlose Rechnerei, aber nicht mehr vernünftige Physik.

Nun gab es in Basel Johann Jakob Balmer (1825–1898), geboren als Sohn eines Oberrichters in Lausen, Kanton Baselland. Nach Studien hauptsächlich mathematischer Disziplinen in Karlsruhe und Berlin promovierte er in Basel und wurde Lehrer an der dortigen Töchterschule. Sein besonderes Interesse galt der Architektur, man konnte ihn viel in alten Kirchen mit Maßstab und Notizblock sehen, der Ergründung von sogenannten Bauschlüsseln nachspürend. Auf dieser Linie lag auch das Thema seiner Habilitationsarbeit: „Des Propheten Ezechiel Gesicht vom Tempel, übersichtlich dargestellt und architektonisch erläutert". Die Arbeit brachte ihm einen Lehrauftrag für Darstellende Geometrie an der Universität, den er mit Hingabe erfüllte.

183

Balmer war eine durch und durch künstlerische Natur, sehr religiös, erfüllt vom Geist von Keplers Mysterium Cosmographicum. An der Universität kam er in enge Bekanntschaft mit dem Physiker Eduard Hagenbach, den er wiederholt besuchte. Da mag einmal die Rede auf die Spektrallinien gekommen sein, auf mögliche Zahlenbeziehungen zwischen den Wellenlängen; Hagenbach muß ja von Balmers Neigungen gewußt haben. Eines Tages, so berichtete Hagenbachs Sohn nach Erzählungen des Vaters, erschien Balmer aufgeregt mit der Behauptung, er habe die Wellenlängen der sichtbaren Linien des Wasserstoffs mit einer Formel darstellen können, durch die sie „mit überraschender Genauigkeit" wiedergegeben werden. In seiner Veröffentlichung im Band 25 der „Annalen der Physik" (1885) schreibt der bereits Sechzigjährige: „Ich wurde dazu durch die Aufmunterung von Hr. Professor Hagenbach ermuthigt."

Hagenbach blieb dabei, sein Anteil habe lediglich darin bestanden, daß er Balmer auf weitere jüngst entdeckte Linien im Ultraviolett hingewiesen habe, und zusammen hätten sie gefunden, daß sich auch diese exakt an die Formel hielten, die lautet:

$$\lambda = h \cdot \frac{m^2}{m^2 - 2^2},$$

λ = Wellenlänge, h = 3645,6 AE, m = 3, 4, 5…

Wie kam Balmer zu diesem Ergebnis? Das Wichtigste war die Erkenntnis, daß die Wellenlängen einen gemeinsamen Faktor 3645,6 haben, von Balmer Wasserstoffzahl h genannt (H = Hydrogenium), während die anderen Faktoren einfache Brüche sind. Vielleicht erinnerte sich der Zahlenmystiker, daß Newton das Sonnenspektrum anhand der Intervalle der diatonischen Tonleiter in sieben Grundfarben einteilte. Die Brüche $4/3$ (Quart) und $9/8$ (Sekunde) könnten Schlüssel gewesen sein. Könnten! Aber statt zu spekulieren, betrachten wir folgende Tabelle:

Hα	=	6562,08	=	3645,6 · $9/5$	$9/5$
Hβ	=	4860,74	=	3645,6 · $4/3$	$16/12$
Hγ	=	4340,1	=	3645,6 · $25/21$	$25/21$
Hδ	=	4101,3	=	3645,6 · $9/8$	$36/32$

Links stehen die verwendeten Wellenlängen in Angström, in der zweiten Spalte die ihnen gleichen Zahlen in der Form h · Bruch. Die Brüche erweiterte Balmer so, daß die Zähler, an sich bereits Quadratzahlen, eine Folge wachsender Quadratzahlen wurden. Dann stellte sich heraus, daß die Nenner (rechte Spalte) durchwegs um 2^2 kleiner als die Zähler wurden. Damit stand die Formel, die Kontrolle ergab Abweichungen, die auch auf Meßfehlern beruhen konnten, erst hinter dem Komma.

Spätere Nachmessungen und Reduzierung der Wellenlängen auf Lichtausbreitung im Vakuum steigerten die Leistungsfähigkeit der Formel ins Unwahrscheinliche, zum Beispiel:

$H\alpha$ = gemessen 6562,79, berechnet 6562,78
$H\delta$ = gemessen 4101,738, berechnet 4101,735

Balmers verblüffender Erfolg führte zwangsläufig dazu, nach Serienformeln auch bei anderen Elementen zu suchen. Allerdings fehlte es an Wellenlängen hinreichender Genauigkeit, und so hob bei den Physikern ein großes Messen an. Wiederum hatte ein Glücksfall dieses Geschäft entscheidend erleichtert. Der amerikanische Physiker Henry Augustus Rowland (1848–1901) hatte 1883 die Konkavgitter erfunden, in Spiegelmetallplatten eingeschliffene Hohlspiegel von etwa 3 m Krümmungsradius, in die er bis 1700 Striche pro Millimeter (!) einzuritzen verstand. Mit diesem Kunstgriff gelang es, den Spalt unter Umgehung von Linsen auf photographische Platten abzubilden und die Linien nach Maßgabe ihrer Wellenlängen aufgrund der Beugung weiter voneinander zu trennen als je zuvor. Der exakten Vermessung der Serien war dies äußerst förderlich. Das Gitter funktionierte als Reflexionsgitter.

Als höchst erfolgreich erwies sich ferner, daß der Mathematiker Carl Runge an der TH Hannover dazu überging, die Serien nicht mehr in Wellenlängen, sondern in reziproken Wellenlängen, d.h. in Wellenzahlen, auszudrücken (1888). Leider müssen wir seine Erfolge hier übergehen.

Bei der Darstellung der linienreichen und komplizierten Spektren der Alkalimetalle hatte der an der schwedischen Universität Lund tätige Astronom und Privatdozent Johannes Robert Rydberg (1854–1919) Erfolg mit der Schreibweise:

$$\tfrac{1}{\lambda} = \nu^+ = N \cdot [1/(n - a)^2 - 1/(m - b)^2],$$

ν^+ = Wellenzahl, N = Konstante, a und b sind von Metall zu Metall wechselnde Zahlen kleiner als 1, n und m ganze Zahlen.

In einer in Göttingen 1903 angefertigten Doktorarbeit, in der es um eine physikalische Begründung der Balmerformel ging, schrieb Walter Ritz dieselbe in Anlehnung an Rydberg in der Form

$$\nu^+ = N(1/n^2 - 1/m^2),$$

wobei $N = 4/h \cdot 10^8$ und h = die Wasserstoffzahl ist. Der Faktor 10^8 bewirkt, daß die Wellenzahlen auf 1 cm bezogen sind, wenn h in Angström gegeben ist. Nachdem es Brauch geworden war, den Angströmschen Wellenlängen diejenigen Rowlands vorzuziehen, wurde $N = 109675 \text{ cm}^{-1}$. Bald darauf ersetzte man Rydberg zu Ehren N durch den Buchstaben R, die berühmte Rydbergkonstante.

Zu Ritzens Schreibweise kommt man am einfachsten durch Stürzen der Balmerformel:

$$1/\lambda = \nu^+ = 1/h \, (1 - n^2/m^2) = n^2/h \, (1/n^2 - 1/m^2),$$

n = 2, m = 3, 4, 5...; für Balmer bestand dazu kein Anlaß, er hatte ja nur mit Wellenlängen zu tun, die allein meßbar sind.

Ein hübscher Zufall, daß Ritz ein Landsmann Balmers war, Sohn des Landschaftsmalers Raphael Ritz von Sitten. Er starb schon 1909 im Alter von erst 31 Jahren an den Folgen einer Lungenentzündung, die er sich auf einer Bergtour in seiner Heimat zugezogen hatte. Zu seiner Formel schrieb der Schweizer: „[Sie] verlangt, daß weitere Serien [des Wasserstoffs] im äußersten Ultrarot bzw. Ultraviolett parallel zu der bekannten verlaufen, ihre Wellenlängen sind durch obige Formel genau zu berechnen." Für die erste Linie der ultraroten Serie (n = 3) liefert sie 18753 AE, für die zweite 12817 AE. Dieser Schluß entsprach der Kühnheit eines Fünfundzwanzigjährigen, denn es hatte ja auch schon Balmer mit seiner Formel Linien für n = 3 und 4 ausgerechnet, nur gibt es sie nicht, weil Balmers h = 3645,6 nur für die Serie mit n = 2 gilt.

Nun hatte Ritz 1908 das für die Spektroskopie höchst ergiebige Kombinationsprinzip gefunden, demzufolge die Summe oder Differenz der Wellenzahlen zweier Linien eines Elements wieder Linien desselben Elements liefern. So ist ν^+ von Hβ = 20554, von Hα = 15233, die Differenz 5331, die zugehörige Wellenlänge 18752 AE, wie oben angegeben. Ritz sah sich in seiner Prophezeiung bestärkt. Letzte Gewißheit konnte aber nur der direkte Nachweis bringen, und ein solcher war nur von einem Ultrarotspezialisten zu erwarten wie etwa Professor Friedrich Paschen an der Universität Tübingen. Dieser konnte seinem Freund aus gemeinsamer Tübinger Zeit melden, er habe starke Linien des Wasserstoffs bei 18751,3 und 12817,5 AE gefunden, quod erat demonstrandum. Zur Paschen-Serie gesellten sich dann noch Linien der Brackett- und der Pfund-Serie für n = 4 und n = 5.

Wie aber steht es mit der Serie mit n = 1, die Ritz als im fernen Ultraviolett gelegen prophezeite? Ihre erste Linie müßte bei 1217,7 AE liegen. Sie wurde endgültig im Jahre 1915 vom amerikanischen Astronomen Theodore Lyman nachgewiesen und gemessen. Wahrscheinlich hatte er selber vergessen, daß er sie schon 1906 gefunden hatte, bei λ = 1216 AE, mit der hohen Intensität 8, als „Linie ungewissen Ursprungs, wahrscheinlich Wasserstoff zugehörig". In Unkenntnis der Ritzschen Arbeit blieb sie aber ein Findelkind.

Die entscheidende Vorarbeit zu ihrer Auffindung leistete ein Außenseiter, der Maschinenbauingenieur und Fabrikbesitzer Viktor Schumann aus Leipzig (1841–1913), Sohn eines Arztes. Wie er dazu kam und was er aus purer Liebhaberei leistete, erfordert einen Ehrenplatz in einer Geschichte des Experiments.

Schumann heiratete seine Jugendliebe, eine Fabrikantentochter. Sie verfiel aber bald einer Krankheit, die sie für den Rest des Lebens, wenn nicht ans

Bett, so doch an einen Krankenstuhl fesselte. Um ihr Dasein nach Möglichkeit aufzuhellen, ließ ihr der Gemahl eine Glasveranda errichten mit allerlei einheimischen und exotischen Pflanzen, und um von der Blütenpracht auch noch später etwas zu haben, kam er auf den Einfall, sie zu photographieren. Dies war damals noch ein Problem, war es doch die Zeit, als man die Platten noch am besten selber herstellte. Der Mißerfolg, daß die Blüten unterschiedslos als schwarze Flecken erschienen, ließ Schumann von einem Amateur zu einem Pionier der Photographie werden. Seine Beiträge zur Entwicklung orthochromatischer Schichten brachten ihm weltweites Ansehen sowie die Ehrenmitgliedschaft der Berliner Photographischen Gesellschaft. Zur Beurteilung der Farbempfindlichkeit seiner Platten beschaffte er sich Spektrographen. Weshalb er sich dann auf die Photographie des Ultraviolett versteifte, ist nicht bekannt. Vielleicht wußte er von den Sorgen der Spektroskopiker, daß sich die Linien von einer bestimmten Grenze an nicht mehr photographieren ließen, obwohl man aufgrund des Fluoreszenzlichtes, das sie an geeigneten Substanzen erregten, von ihrem Dasein wußte.

Mit Ersatz der Glasoptik durch Prismen und Linsen aus Quarz, der kurzwelliges Licht weniger stark absorbiert, kam man zwar weiter, aber auch nur beschränkt. Ein anderer Feind war die Luft, wie der französische Physiker Cornu als erster feststellte. Schumann untersuchte diesen Einfluß genauer, mit dem Ergebnis, daß schon eine Luftschicht von nur 1 mm Dicke Lichtwellen von weniger als 1700 AE total absorbierte, dafür das Streulicht die Platten unerträglich verschleierte.

Einen Ausweg konnte nur ein evakuierbarer Spektrograph bringen, und da es einen solchen noch nicht gab, blieb nur Eigenbau übrig. Ersatz der Quarzoptik durch eine Optik aus Flußspat führte weiter, ließ es aber nicht zu, Wellenlängen kürzer als 1260 AE zu erfassen. Im Jahre 1893 jedoch überraschte Schumann die Fachwelt mit einer Arbeit des Titels: „Über die Photographie der Gitterspektren bis zur Wellenlänge von 1000 AE im luftleeren Raum". Im gleichen Jahr zog sich Schumann ins Privatleben zurück, nachdem ihm Erblindung wegen Überanstrengung der Augen in der Dunkelkammer drohte. Im Jahr darauf ehrte ihn die Universität Halle durch Verleihung des Dr. phil. h.c.

Neben der Absorption durch Luft bewältigte Schumann ein nicht minder gewichtiges Hindernis, die Absorption seitens der Gelatine, in die die lichtempfindlichen Silberbromidkörnchen eingebettet waren. Als erster hatte er gefunden, daß Licht von Wellenlängen unter 2260 AE nur noch bis in ein Zehntel der normalen Schichtdicke von 0,02 mm eindringt. Also galt es, Schichten herzustellen, bei denen die Bromsilberkörner den Strahlen direkt ausgesetzt sind. Erst stellte er Platten mit reiner Gelatine normaler Schichtdicke her. Dann legte er sie auf den Boden einer flachen Schale und übergoß sie mit einer Bromsilberemulsion, die so weit verdünnt war, daß die Körner zu Boden sinken konnten und sich auf der vorher präparierten Gelatineschicht gleichmäßig absetzten. Die von den Körnern befreite Gelatinelösung wurde nun mit einem Heber so vorsichtig entfernt, daß die niedergeschlagene Bromsilberschicht nicht abschwimmen konnte, ebenso vorsichtiges Wässern folgte als letzter Akt. Mit diesen Schichten ermöglichte er die photographische Erfassung der Spektren bis 1 000 AE und noch darunter, das Schumann-Gebiet, wie man bald darauf sagte, war erschlossen.

Im Sterbejahr Schumanns erschien Niels Bohrs Herleitung der Ritz-Formel auf der Basis der Quantentheorie (1913), Anlaß für Lyman, die „prominent line 1216" endgültig nachzuweisen. Da von einer Geißlerröhre auch mit Flußspatfenster die gesuchte Linie nicht zu erhalten war, andererseits Wasserstoff kurzwelliges Licht viel weniger absorbiert als Luft, füllte Lyman einen Vakuumspektrographen mit diesem Gas geringen Drucks (2 mm Hg-Säule). Die Geißlerröhre ersetzte er durch eine vor dem Spalt angebrachte Funkenstrecke. Da es sich um einen Gitterspektrographen handelte, konnten die Wellenlängen exakt bestimmt werden. Das Ergebnis wurde 1916 im „Astrophysical Journal" veröffentlicht. In der Arbeit heißt es: „Prominent in the spectrum of hydrogene is the line at 1216, which forms the first member of a series, predicted, on theoretical grounds, by Ritz. I have also found the two next members near 1026 and 972!" Aber schon in der oben genannten Arbeit von 1906 schrieb Lymann: „It ist impossible to conclude this paper without some tribute to the man whose name will always associate with the region of short wave-lengths, which he discovered, and with the greatest pleasure the author acknowledges the help and inspiration he has received from the friendship of Dr. Victor Schumann."

Schon Balmer hat drauf hingewiesen, daß die Linien seiner Serie sich der Grenze h nähern, da der Bruch mit wachsendem m gegen 1 konvergiert. Ritz betonte, daß bei Schwingungsproblemen der Mechanik (Akustik) und der Elektrodynamik so etwas ausgeschlossen sei, also den Schwingungen eines leuchtenden Atoms ein ganz anderer Vorgang zugrunde liegen mußte (1903). Zehn Jahre später fand Niels Bohr die Lösung. Das Überzeugendste an ihr war, daß sich die Rydbergkonstante als ein Stelldichein entschleierte der Naturkonstanten c = Lichtgeschwindigkeit, der Elektronenladung e und der Elektronenmasse m sowie einer Größe h, die aber nicht mehr die Balmersche Zahl h bedeutet, sondern das Plancksche Wirkungsquantum: $R = 2\pi \cdot m \cdot e^4/c \cdot h^3$. Das Balmersche Wunder in neuem Gewand, das Wechselspiel von Experiment und Theorie auf neuem Gipfel! Bohr wurde 1885, dem Jahr der Balmerformel, geboren!

F. Fraunberger

Die Bestimmung der Lichtgeschwindigkeit

In den „Comptes rendus", Bd. 29 (1849), den Forschungsberichten der Pariser Académie des Sciences, steht auf S. 90: „Sur une expérience relative à la vitesse de la propagation de la lumière, par M.H. Fizeau": „Es ist mir gelungen, die Fortpflanzungsgeschwindigkeit des Lichts genau zu bestimmen mit einer Methode, die, wie mir scheint, ein neues Mittel darstellt, dieses wichtige Phänomen präzise zu studieren." Und der „Secrétaire perpétuel" der Akademie, François Arago, bestätigte, daß es sich tatsächlich „um ein von Fizeau sehr scharfsinnig ausgedachtes Verfahren handelt", denn gelegentlich war zu hören oder zu lesen, es gehe um einen von Arago erdachten Versuch. Armand Hippolyte Louis Fizeau (1819—1896) war einer der Glücklichen, die, im Reichtum geboren, ihr ganzes Leben ihren Neigungen widmen konnten, und diese lagen auf dem Gebiet der Physik.

Ob das Licht zu seiner Ausbreitung Zeit braucht oder sich instantan, das heißt mit unmeßbar großer Geschwindigkeit fortpflanzt, wurde schon im Altertum diskutiert. Es war Paris vorbehalten, daß von dort gleich dreimal Antwort kam, in den Jahren 1675, 1849 und 1850.

Dem französischen Astronomen Jean Picard, Mitbegründer der Akademie und der Pariser Sternwarte, war es gelungen, den dänischen Astronomen Ole Römer (1644—1710) an die Seine zu holen. Römer hatte zusammen mit dem Astronomen Cassini gefunden, daß die Verfinsterung eines der von Galilei 1610 entdeckten Monde des Jupiter beim Eintritt in den von der Sonne geworfenen Schatten von Mal zu Mal später geschah, und dies in jener Zeit des Jahres, in der sich die Erde beim Umlauf um die Sonne vom Jupiter entfernt. Dasselbe galt natürlich auch für das Aufleuchten des Mondes beim Austritt aus dem Schatten. Bleiben wir bei diesem. Römer erklärte die Verspätungen aus der Annahme, daß das Licht zu seiner Fortpflanzung Zeit braucht, das Licht des wieder beleuchteten Mondes in der betrachteten Jahreshälfte von Mal zu Mal einen längeren Weg zurücklegen mußte, bis es die Erde erreichte. In der folgenden Jahreshälfte ist es dann umgekehrt.

Aus den beobachteten Verspätungen berechnete er die Lichtgeschwindigkeit c mit 214300 km pro Sekunde. Diese Zahl beträgt rund zwei Drittel des wahren Wertes, der Fehler ist darauf zurückzuführen, daß der Radius der Erdbahn, der in die Rechnung eingeht, damals noch zu wenig genau bekannt war. Das Ergebnis war eine geistreiche Folgerung aus einer Beobachtung, ein Experiment war es nicht.

Ein Experiment hingegen war, was Galileo Galilei in seinem „Dialogo" beschrieb (1632). Die Frage nämlich: Braucht das Licht Zeit zu seiner Ausbreitung? Der Versuch: Zwei Personen, ausgerüstet mit Laternen, die das Licht nur in einer Richtung austreten ließen, wobei die Austrittsöffnung sich entweder mit einem Schieber oder durch Vorhalten bzw. Wegnehmen einer Hand öffnen und schließen ließ, sollten nachts in möglichst großem Abstand sich so aufstellen, daß jede das Licht der anderen sehen konnte. Beide haben zunächst die Öffnung geschlossen. Wenn der eine Mann das Licht freigab, sollte der andere, sobald er das Licht sah, auch seine Laterne öffnen, und der erste sollte darauf achten, ob, bis er das andere Licht sah, Zeit gebraucht wurde. Natürlich war das Resultat negativ.

Bereits 1660 fand dieses Verfahren bei der Accademia del Cimento in Florenz zur Bestimmung der Schallgeschwindigkeit Anwendung. Die Rolle der Laternen wurde dabei Kanonen übertragen. Die zweite wurde abgefeuert, sobald der Kanonier der zweiten den Knall der ersten hörte. Mit diesem Arrangement hätte sich auch das Galileische Experiment anstellen lassen, man hätte nur auf die Mündungsfeuer bei einem nächtlichen Versuch zu achten brauchen. Hätte sich eine Zeitdifferenz ergeben, so wäre es allerdings die Reaktionsgeschwindigkeit des Kanoniers II gewesen.

Bei dem großen Betrag der Lichtgeschwindigkeit, den Römer feststellte, erforderte eine auf der Erde vorgenommene Bestimmung der Lichtgeschwindigkeit bei einer Laufstrecke des Lichts von angenommen 10 km die Zeitmessung einer Dreißigtausendstelsekunde. Fizeau schaffte es 175 Jahre nach Römer als erster, im Jahr darauf auch Léon Foucault. Ort der Handlung: beide Male Paris.

Fizeaus Experiment: Licht wird auf den Weg geschickt, den zweiten Mann im Versuch Galileis vertritt ein Spiegel, der es jedoch fertigbringen muß, das Licht auf Millimeter genau an die Stelle seines Ausgangs zurückzubringen, und dies über mehrere Kilometer hinweg. Zur genauen Messung der Laufstrecke kommt die Messung der Laufzeit. Wir betrachten die Versuchsanordnung in mehreren Schritten (Bild 82b, c): Erstens: Die Flamme einer lichtstarken Lampe wird mit Hilfe einer Linse L_1 und eines halbdurchlässigen Spiegels S im Brennpunkt einer Linse L_2 abgebildet, die zugleich Frontlinse (Objektiv) eines Fernrohrs ist. Das Licht verläßt dann das Fernrohr als Bündel paralleler Strahlen und unterliegt so nicht der Schwächung nach dem Quadrat des zunehmenden Abstands wie bei Galilei. So wird es möglich, große Laufstrecken anzuwenden. Zweitens: Ein rotierendes Zahnrad Z, dessen Zähne und Lücken durch den Bildort bzw. Brennpunkt B laufen, zerhackt das von der Lampe kommende Licht in aufeinanderfolgende Gruppen oder Lichtzüge. Ein Spiegel in möglichst großer Entfernung soll diese Gruppen wieder an den Punkt B dirigieren. Bei stillstehendem Rad und einer Lücke bei B

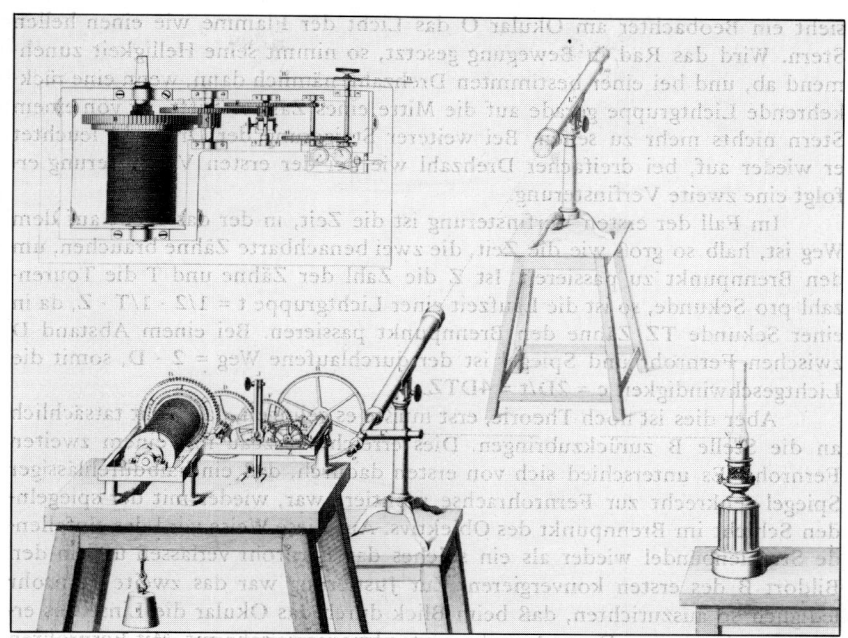

Bild 82a) Die Apparatur von Fizeau (1849)

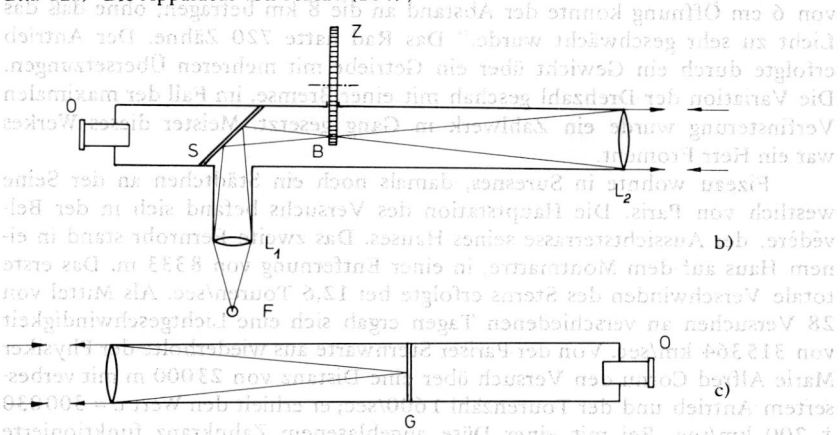

Bild 82b) Das Fernrohr, durch das der Kranz eines Zahnrads lief, besaß zur Rohrachse geneigten halbversilberten Spiegel.

Bild 82c) Das andere Fernrohr auf dem Montmartre hatte ebenfalls einen halbdurchlässigen Spiegel, aber senkrecht zur Achse. Vom Strahlengang zwischen Spiegeln und Okularen wurde abgesehen.

sieht ein Beobachter am Okular O das Licht der Flamme wie einen hellen Stern. Wird das Rad in Bewegung gesetzt, so nimmt seine Helligkeit zunehmend ab, und bei einer bestimmten Drehzahl, nämlich dann, wenn eine rückkehrende Lichtgruppe gerade auf die Mitte eines Zahnes trifft, ist von einem Stern nichts mehr zu sehen. Bei weiterer Steigerung der Drehzahl leuchtet er wieder auf, bei dreifacher Drehzahl wie bei der ersten Verfinsterung erfolgt eine zweite Verfinsterung.

Im Fall der ersten Verfinsterung ist die Zeit, in der das Licht auf dem Weg ist, halb so groß wie die Zeit, die zwei benachbarte Zähne brauchen, um den Brennpunkt zu passieren. Ist Z die Zahl der Zähne und T die Tourenzahl pro Sekunde, so ist die Laufzeit einer Lichtgruppe $t = 1/2 \cdot 1/T \cdot Z$, da in einer Sekunde TZ Zähne den Brennpunkt passieren. Bei einem Abstand D zwischen Fernrohr und Spiegel ist der durchlaufene Weg $= 2 \cdot D$, somit die Lichtgeschwindigkeit $c = 2D/t = 4DTZ$.

Aber dies ist noch Theorie, erst mußte es gelingen, das Licht tatsächlich an die Stelle B zurückzubringen. Dies erreichte Fizeau mit einem zweiten Fernrohr. Es unterschied sich von ersten dadurch, daß ein halbdurchlässiger Spiegel senkrecht zur Fernrohrachse montiert war, wieder mit der spiegelnden Schicht im Brennpunkt des Objektivs. Auf diese Weise wird das einfallende Strahlenbündel wieder als ein solches das Fernrohr verlassen und in den Bildort B des ersten konvergieren. Zur Justierung war das zweite Fernrohr lediglich so auszurichten, daß beim Blick durch das Okular die Linse des ersten zu sehen war. „Diese Anordnung funktionierte sehr gut. Mit Fernrohren von 6 cm Öffnung konnte der Abstand an die 8 km betragen, ohne daß das Licht zu sehr geschwächt wurde." Das Rad hatte 720 Zähne. Der Antrieb erfolgte durch ein Gewicht über ein Getriebe mit mehreren Übersetzungen. Die Variation der Drehzahl geschah mit einer Bremse, im Fall der maximalen Verfinsterung wurde ein Zählwerk in Gang gesetzt. Meister dieses Werkes war ein Herr Froment.

Fizeau wohnte in Suresnes, damals noch ein Städtchen an der Seine westlich von Paris. Die Hauptstation des Versuchs befand sich in der Belvédère, der Aussichtsterrasse seines Hauses. Das zweite Fernrohr stand in einem Haus auf dem Montmartre, in einer Entfernung von 8 333 m. Das erste totale Verschwinden des Sterns erfolgte bei 12,6 Touren/sec. Als Mittel von 28 Versuchen an verschiedenen Tagen ergab sich eine Lichtgeschwindigkeit von 315 364 km/sec. Von der Pariser Sternwarte aus wiederholte der Physiker Marie Alfred Cornu den Versuch über eine Distanz von 23 000 m mit verbessertem Antrieb und der Tourenzahl 1 600/sec; er erhielt den Wert $c = 300 030 \pm 200$ km/sec. Bei mit einer Düse angeblasenem Zahnkranz funktionierte das Rad als Lochsirene, deren Tonhöhe die Tourenzahl lieferte (1874).

Mittlerweile hatte James Clerk Maxwell die Natur des Lichts als elektromagnetische Wellen erkannt. Die Bedeutung der Lichtgeschwindigkeit als eine Fundamentalgröße des physikalischen Weltbildes regte zu immer neuen

Messungen mit immer neuen Methoden an. Mit sogenannten Kerrzellen, betrieben mit hochfrequenten Wechselfeldern bekannter Frequenzen, konnte das Zahnrad ersetzt werden, so daß mit Lichtstrecken innerhalb eines Laboratoriums auszukommen war. 23 Neubestimmungen mit verschiedenen Methoden in den Jahren 1906 bis 1950 lieferten Werte, die alle innerhalb der Grenzen 299 700 und 299 800 km/sec lagen. Bezogen auf luftleeren Raum, wurde ein Mittelwert von c = 299 793 ± 3 km/sec errechnet (E. Bergstrand). Das ist Meßkunst! Und als neuester Wert, erhalten mit Laserstrahlen (1974), gilt c = 299 792,458 km/sec!

F. Fraunberger

Unter den Erscheinungsformen der Materie ist der luftartige Zustand dadurch ausgezeichnet, daß eine vorgegebene Menge (Gewicht, Masse) einen zur Verfügung stehenden Raum vollständig und gleichmäßig ausfüllt und auf die Wände des Behälters einen Druck ausübt. Nachdem weitere Substanzen als Luft mit diesen Eigenschaften bekannt geworden waren, zuerst die bei der Gärung entstehende Kohlensäure, führte der holländische Arzt und Alchemist Johann Baptist van Helmont das Wort Gas ein, das aber erst Anfang des 18. Jahrhunderts Anklang fand. Das starke Ausdehungsbestreben der Gase wurde von einigen Physikern, darunter Newton und Laplace, auf zwischen den kleinsten Teilen bestehende Abstoßungskräfte zurückzuführen versucht.

Der Schweizer Dr. med. Daniel Bernoulli (1700—1782), eine Zeitlang Professor der höheren Mathematik in Petersburg, von 1733—1750 Professor der Medizin in seiner Heimatstadt Basel und ab 1750 Professor für Physik, dachte sich ein Gas als einen Schwarm von „kleinsten Körperchen, die in rapider Bewegung hin und her gejagt werden" und durch ihre ständigen Stöße auf die Wände des Gefäßes den Druck erzeugen. Er berechnete die Zunahme des Drucks bei Verkleinerung des Volumens, wobei er sogar das Eigenvolumen der kugelförmig angenommenen Partikel berücksichtigte, und erhielt für den Grenzfall punktförmiger Moleküle das 1660 von Robert Boyle entdeckte Gesetz: Druck · Volumen = konstant, vorausgesetzt, die Temperatur bleibt konstant.

„Indessen kann die Elastizität (d.h. der Druck) der Luft nicht nur durch Verdichtung erhöht werden, sondern durch Steigerung der Wärme, weil ja feststeht, daß sich die Wärme allenthalben durch wachsende Bewegung der Partikel steigert... Es ist sogar nicht schwierig zu erkennen, daß der Druck dem Quadrat eben dieser Geschwindigkeit folgen wird, und zwar deshalb, weil durch die erhöhte Geschwindigkeit einmal die Zahl der Stöße und dann auch deren Intensität auf gleiche Weise wächst." (D. Bernoulli, Hydrodynamica. Straßburg 1738, X. Abschnitt.)

Wunderlicherweise wurde diese Erkenntnis kaum beachtet und geriet in Vergessenheit. Erst gut hundert Jahre später fand sie eine Neuauflage. Den Anstoß gab einerseits die Technik, aus dem Bedürfnis heraus, die Dampfmaschine besser zu verstehen und zu beherrschen, andererseits die Entdeckung des Energiebegriffs und die Erkenntnis der Wärme als eine Form der Energie. Den Reigen der einschlägigen Arbeiten eröffneten der Berliner Realschullehrer August Carl Krönig mit der Abhandlung „Grundzüge einer Theorie der Gase" (1856) und der Physiker Rudolf Julius Emmanuel Clausius, damals Professor an der Eidgenössischen Polytechnischen Schule in Zürich, Entdecker der Entropie, mit der Arbeit „Über die Bewegung, die wir Wärme nennen" (1857). Diese Autoren machten die Wärmelehre zu einem Sondergebiet der Mechanik. Die weitere Entwicklung ist durch die großen Namen James Clerk Maxwell und Ludwig Boltzmann angezeigt, der eine ein Schotte, der andere ein Österreicher. Daneben hat noch einmal ein Realschullehrer, ebenfalls Bürger der Donaumonarchie, einen überragenden Beitrag geliefert, Joseph Loschmidt, dem es gelungen war, die in einem Kubikzentimeter Luft enthaltene Anzahl der Moleküle wenigstens abzuschätzen (1865). In unserer Zeit werden schon die Kinder in der Grundschule mit den Begriffen Atom und Molekül vertraut gemacht; sie hören, daß Atomgewicht und Molekulargewicht Vergleichszahlen sind, wenn dem Sauerstoffatom die Zahl 16 zugeordnet wird, daß aber auch von Grammolekülen oder Molen die Rede ist, worunter jeweils eine Masse von so vielen Grammen einer Verbindung zu verstehen ist, wie das Molekulargewicht angibt. Bei chemischen Grundstoffen aus nur einer Atomsorte spricht man von Grammatom.

Die in einem Grammatom oder Grammolekül enthaltene Anzahl von Atomen oder Molekülen ist immer dieselbe und heißt im deutschsprachigen Schrifttum Loschmidtzahl. In den romanischen und angelsächsischen Ländern heißt sie Avogadrozahl, obwohl der Italiener Graf Avogadro mit der Bestimmung dieser Zahl überhaupt nichts zu tun hatte. Er sprach lediglich 1811 den Satz aus: „Gleiche Volumina von verschiedenen Gasen beinhalten bei gleichem Druck und gleicher Temperatur die gleiche Anzahl von Molekülen." Das Wort Molekül hat er wahrscheinlich von de Hauy übernommen.

In seiner denkwürdigen Arbeit „Betrachtungen über die bewegende Kraft des Feuers" (1824) dachte der französische Ingenieur Sadi Carnot an die Bewegung von Kolben und Schwungrädern von Dampfmaschinen, Clausius an die Bewegung der Moleküle in Gasen, daher der Terminus „kinetische Gastheorie".

Man betrachtete anfänglich die Atome und Moleküle als harte Kügelchen mit eigenen Radien r und Massen von zunächst einheitlicher Geschwindigkeit und unter Ignorierung gegenseitiger Kräfte. Die Zahl N der nicht in einem Mol, sondern in einem Kubikzentimeter enthaltenen Partikel, die Teilchendichte, variiert natürlich mit Druck und Temperatur, als Normalbedingung galt der Druck von 1 Atmosphäre (= 76,0 cm Quecksilbersäule) und die Temperatur $T = 273$ K $= 0$ °C. Es war gelungen, Formeln zu entwickeln für den Druck, die Anzahl der Zusammenstöße eines Moleküls mit anderen pro Sekunde und für die freie Weglänge, die ein Molekül zwischen zwei Zusammenstößen zurücklegen kann, natürlich alles Mittelwerte. Außerdem konnte Maxwell die meßbare innere Reibung der Gase, wie sie sich u.a. beim Durchströmen von Kapillarröhren bemerkbar macht, auf N, r und die freie Weglänge zurückführen. Aber r und N waren reine Rechengrößen, wenngleich sich das Boyle-Mariottesche Gesetz ergab oder etwas so Überraschendes wie die Tatsache, daß die innere Reibung anders als bei Flüssigkeiten mit der Temperatur zunehmen sollte. Maxwell ließ es sich nicht nehmen, sich durch eigenhändige Experimente von dieser Folgerung zu überzeugen.

Die Fülle des Gehalts der Formeln war erst erreicht, wenn über die Zahl N und die Radien r wenigstens Näherungswerte bekannt waren. Loschmidt konnte durch Kombination der Formel für Druck, für freie Weglänge und die innere Reibung einen Ausdruck finden, der außer bekannten Daten nur noch N und r enthielt. Falls noch über r eine Aussage möglich war, konnte N ausgerechnet werden.

Nun überlegte Loschmidt, daß bei Gasen, die verflüssigt werden konnten, in der erhaltenen Flüssigkeit die Moleküle so dicht aneinander liegen, wie es ihre Radien zulassen. Er dachte sich die Moleküle vom Radius r ersetzt durch Würfelchen der Kantenlänge 2r, also vom Volumen $(2r)^3$ oder $8\,r^3$, und setzte das Volumen von N Molekülen des Gases nach seiner Verflüssigung an zu $V = N \cdot 8r^3$. Luft konnte man zu seiner Zeit noch nicht verflüssigen, aber in Anlehnung an bekannte Fälle nahm er an, ein ccm Luft liefere $1/1000$ cm^3 Flüssigkeit. Damit erhielt er mit bekannten Werten der Luftdichte bei Normalbedingungen und dem Koeffizienten 0,00017 der inneren Reibung $r = 3 \cdot 10^{-8}$ cm und $N = 2{,}5 \cdot 10^{18}$ gegenüber $2{,}68 \cdot 10^{19}$, wie heute bekannt. Loschmidt war sich natürlich klar, daß dies nur eine Schätzung sein konnte, aber an der Größenordnung ließen seine Überlegungen keinen Zweifel, und daß in einem ccm Luft sich 2−3 Millionen Billionen Moleküle tummeln sollen, ging über jede Vorstellung und Erwartung hinaus.

Joseph Loschmidt (1821−1895) wurde in sehr ärmlichen Verhältnissen in einem kleinen Ort nahe Karlsbad (Böhmen) geboren, ein so gescheiter und aufgeweckter Bub, daß sich der Ortspfarrer seiner annahm, wohl in der Hoffnung, es könnte einmal ein Priester aus seinem Schützling werden. Er konnte ihn in eine Vorbereitungsschule in Prag und dann in ein Gymnasium vermitteln. Auf der Universität zog es den Studiosus aber zur Philosophie und den Naturwissenschaften, womit es mit der Förderung zu Ende war. Stundengeben und andere Dienstleistungen traten an ihre Stelle. Nach einem Wechsel an die Universität der Kaiserstadt war alles noch schwieriger geworden, er mußte sein Chemiestudium wenigstens vorläufig unterbrechen, um mit Arbeit in chemischen Fabriken neue Mittel zu verdienen. Mit Erspartem versuchte er eine Rückkehr an die Universität, es blieb ihm aber nichts übrig, als endgültig aufzugeben. Durch Vermittlung eines Förderers mit Beziehungen zum Ministerium bekam er eine Stelle an der Unterrealschule in Wien-Leopoldstadt. Seine dienstlichen Obliegenheiten ließen ihm hinreichend

Zeit, Gastheorie zu treiben, mit dem geschilderten Erfolg (1865). Dieser brachte ihm die Mitgliedschaft der Wiener Akademie der Wissenschaften (1867) und im Jahr darauf die Ernennung zum Professor für Physik an der Wiener Universität — Loschmidts Erfolg war ein Ergebnis am Schreibtisch, was er an experimentellen Daten brauchte, entnahm er der Literatur.

Wie aber durch Anwendung der Theorie und durch Zählen an die Loschmidtsche Zahl heranzukommen ist, dieses Kabinettstück der Experimentierkunst vollbrachte der Franzose Jean Baptiste Perrin (1870–1942), Professor für Physikalische Chemie in Paris. Er wurde in Lille geboren und starb in New York, wohin er nach der Niederlage Frankreichs im letzten Krieg emigrierte. Worüber nun zu berichten ist, brachte ihm 1926 den Nobelpreis. Zu den wichtigsten Ergebnissen der Gastheorie gehört, daß in einem Gas oder Gasgemisch wie der Luft jedes Molekül sich mit derselben kinetischen Energie bewegt, diese infolge der ständigen Zusammenstöße als Mittelwert verstanden. Diese mittlere Energie $(m/2)v^2 = E$ hängt allein von der Temperatur T ab, nach der fundamentalen Beziehung $E = (3/2) \cdot k\,T$; k ist eine universelle Naturkonstante, von Max Planck Boltzmann-Konstante genannt, ihr Zahlenwert hängt natürlich vom Maßsystem ab. Diese Beziehung definiert die Temperatur als Maß der mittleren kinetischen Energie der Gasteilchen, und der Nullpunkt der absoluten Temperatur bekommt den Sinn, daß bei T = 0 alle Moleküle in Ruhe sind.

Noch eine andere Konstante beherrscht die Gastheorie, die allgemeine Gaskonstante R, für die gilt: $R = p_0 V_0 / T_0$, wobei V_0 = Molvolumen bei Normalbedingungen = 22400 ccm ist. Zwischen den Größen k, R und der Loschmidtschen Zahl L besteht der Zusammenhang $k = R/L$.

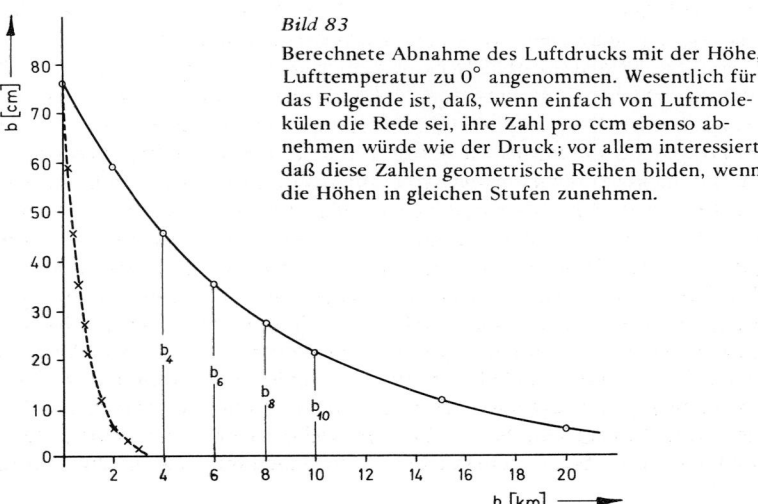

Bild 83

Berechnete Abnahme des Luftdrucks mit der Höhe, Lufttemperatur zu 0° angenommen. Wesentlich für das Folgende ist, daß, wenn einfach von Luftmolekülen die Rede sei, ihre Zahl pro ccm ebenso abnehmen würde wie der Druck; vor allem interessiert, daß diese Zahlen geometrische Reihen bilden, wenn die Höhen in gleichen Stufen zunehmen.

Die Temperaturbewegung der Moleküle ist auch der Grund, daß die Moleküle der Luft nicht am Boden liegen, wie es ihr Gewicht erfordern würde, sondern zur Lufthülle aufgetrieben sind, mit nach oben ständig anehmender Dichte. So würde ein mit einem Barometer ausgerüsteter Ballonfahrer eine Abnahme des Luftdrucks mit der Höhe feststellen, wie sie Diagramm Bild 83 zeigt unter der Annahme, daß der Druck am Boden 76,0 cm Quecksilbersäule beträgt und die Temperatur durchgehend 0 °C = 273 K sei. Nach demselben Gesetz nimmt auch die dem Druck proportionale Dichte gr/cm^3 ab und damit wiederum die Zahl der Moleküle pro cm^3, die Teilchendichte n. Das Wort Dichte wird in zweierlei Sinn gebraucht.

Die Barometerformel lautet im atomistischen Bild:

$$n = n_0 e^{\frac{m \cdot g \cdot h}{k \cdot T}},$$

n_0 = die Teilchendichte am Boden, n = diejenige in der Höhe h, mg = das Gewicht eines Moleküls (Masse · Fallbeschleunigung), k = Boltzmann-Konstante, T = absolute Temperatur, e = sogenannte Eulersche Zahl.

Man entnimmt der Kurve, daß in 5,4 km Höhe der Druck bzw. die Teilchendichte nur noch halb so groß ist wie am Boden, weshalb diese Höhe die Halbwerthöhe heißt. Wäre die Molekülmasse oder das Molekülgewicht zehnmal größer, so wäre die Halbwerthöhe zehnmal kleiner. Kurven vom Typ $y = e^{-x}$ haben die Eigenschaft, daß die Ordinaten bei gleichen Schritten längs der x-Achse eine geometrische Reihe bilden, d.h. daß $b_6 : b_4 = b_8 : b_6 \ldots$ ist. Diese Bemerkung wird bald von Nutzen sein!

Könnte man n_0 und n, die Teilchendichten, durch Zählen ermitteln und wäre die Masse der Luftmoleküle bekannt, so könnte man k ausrechnen und hätte dann aus L = R/k die Loschmidtsche Zahl. Dies scheitert aber schon daran, daß man die Luftmoleküle nicht sieht. Perrin hatte nun die geniale Idee, eine Mikroatmosphäre herzustellen in Form einer Suspension von kleinsten noch sichtbaren und damit zählbaren Partikelchen in Wasser.

Vorausgesetzt, die kinetische Energie der Wassermolekeln beträgt wie bei Gasen E = $^3/_2$ kT und das Gleichverteilungsgesetz gilt auch für die milliardenmal schwereren Partikel, dann müßte ihre Häufigkeit mit zunehmendem Abstand vom Gefäßboden nach der Barometerformel abnehmen, wenn sie den vorliegenden Verhältnissen angepaßt wird, d.h. vor allem, wenn mg nicht mehr das Gewicht eines Luftmoleküls, sondern das Gewicht eines Teilchens der Suspension bedeutet. Man müßte die Teilchen in verschiedenen Schichten über dem Gefäßboden zählen. Natürlich müßten die Teilchen gleiche Masse haben oder vielmehr gleiches Volumen, denn in der Formel wäre das um den Auftrieb verminderte Gewicht der Partikel einzusetzen, als $V(d_1 - d_2)$ g (V = Teilchenvolumen, d_1 und d_2 = Dichte des Teilchenmaterials und des Wassers). V kann man aber nur angeben, wenn die Teilchen Kugelform haben.

198

Perrin arbeitete mit Teilchen vom Radius r = 0,2 μ bis 1 μ (1 μ = 1/1000 mm). Sie führten zu einer Mikroatmosphäre mit einer Halbwerthöhe von rund 6 μ! Wie kommt man aber zu so winzigen Kügelchen von gleicher Größe? Hören wir Perrin selber:

„Die bisherigen Beobachtungen enthielten nichts über die Verteilung des Gleichgewichts der Teilchen einer Emulsion. Man wußte nur, daß sich die obersten Partien einer großen Anzahl von kolloiden Lösungen aufhellen, wenn man sie mehrere Wochen oder Monate ruhig stehen läßt.

Ich habe an diesen kolloiden Lösungen (Arsensulfid, Eisenhydroxyd, Kollargol usw.) mehrere erfolglose Versuche gemacht. Dagegen es ist mir nach einigem Herumsuchen gelungen, an Gummiguttemulsionen, dann (mit Hilfe von M. Dabrowski) an Emulsionen von Mastix, Messungen vorzunehmen.

Das Gummigutt, das als Wasserfarbe Verwendung findet, stammt von dem indochinesischen Gummibaum Garcinia morella. Ein Stückchen dieser Substanz löst sich, mit der Hand mit wenig Wasser verrieben (wie man z.B. verfährt, um mit einem Stück Seife Seifenwasser zu machen), nach und nach auf und gibt eine schöne undurchsichtige Emulsion von lebhaft gelber Farbe, in der man mittels des Mikroskops eine Unzahl gelber, verschieden großer Körner von vollkommener Kugelgestalt entdeckt. Man kann diese gelben Teilchen von der Flüssigkeit, in der sie schweben, durch kräftiges Zentrifugieren (in der Art, wie man die roten Blutkörperchen vom Serum scheidet) trennen. Sie sammeln sich am Boden der zentrifugierten Eprouvette und bilden einen dichten gelben Schlamm, von dem man die darüberstehende trübe Flüssigkeit abgießt. Dieser gelbe Brei liefert nach abermaliger Zerteilung in destilliertem Wasser die Ausgangsemulsion für die zu den Messungen bestimmten gleichförmigen Emulsionen."

Beim Zentrifugieren kommen am Boden des Proberöhrchens zuerst die größten Teilchen an, im Wasser bleiben die kleineren und kleinsten. Wird dieses erneut durch destilliertes Wasser ersetzt, die Suspension wieder aufgeschüttelt und wieder zentrifugiert, so wird der Bodensatz immer einheitlicher. Noch enger ließen sich Fraktionen eingrenzen, als auch noch die Zentrifugierzeiten verkürzt wurden, „das ist nur eine Frage der Geduld und der Zeit". Hat sich eine Suspension in einem beiderseitig verschlossenen Glasrohr gesetzt und kehrt man es um, so sinkt der Bodensatz als eine Wolke wieder zu Boden. Aus der Sinkgeschwindigkeit kann man nach einer von Stokes gelieferten Formel den Radius der Teilchen berechnen.

Ein Teil einer Fraktion wurde zwecks Bestimmung der Dichte über hundert Grad erhitzt. Die Teilchen verschmolzen zu einem harzartigen Tröpfchen, und dessen Dichte wurde nach der sogenannten Schwebemethode bestimmt. Nun zum Hauptteil, der Zählung der Teilchen. Diese konnte natürlich nur mit einem Mikroskop erfolgen; es mußte eine sehr starke Vergrößerung haben, was automatisch bewirkte, daß nur Teilchen innerhalb einer Schicht von 1 μ Dicke scharf zu sehen waren (Bild 84a). Durch Heben oder

199

Senken des Tubus um am Trieb ablesbare Beträge war die jeweilige Schicht-
höhe oder der Schichtabstand bekannt. Die Meßkammer bestand aus einem
der üblichen Objektträger, aus einer aufgekitteten durchbohrten Glasplatte von
1/10 mm Dicke und einem Deckgläschen. In den so gebildeten Hohlraum kam
ein Tropfen der Suspension. Zwischen Objektiv und Deckgläschen befand sich

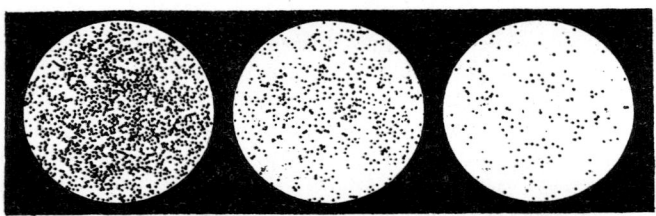

a)

Bild 84a) Die Tiefenschärfe des Mikroskops war derart, daß praktisch
nur die Kügelchen in einer Schicht der Dicke eines Teilchendurch-
messers gezählt wurden. Abnahme der Teilchenzahl mit der Höhe der
Schicht über dem Kammerboden.

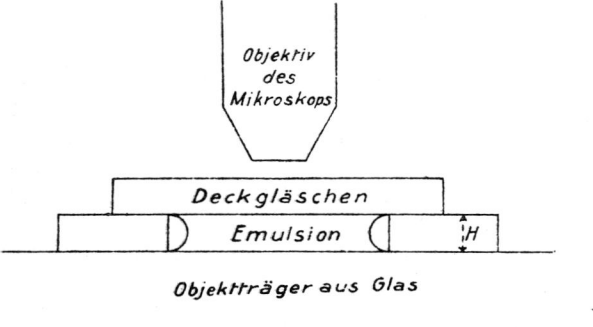

b)

Bild 84b)
Schnitt durch die einen Tropfen der Suspension auf-
nehmende Kammer zur Zählung der Kügelchen.

eine Schicht von Blattgold mit einem mit einer dünnen Nadel gestochenen
Löchlein. Die Vorrichtung diente dazu, das Gesichtsfeld so weit einzuengen,
daß höchstens 200 Teilchen zu zählen waren. Außer der direkten Zählung
wurden auch photographische Aufnahmen gemacht. Da wegen der Molekül-
bewegung (Brown'sche Bewegung) während einer Zählung auch Teilchen
auswanderten oder in die Schicht einwanderten, wurden gewöhnlich 50 Zäh-

lungen aneinandergereiht, um zu brauchbaren Mittelwerten zu kommen. Die Suspensionen mußten so verdünnt sein, daß sich die Teilchen am Boden ohne gegenseitige Behinderung absetzen konnten, ihn also nicht geschlossen bedeckten.

Es wurde bei der Besprechung der Barometerkurve schon erwähnt, daß das Kriterium einer barometrischen Abnahme der Teilchenzahl mit der Höhe darin besteht, daß die Teilchenzahlen in aufeinanderfolgenden Niveaus gleichen Abstands eine geometrische Reihe bilden müssen. Als eines der Beispiele führt Perrin an, daß, angefangen bei 5μ über dem Meßkammerboden und folgend in Abständen von 25μ, die gefundenen Teilchenzahlen sich verhielten wie 200, 170, 146, 116, 100 in verblüffender Übereinstimmung mit der Zahlenreihe 201, 169, 142, 119, 100 einer geometrischen Reihe (Quotient 0,83). Der Teilchenradius war $0,14\mu$.

Ein anderes Beispiel: $r = 0,212\mu$. Die Teilchenzahlen verhielten sich wie 100, 47, 22, 6, 12. Exakt wäre 100, 48, 23, 11, 1 — eine geometrische Reihe.

Es liegen also tatsächlich barometrische Höhenabnahmen vor, nur daß die Halbwerthöhe in der Lufthülle 5,4 km beträgt, im ersten Beispiel nur 100μ ($^1/_{10}$ mm). Bei Teilchen von 1μ Durchmesser fand Perrin 10μ Halbwerthöhe. Die Anwendung der Barometerformel auf die Kügelchen lautet:

$$n = n_0 \cdot e^{-\dfrac{V(d_1 - d_2) \cdot g \cdot h}{k \cdot T}},$$

n_0 = Teilchenzahl am Kammerboden, h = Höhe über demselben, V = Teilchenvolumen, d_1 und d_2 = Dichte der Teilchen und des Wassers. Setzt man die Teilchenzahlen für zwei verschiedene Höhen ein und bildet den Quotienten der beiden Ausdrücke, so kürzt sich n_0 weg. Es ist dann nur noch Rechenarbeit, nach k aufzulösen und aus L = R/k (R = Gaskonstante) die gesuchte Loschmidtsche Zahl L auszurechnen. Abweichend von Perrin, der vom osmotischen Druck der Teilchen ausging, haben wir von Anfang an die Barometerformel zugrundegelegt.

Als Ergebnis von 5 Meßreihen mit Teilchen unterschiedlicher Größe erhielt Perrin die Loschmidtsche Zahl als $L = 6,9 \cdot 10^{23}$. Zu seiner Zeit gab es schon andere Verfahren zu ihrer Bestimmung, die alle schon näher am heutigen Wert von 6,02... lagen. Eine Wiederholung des Perrinschen Experiments durch Westgren und Fürth (1918) an in Wasser elektrisch zerstäubtem Gold und Selen (Gold- und Selensolen) brachte beispielsweise statt 6,9 die Zahlen 6,05 und 6,09. Die zuverlässigste Methode zur Bestimmung der Loschmidtzahl beruht auf der Messung von Atomabständen in Kristallen mittels Röntgenstrahlen. Im März 1977 kam aus den USA der Wert $L = 6,0220941 \cdot 10^{23}$. Was würde da Loschmidt sagen?

Der eigentliche Wert der Untersuchungen lag darin, daß Perrins L sich überhaupt der Schar der schon bekannten Werte einordnete, daß die Vorstellungen und mathematischen Beziehungen, die dem Versuch zugrunde lagen, richtig sein mußten. Diese waren

1) die Anerkennung der atomistischen Struktur der Materie,
2) die Anwendung der Barometerformel im atomistischen Gewand auf das System Wasser-Festkörperteilchen,
3) die ihr zugrunde liegende Annahme, daß das Gleichverteilungsgesetz der kinetischen Energie selbst zwischen Teilchen gilt, deren Massen sich um das Milliardenfache unterscheiden,
4) die experimentelle Bewältigung der Voraussetzung zur Anwendung der Barometerformel, d.h. die Herstellung gleich großer kugeliger Teilchen und die Bestimmung ihrer Größe.

Eine heute fast vergessene Glanzleistung! Wilhelm Ostwald, einer der Begründer der Physikalischen Chemie und bis dahin erklärter Gegner der atomistischen Weltsicht, bekannte, Perrin habe ihn endgültig bekehrt.

F. Fraunberger

202

Kathodenstrahlen und Elektron

Elektrische Lichterscheinungen in ausgepumpten Glasgefäßen waren schon sehr lange bekannt. So untersuchte Francis Hauksbee kurz nach 1700 dieses Licht, das im luftverdünnten Inneren einer rotierenden Glaskugel auftrat, wenn man die Hand dagegen hielt. Hier waren also Hochspannungsquellen (die spätere Elektrisiermaschine) und Vakuumröhre noch in einem Gerät vereint. Wir sind in der grauen Vorzeit der Gasentladungsforschung.

Erst als im Jahre 1855 der Mechaniker Heinrich Geißler mit einer Quecksilberluftpumpe breiteres Aufsehen erregte — vor allem durch die Leuchterscheinungen in den berühmten Geißler-Röhren —, fand man über neue Untersuchungen Zugang zu Gesetzmäßigkeiten in den Entladungserscheinungen. Eine Entladungsröhre besaß zwei Metalleinführungen (Elektroden), an die eine elektrische Spannung gelegt wurde. Ferner mußte der Luftdruck in ihr um ein bestimmtes Maß erniedrigt sein. Dazu brauchte man die Luftpumpen. Das Wesentliche an der Geißler-Pumpe war die Dichtung durch einen Quecksilber-„Kolben". Prinzip und Ausführung waren im Grunde recht wenig revolutionär: Das Torricellische Vakuum im geschlossenen Arm eines Quecksilberbarometers kann durch Heben und Senken des anderen Arms verändert werden. Wenn man an den geschlossenen Arm ein Glasgefäß anschließt und entsprechende Hahnen vorsieht, kann man mit einem solchen Gerät pumpen. Bei diesem simplen Prinzip verwundert es nicht, daß derlei Konstruktionen schon lange vor Geißler vorlagen[1] — sogar schon ohne Hahnen, welchen Vorteil erst Toepler 1862 weiterverbreitete (Bild 85). Es kann also nicht die Apparatetechnik gewesen sein, die den neuen Forschungszweig der Gasentladung ankurbelte. Wahrscheinlich war Anfang des 19. Jahrhunderts die „Forscherdichte' noch zu niedrig, um allen möglichen Verknüpfungen neuen Wissens und neuer Apparate nachzugehen.

Waren mit einer normalen Kolbenluftpumpe nur etwa drei bis zwei Millimeter Quecksilbersäule als Luftverdünnung erreichbar (etwa 4 bis 2,7 mbar), so kam man mit der Quecksilberpumpe Geißlers viel besser weg. Und sofort zeigten sich bei Gasentladungen interessante neue Erscheinungen. — Als Hochspannungsquellen wurden im allgemeinen Ruhmkorffsche Induktoren, aber auch Elektrisiermaschinen und elektrochemische Batterien verwendet.[2]

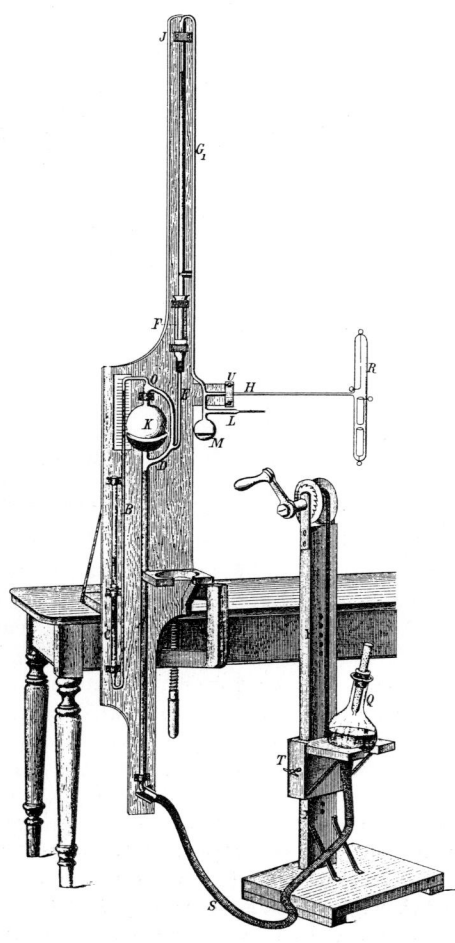

Bild 85

Toeplersche Pumpe mit Verbesserungen nach Hagen, 1881.
Durch Heben des Quecksilbergefäßes Q wurde die Quecksilbersäule von D nach0 gehoben und füllte dabei die Kugel K. Die Luft darin entwich in Blasen über das U-Rohr B, C. Beim Senken von Q gab die Quecksilbersäule die Verbindung zum Rezipienten R (über F, J, G_1, H) wieder frei, dort vorhandene Luft verteilte sich bis in die Kugel K, so daß der Druck in R sank, etc. Das Pumpen war damit sehr langwierig, das Gewicht von Q ganz erheblich. Doch wurden Vakua bis etwa 10^{-5} mbar erreicht.

Julius Plücker bemerkte als erster ab 1857, daß „Lichtströme" in den Geißler-Röhren durch Magnetfelder verschoben wurden. Er untersuchte dieses Phänomen eingehend (Bild 86): „In dem Falle (Fig. 3, Taf. I) der Anziehung senkte sich der Lichtstrom von der Seite der positiven Elektrode (des Lichtpoles) her in das Ellipsoid herab und lief, immer glänzender werdend, unmittelbar oberhalb der genäherten Halbanker in eine scharf begrenzte Spitze ruhig aus, während von der andern Seite her schön rothe, fortwährend aufwogende Flammen sich in das Ellipsoid herabsenkten und über die Mitte zwischen

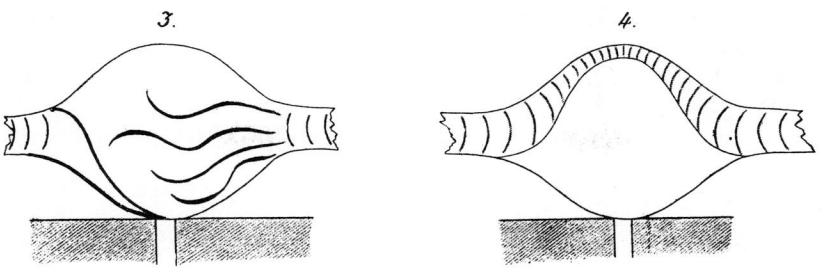

Bild 86 *Einfluß von Mangetfeldern auf Gasentladung,* Plücker, 1858.

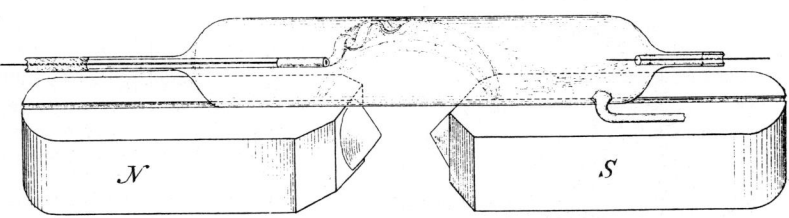

Bild 87 *Einfluß von Magnetfeldern auf Gasentladungen,* Hittorf, 1864.

den beiden Halbankern hinausschlugen, ohne daß dabei irgend eine Tendenz, sich mit dem ruhigen Lichtstrome von der entgegengesetzten Seite zu vereinigen, dem Auge bemerkbar wurde. Beim Commutiren (Fig. 4, Taf. I) der magnetischen Polarität änderte sich langsam die Erscheinung. Das Licht concentrirte sich beim Eintritt in das Ellipsoid zu einem glänzenden Bogen, der an dem oberen Theile desselben in der Aequatorial-Ebene sich hinzog... Die erleuchteten magnetischen Curven sind die Strahlen dieses Lichtes und wenn ein dunkler Gegenstand von diesen krummlinigen Strahlen getroffen wird, so erhalten wir einen scharf begrenzten, mathematisch bestimmten Schatten... [und er schloß daraus:] ..., daß elektrisches Licht unter den fraglichen Verhältnissen magnetisch ist."[3]

Plücker entdeckte also auch die scharfe Schattenwirkung dieser „Lichtströme". Darf man dies nun schon als Entdeckung der Kathodenstrahlen bezeichnen? Endgültig gilt dies wohl erst für Wilhelm Hittorf 1868. Inzwischen war das unbequeme Hahnsystem der Geißler-Pumpe — wie schon erwähnt − durch Toepler 1862 abgeschafft worden. Trotzdem blieb das Evakuieren eine zeitraubende Tätigkeit. Es dauerte oft mehrere Tage, bis eine Röhre genügend ausgepumpt war. Hittorf kam nach eigenen Angaben unter $^1/_{20}$ mm Quecksilbersäule in seinen Röhren: Sein Quecksilberbarometer zeigte jedenfalls nichts Sichtbares mehr an. Er stellte nun endgültig fest, daß das − von ihm so genannte − „Glimmlicht"

1. wirklich von der Kathode ausging − bei Stromfluß zwischen den zwei Elektroden der Röhre − und bei Verminderung des Drucks unter 2 mm Quecksilbersäule immer weitere Räume in der Röhre einnahm,
2. geradlinige Ausbreitung zeigte,
3. Glas zum Fluoreszieren brachte,
4. Glas durch Wärmeentwicklung teilweise zum Schmelzen brachte,
5. sich in Magnetfeldern wie ein „gewichtloser, steifer Stromfaden" verhielt: „Der Glimmstrahl verhält sich nämlich wie ein unendlich dünner, geradliniger, gewichtloser, steifer Stromfaden, der bloß an dem Ende, welches den negativen Querschnitt berührt, fest bleibt. Mit seinem anderen Ende und der ganzen biegsamen Länge folgt er den Kräften, welche zwischen seinen Theilchen und dem Magnete bestehen, ohne Rücksicht darauf, welche Lage er in Bezug auf die Anode gewinnt, ob er sich von derselben entfernt, oder ihr nähert." (Bild 87)

Er schloß aus all seinen Experimenten: „Nachdem die Strahlen des negativen Lichtes durch ihr magnetisches Verhalten als einfache Ströme, welche die Richtung zur Kathode verfolgen, sich charakterisiert haben, kann nicht mehr bezweifelt werden, daß in den gasförmigen Medien die Fortpflanzung der Elektricität auf eine zweifache Weise stattfindet. Die eine, welche im positiven Lichte sich geltend macht, ist dem Vorgange analog, dem wir bei der Leitung der Metalle und Elektrolyte begegnen. Die zweite dagegen, welche das Glimmlicht bildet, gehört den Gasen eigenthümlich an und verdient eine größere Beachtung, als ihr bis jetzt zugewandt wurde. Bei derselben sind die Theilchen der negativen Oberfläche Ausgangspunkte einer Bewegung, welche im gasförmigen Medium gleichmäßig nach allen Seiten, strahlenartig sich ausbreitet und darin mit der Wellenbewegung übereinstimmt. Es wird dem Experimente zunächst obliegen, die beiden Arten der Fortpflanzung nach möglichst vielen Beziehungen zu vergleichen und die Eigenschaften des Glimmlichtes aufzusuchen. Daraus werden sich die Bedingungen, unter denen es auftritt, und die Ursache, weshalb es an der Kathode die gewöhnliche Leitung ersetzt, ergeben. Täusche ich mich nicht, so sind diese Verhältnisse äußerst günstig, um uns Schlüsse auf den Vorgang des elektrischen Stromes selbst zu gestatten; es ist nicht unmöglich, daß die Gase auf unserem Gebiete, wie in der Lehre von der Wärme, am leichtesten das Wesen der Erscheinungen erkennen lassen und die moderne Physik von ihren letzten Imponderabilien, den elektrischen, befreien werden."[4]

Auch bei Hittorf waren noch nicht alle Eigenschaften der Kathodenstrahlen entdeckt. So fehlte die elektrische Ablenkbarkeit, das senkrechte

Austreten an der Kathode — und der Stromfaden war natürlich nicht gewichtlos. Seine Trägheit erklärte vielmehr die Geradlinigkeit, unabhängig davon, wo sich die Anode in einer gekrümmten Entladungsröhre befand. Die Vorstellung von Trägheit bei solcher Art elektrischer Lichterscheinungen bereitete aber noch große Schwierigkeiten, so daß die „Fortpflanzung der Elektrizität" in diesem „Glimmlicht" auch für Hittorf ein großes Problem blieb. Auch der Name Kathodenstrahlen fehlte noch bei Hittorf. Doch hat eine endgültige Namensgebung oft gar nichts mehr mit der schon lange erfolgten Entdeckung zu tun. Das gilt auch später bei der Bezeichnung Elektron für die Teilchen dieser Strahlen.

Weitere Ergebnisse zur Natur der Kathodenstrahlen steuerte Eugen Goldstein ab 1876 bei — auch den Namen Kathodenstrahlen — und schließlich William Crookes 1879. Die relativ langen Zeiträume dazwischen zeigen, daß diese Erscheinungen immer noch nicht als besonders wichtig angesehen wurden, obwohl Hittorf dies — mit Recht — gehofft hatte. Für diese Vernachlässigung gab es erst recht keine apparativen Gründe mehr. Das Interesse der Wissenschaftler war offenbar noch durch keinen besonders aktuellen Anlaß „gerichtet" worden.

Goldstein fand folgende weitere Eigenschaften der Kathodenstrahlen[5]:
6. Die Strahlen werden im allgemeinen — aber nicht immer, wie er gegen Crookes später glaubte bewiesen zu haben — senkrecht zur Oberfläche der Kathode ausgesendet.
7. Die Eigenschaften sind unabhängig vom Kathodenmaterial.
8. Die Strahlen können chemische Reaktionen hervorrufen.

Crookes brachte den Kathodenstrahlen neues Ansehen durch beeindruckende Experimente und seine kühne Hypothese eines vierten Aggregatzustandes „strahlend", die an Faraday anknüpfte.[6] Dieser Zustand der Materie (neben fest, flüssig und gasförmig) sollte durch starke Verdünnung der Gase entstehen — so wie Gase durch starke Verdünnung von Flüssigkeiten entstünden. Von den Eigenschaften der Kathodenstrahlen untersuchte Crookes besonders erfolgreich die Wärmewirkung (Bild 88). Fokussierte Strahlen konnten sogar dünne Metallblättchen zur Rotglut bringen. Er glaubte auch, eine davon unabhängige Eigenschaft neu entdeckt zu haben: Die Strahlen übten Druck aus — setzten etwa ein leicht drehbares Rädchen im Inneren der Röhre in Bewegung. In Wirklichkeit waren beide Entdeckungen identisch! Nicht die Strahlen selbst übten Druck aus, sie erwärmten nur die getroffene Oberfläche des Rädchens, und Gasmoleküle aus der Luft erhielten von dieser erwärmten Oberfläche größere Impulse als von der nicht erwärmten Seite. Ihr Rückstoß trieb das Rädchen an (Radiometereffekt). Aber gar so fern ist diese Erklärung, die später Joseph John Thomson (1903) durchrechnete, wiederum nicht von Crookes Vorstellungen. Thomson kannte inzwischen das wahre — sehr geringe — Verhältnis von Masse zur Ladung der Strahlenteilchen. Crookes stand noch am Anfang. Er war (nach Cromwell Varley 1871) der erste,

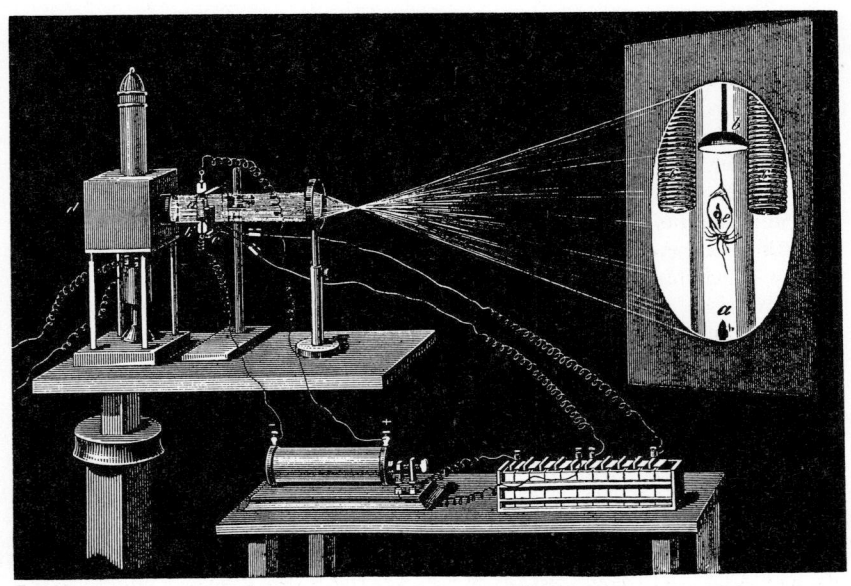

*Bild 88 Ablenkung der Kathodenstrahlen durch Magnetfelder und Erhitzung der Glas-
wand beim Auftreffen der Strahlen,* Crookes, 1879.

der überhaupt Teilchencharakter der Strahlung annahm, aber an Teilchen des
Füllgases — nicht an davon unabhängige Korpuskeln — dachte, die von der
Kathode negativ elektrisch geladen wurden. Sie hätten also wegen ihrer etwa
2 000 mal größeren Masse als die Elektronen durchaus direkten Druck sichtbar machen können.

Die Experimente und Erklärungen von Crookes führten zu einer harten
Kontroverse zwischen Teilchenanhängern (vor allem in England) und Wellen-
verfechtern (vor allem in Deutschland). Und Kontroversen haben den Vorteil,
daß sie die Probleme aktuell erhalten. Es wurden nun, wie Hittorf gehofft
hatte, immer mehr Argumente und Gegenargumente angehäuft, bis schließlich die einen, die Verfechter der Teilchentheorie (aber mit sehr viel kleineren
Teilchen als von ihnen vermutet!), recht bekamen. Doch wie auch bei anderen Kontroversen in der Geschichte — etwa bei der Ein- oder Zwei-Fluida-
theorie der Elektrizität, beim Teilchen- oder Wellencharakter des Lichtes —,
sollte schließlich von einem höheren Standpunkt aus, hier dem der Quantenmechanik, doch wieder beides gelten.

Zunächst griffen Goldstein 1879[7] und Heinrich Hertz 1883 die Crookessche Teilchenhypothese an. Es ist, wie so oft, nicht eindeutig klar, wie viele vorgefaßte Meinungen (bei Hertz etwa über elektromagnetische Wellen, die er später ja wirklich entdeckte) schon vorhanden waren und wieviel Überzeugung erst durch Experimente geschaffen wurde. Auf jeden Fall konnten bald die gleichen experimentellen Ergebnisse durch zwei verschiedene Thesen erklärt werden. Die Wellenhypothese mußte sich zum Beispiel mit den oben erwähnten Ergebnissen 5 und 6 befassen und sie interpretieren. Dies erfolgte etwa bei der magnetischen Ablenkung (5) durch die Zusatzhypothese von Hertz: „Der Magnet wirkte auf das Medium, die Kathodenstrahlen aber pflanzten sich anders fort in einem magnetisirten als in einem unmagnetisirten Medium. Ihre Ablenkung ist alsdann dem Vergleich mit der Ablenkung eines elektrisch durchströmten Drahtes entzogen, vielmehr in Analogie gestellt mit der Drehung der Polarisationsebene des Lichtes in einem magnetisirten Medium."[8]

Nun brachte Hertz auch zusätzliche experimentelle Erfahrungen, die ihm den Wellencharakter favorisierten, die man vom Standpunkt der Teilchenhypothese aus aber auch anders erklären konnte. So fand er keine Ablenkung einer Magnetnadel, die außerhalb der Gasentladungsröhre angebracht war, durch die Kathodenstrahlen, auch gingen die Kathodenstrahlen und der dazugehörige elektrische Strom von der Kathode aus unterschiedliche Wege. Er folgerte, daß die Kathodenstrahlen mit der Bahn des elektrischen Stromes nichts gemein haben konnten. In der Tat ist die direkte elektrodynamische Wirkung der Kathodenstrahlen schwierig nachzuweisen, wie die vergeblichen Versuche bis in unsere Gegenwart zeigen.[9]

Hertz fand auch keine elektrostatische Wirkung der Kathodenstrahlen und keine *auf* die Kathodenstrahlen. Zum ersten Mißerfolg siehe Perrin — den zweiten Fehlschlag erklärten W. Kaufmann und D. Aschkinass 1897: „Der negative Erfolg desselben erklärt sich leicht, wenn man bedenkt, daß ein verdünntes Gas, namentlich wenn es von electrischen Ladungen durchsetzt wird, als ein relativ guter Leiter anzusehen ist, und deshalb jedes in diesem Medium erzeugte Potentialgefälle in kurzer Zeit verschwinden muß. Befinden sich daher die Condensatorplatten außerhalb der Entladungsröhre, so besteht der Effect allein in einer Ladung der Rohrwände; befinden sie sich im Innern, so entsteht ein starkes Gefälle nur in nächster Umgebung der Kathode..."[10]

Doch hatte Goldstein schon 1876 entdeckt — und 1880 ausführlich veröffentlicht[11] —, daß Kathodenstrahlen durch negativ elektrostatisch aufgeladene Elektroden innerhalb der Röhre abgelenkt würden (Bild 89). Er diskutierte zwar diese Entdeckung als mögliche elektrostatische (oder auch als mechanische und elektrodynamische) Ablenkung, lehnte aber diese Thesen doch ab, da er zu viele Argumente gegen die damalige Vorstellung der Gasteilchen fand, zum Beispiel richtig die viel zu große Reichweite (freie Weglänge) der Kathodenstrahlen. Auch hier wird deutlich: Weniger experimentelle Schran-

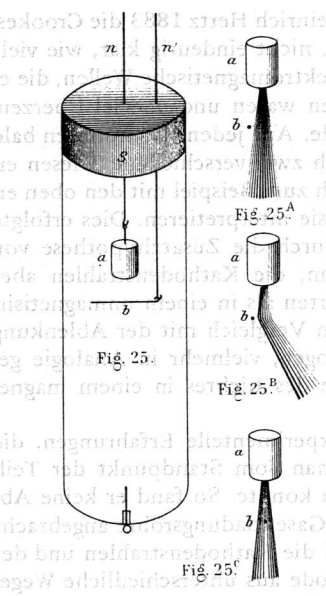

Fig. 25ᴬ

Fig. 25

Fig. 25ᴮ

Fig. 25ᶜ

Bild 89
Die Ablenkung der Kathodenstrahlen durch elektrische Felder, Goldstein, 1880. Ein Draht b lenkte die Kathodenstrahlen aus der Kathode a (einem kleinen Holzylinder) ab, sobald er leitend mit ihr verbunden war.

ken als theoretische Vorbehalte beeinflußten die Diskussion. Außerdem wurde diese Halbentdeckung Goldsteins aufgrund der entlegenen Veröffentlichung nicht sehr bekannt.

Es existierte also eine seltsame Verkehrung der Fronten: Deutschland verteidigte das Kontinuum Maxwells gegen den Atomismus von dessen englischen Landsleuten. Teilchen kleiner als Atome wurden überhaupt nicht in Erwägung gezogen! Hertz veröffentlichte ferner 1892[12] die Erfahrung, daß Kathodenstrahlen durch dünne Metallplättchen innerhalb der Röhre dringen konnten. Sein Schüler Lenard kittete im gleichen Jahr — veröffentlicht 1893[13] — Aluminiumfolien von weniger als $3/1000$ mm Dicke mit Siegellack an eine kleine Öffnung — weniger als 2 mm Durchmesser — am Ende einer Kathodenstrahlröhre (Bild 90). Das Vakuum hielt, d.h. keine Gasmoleküle konnten hineingelangen, aber die Kathodenstrahlen reichten bis zu ein paar cm in die freie Luft:

„Kathodenstrahlen bringen die Luft zu mattem Leuchten. Ein Schimmer bläulichen Lichtes umgiebt das Fenster; er ist am hellsten in der Nähe des Fensters selbst, nach außen hin ohne deutliche Begrenzung; weiter als etwa 5 cm vom Fenster reicht er nicht. Das Licht scheint bei jeder Entladung büschelförmig in allen Richtungen aus dem Fenster zu schießen; es ist hell ge-

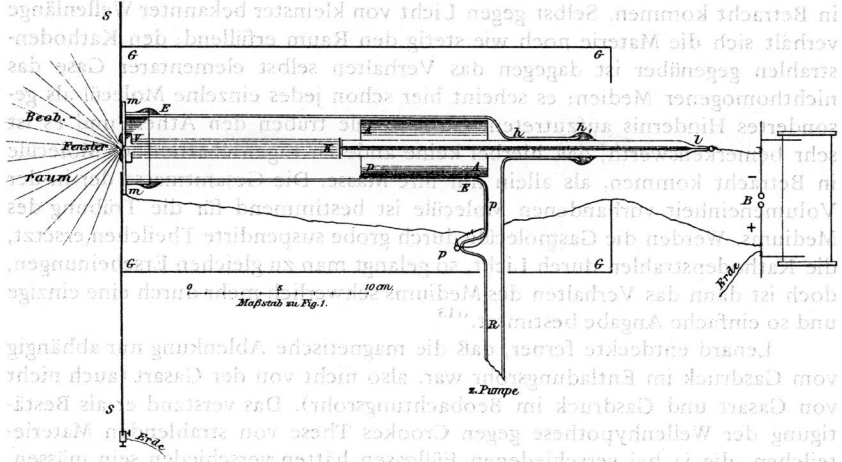

Bild 90 Schema der Lenardröhre, 1892. Aus dem Aluminium-„Fenster" links traten die Kathodenstrahlen in die Luft aus.

nug, um im Taschenspectroscop untersucht zu werden. Das Fenster selbst ist dabei dunkel, solange es neu ist. Nach einigem Gebrauche fängt es an, ebenfalls schwach zu leuchten, ungleichmäßig, nur an einzelnen Punkten der kleinen durchstrahlten Fläche; an einigen fahl bläulich, an anderen fahl grün- lich oder gelblich. Einmal eingetreten, erscheint dies Leuchten regelmäßig in derselben Weise immer wieder. Auf diese übrigens unwesentliche Erschei- nung kommen wir zurück.

Phosphorescenzfähige Körper, in die Nähe des Fensters gehalten, leuch- ten an der ihm zugewandten Seite hell in dem ihnen eigenthümlichen Lichte. Neben dem glänzenden Aufleuchten der Erdalkaliphosphore, des Kalkspaths, des Uranglases verschwindet das Licht der Luft und des Fensters vollständig. Mit zunehmender Entfernung vom Fenster nimmt die Erscheinung an Inten- sität rasch ab, sie verschwindet in einem Abstande von 6 oder 8 cm. Nur die Größe der Entfernung bestimmt die Helligkeit des Leuchtens, ihre Richtung ist ohne Einfluß."[13]

Auch diese eben zitierten Erfahrungen sprachen bei Lenard (und Hertz) eindeutig für den Wellencharakter der Kathodenstrahlen: „Nach dem hier beobachteten Verhalten der Gase zu schließen, müssen die Äthervorgänge, welche das Wesen der Kathodenstrahlen ausmachen, Vorgänge von so außer- ordentlicher Feinheit sein, daß Dimensionen von molecularer Größenordnung in Betracht kommen. Selbst gegen Licht von kleinster bekannter Wellenlänge verhält sich die Materie noch wie stetig den Raum erfüllend; den Kathodenstrahlen gegenüber ist dagegen das Verhalten selbst elementarer Gase das nichthomogener Medien; es scheint hier schon jedes einzelne Molecül als gesondertes Hindernis aufzutreten. Gasmolecüle trüben den Äther, und es ist sehr bemerkenswerth, daß hierbei keine anderen Eigenschaften der Molecüle in Betracht kommen, als allein nur ihre Masse. Die Gesamtmasse der in der Volumeneinheit vorhandenen Molecüle ist bestimmend für die Trübung des Mediums. Werden die Gasmolecüle durch grobe suspendirte Theilchen ersetzt, die Kathodenstrahlen durch Licht, so gelangt man zu gleichen Erscheinungen, doch ist dann das Verhalten des Mediums schwerlich mehr durch eine einzige und so einfache Angabe bestimmt."[13]

Lenard entdeckte ferner, daß die magnetische Ablenkung nur abhängig vom Gasdruck im Entladungsrohr war, also nicht von der Gasart (auch nicht von Gasart und Gasdruck im Beobachtungsrohr). Das verstand er als Bestätigung der Wellenhypothese gegen Crookes These von strahlenden Materieteilchen, die ja bei verschiedenen Füllgasen hätten verschieden sein müssen. Nach seiner Meinung war der Äther für die Wellen verantwortlich. Mit diesem „Äther" war der den ganzen Raum erfüllende unsichtbare Stoff gemeint, wie er im 19. Jahrhundert vor allem als Träger der Lichtwellen eingeführt worden war. Thomson zog aus den Erfahrungen Lenards bald den entgegengesetzten Schluß. Und Kaufmann zeigte 1897, daß hinter der Bedeutung des Gasdrucks folgendes steckte: Die magnetische Ablenkung hing von der Potentialdifferenz im Entladungsrohr ab (proportional zum Kehrwert der Wurzel daraus). Aber auch er blieb zunächst noch gegen die Teilchenhypothese eingestellt, weil die daraus folgende Annahme eines konstanten Masse-zu-Ladung-Wertes, der um 1 000 mal kleiner als beim Wasserstoffion sein mußte, auch für ihn unerklärlich blieb.

All diese Erfahrungen zeigen eindeutig den hypothetischen Anteil an jeder Befragung der Natur. Hertz und Lenard kamen zu ihren Ergebnissen, weil sie Beweise für die Wellenhypothese suchten — nicht weil sie rein induktiv möglichst viele Beobachtungen sammelten. Und sie interpretierten diese Ergebnisse selbstverständlich nur in Richtung ihrer Hypothese, obwohl ja die Annahme sehr kleiner Teilchen auch möglich gewesen wäre. Auch hier zeigt sich die Fruchtbarkeit von Kontroversen. Sie bringen unterschiedliche Meinungen ins Spiel. Sie können sogar zu ganz unerwarteten Entdeckungen führen, wie zu der Röntgenstrahlung Ende 1895, denn Röntgen war durch Lenards Experimente und Hypothsen angeregt worden. Das ungeheure Aufsehen, das diese Entdeckung hervorrief, wirkte dann wieder als Ansporn für die endgültige Lösung des Kathodenstrahlenproblems.[14]

Schon 1894 hatte Joseph John Thomson, der überzeugter Anhänger der Teilchenhypothese war — vor allem wegen der magnetischen Ablenkbarkeit, vielleicht auch, weil er eben Engländer war —, mit rotierendem Spiegel nachgewiesen, daß die Strahlen nur 200 km pro Sekunde Geschwindigkeit haben konnten, viel zu wenig für elektromagnetische Wellen. 1895[15] fand Jean Perrin, daß Kathodenstrahlen einen Metallkollektor negativ aufluden, indem er ihn — im Gegensatz zu den vergeblichen Versuchen von Hertz — *in* der Entladungsröhre und innerhalb der Anode unterbrachte. Doch waren diese Ergebnisse beider Wissenschaftler wiederum angreifbar. In der Tat stellte sich bald die Geschwindigkeit als sehr viel größer heraus, und Perrin hatte einfach Glück: Wenn er — zum Beispiel verunreinigtes — Kollektormaterial benutzt hätte, das durch den Aufschlag der Elektronen mehr „Sekundärelektronen" hergab, als es primäre erhielt, hätte er eine unerklärliche positive Aufladung bekommen. Auch konnte man mit Hertzschen Thesen einwenden, daß die durch die Strahlen gesteigerte Leitfähigkeit des Restgases eben negative Elektrizität auf der Bahn der Kathodenstrahlen fortführte.[16]

Der erste, der eine neue Variante in die starren Fronten brachte, war Emil Wiechert. Anfang 1897 veröffentlichte er Experimente, die seine Meinung festigten, daß die Kathodenstrahlen aus Teilchen bestünden. Diese Meinung hatte er schon zur Erklärung des Entstehens der Röntgenstrahlen benutzt: Sie entstanden ihm zufolge aus dem Zusammenstoß von Kathodenstrahl- und Glasteilchen. Nun ergab sich aus seinen Experimenten, daß die Kathodenstrahlteilchen viel kleiner als Atome sein mußten. Er betrachtete sie schon als Elektrizitätsatome. Im einzelnen schloß er aus seiner experimentellen Untersuchung:

„Sie ergab, daß wir es nicht mit den von der Chemie her bekannten Atomen zu thun haben, denn die Masse der bewegten Theilchen zeigte sich 2 000 bis 4 000 mal kleiner als die der Wasserstoffatome, also der leichtesten der bekannten chemischen Atome. Bisher versuchte ich, mich bei der Ausarbeitung unserer Vorstellungen stets auf das engste an die Erfahrung anzuschließen, und vermied jede Specialisirung, zu der uns die Erscheinungen nicht unbedingt zu zwingen scheinen. Nach der Ansicht einiger Physiker habe ich dieses Princip jetzt verlassen, indem ich die Kathodenstrahlen als Ströme negativ elektrisirter Theilchen auffaßte. Ich will nun hierbei noch nicht stehen bleiben, sondern noch zwei weitere Annahmen machen, die zum Verständnis der Erfahrungsthatsachen nicht nothwendig sind. Ich hoffe zuversichtlich, dabei nicht zu irren, weil das Gebiet der elektrodynamischen Erscheinungen einen überaus einfachen Anblick gewinnt und sich in einer Weise abrundet, die dem ganzen Charakter des atomistischen Baues der Materie auf das beste zu entsprechen scheint. Sollte aber trotzdem ein Irrthum begangen werden, so wäre der Schaden nicht groß, denn da es sich um eine Vereinfachung der Theorie handelt, so ist es vorläufig auf alle Fälle nützlich, sie zu discutiren, wie auch die Zukunft entscheiden mag.

Erstens nehme ich an, daß wir in den Theilchen der Kathodenstrahlen Atome vor uns haben, die ebensowenig wie die chemischen Atome neu gebildet oder zerstört werden können. Ich will die neue Art der Atome kurz-

weg ‚elektrische Atome' nennen. Da aus unserer Annahme folgt, daß sie sich
an dem Bau der materiellen Körper gerade ebenso betheiligen, wie die chemischen Atome, empfiehlt es sich, in ihnen nur eine besondere Art der materiellen Atome zu sehen, d.h. den Namen ‚materielles Atom" auch auf sie
auszudehnen.

Der Umstand, daß die elektrischen Atome in den Kathodenstrahlen eine
so vielmals kleinere Masse haben als die chemischen Atome, wirft auf die
Lenardsche Erfahrung über die Absorption der Kathodenstrahlen ein sehr interessantes Licht und rückt sie unserem Verständnis bedeutend näher. So
brauchen wir z.B. nur der sehr viel kleineren Masse entsprechend auch die
Dimensionen sehr viel kleiner anzunehmen, um es begreiflich zu finden, daß
die chemischen Atome den elektrischen gegenüber nicht die gleiche Undurch-
dringlichkeit zeigen wie unter einander, daß vielmehr ihre Masse allein entscheidend ist.

Die zweite Hypothese ergibt sich, wenn man von der Ansicht ausgeht,
daß die Atome der Kathodenstrahlen ihre Ladung schon vorher besaßen, und
wenn man die sich anschließenden Gedanken zur äußersten Verallgemeine-
rung führt. Sie lautet: Die Ladung eines jeden materiellen Theilchens ist diesem ein für allemal eigenthümlich, ändert sich also niemals. Die Änderung
der elektrischen Ladung eines materiellen Körpers bedeutet hiernach stets
zugleich eine Änderung seines Inhaltes an Materie."[17]

Später führte er rückblickend eine zusätzliche Argumentation für die
soviel geringere Masse der Kathodenstrahlteilchen an: „Hierdurch gewann die
Frage nach der Natur der Kathodenstrahlen für die von mir in naher Übereinstimmung mit H. A. Lorentz vertretene Theorie der Elektrodynamik eine
fundamentale Bedeutung, denn es drängte sich die Vermuthung auf, daß in
den Strahlen eben jene elektrischen speciellen materiellen Atome sich frei
bewegen, deren die Theorie bedarf, um die metallische Leitung und die Änderung der molecularen Ladung in ihr System befriedigend einzureihen."[18]

Eigentlich war sein Schluß auf das Verhältnis der Teilchenmassen nur
unter der — noch gar nicht bewiesenen — Annahme gerechtfertigt, daß die
Kathodenstrahlteilchen gleiche Ladung wie ein Wasserstoffion besaßen. Exakt
galt sein Faktor 2000—4000 nur für die Beziehung der Verhältnisse Masse zu
Ladung. Hier ist der moderne Faktor 1836.

Wiechert erhielt seine Werte zunächst aus der magnetischen Ablenkung
(das ergab die Größe Masse · Geschwindigkeit/Ladung — dieser Teil der Messung war gut bekannt) und aus dem Beschleunigungspotential (daraus schätzte er die Geschwindigkeit — wie schon A. Schuster ab 1884, der aber zu grob
blieb und deshalb glaubte, die Crookessche These von Gasatomen unterstützt
zu haben). Ab Sommer 1897 benutzte Wiechert eine sehr elegante Methode
der Geschwindigkeitsmessung, die nun unabhängig von einer vorausgesetzten
Teilchenhypothese war und deshalb diese These exakter testen ließ (Bild 91 a,
b): Die Geschwindigkeit der Strahlen wurde durch Vergleich mit der Frequenz

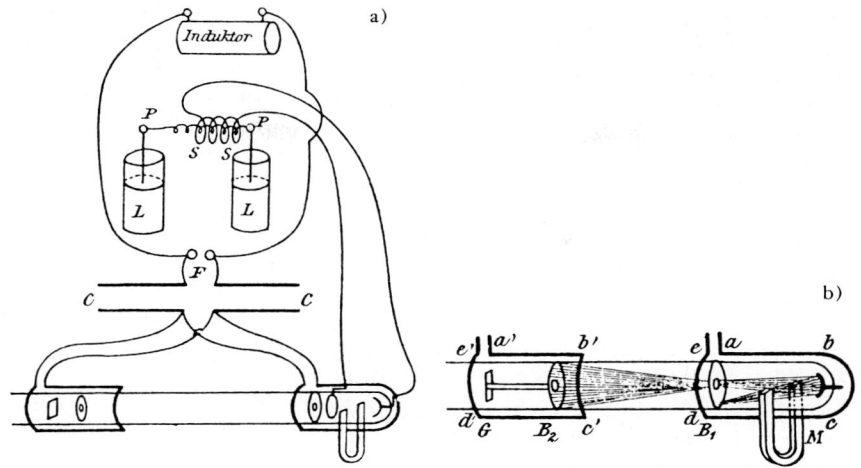

a)

b)

Bild 91 a) u. b)

Wiecherts Methode der Geschwindigkeitsmessung bei Kathodenstrahlen, 1897.
Durch die Funkenstrecke eines Induktors wurden gleichzeitig zwei Schwingkreise erregt.
Der eine bestand aus zwei Leidener Flaschen und der Primärspule eines Schwin-
gungstransformators. Die Sekundärspule dazu erzeugte die Gasentladung, d. h. die
Kathodenstrahlen zwischen Kathode und Anode.
Der zweite Schwingkreis diente zur Geschwindigkeitsmessung. Er bestand aus zwei
Plattenkondensatoren mit zwei Drahtschleifen (a, b, c, d und a', b', c', d'). Diese
waren parallel geschaltet, also ihr Schwingungszustand stets in gleicher Phase. War
dieser zweite Schwingkreis nicht eingeschaltet, wurden die Kathodenstrahlen durch
einen − ständig vorhandenen − Hufeisenmagneten M nach unten abgelenkt. Erst bei
Einschalten des Meßschwingkreises erreichten sie die Blendenöffnung von B_1,
kamen nach B_2, wurden zum Teil durchgelassen und erreichten den Fluoreszenz-
schirm G. Ist die Zeit für den Flug von B_1 nach B_2 sehr kurz gegen die Schwingungs-
dauer des Meßschwingkreises, würde bei a', b', c', d' die gleiche Phase herrschen wie
bei a, b, c, d − die Strahlen würden zwischen B_2 und G noch einmal nach oben
abgelenkt. Beträgt aber die Flugzeit zum Beispiel genau 1/4 oder 3/4 der Schwingungs-
dauer, so treffen sie in der Mitte von G auf, da dann in a', b', c', d' gerade Stromumkehr
existiert. Man konnte solche Verhältnisse durch Verschieben des Systems B_2G erreichen
und damit die Geschwindigkeit der Strahlen aus der Strecke B_1 B_2 und der Dauer
der Schwingung bestimmen.

eines elektromagnetischen Schwingkreises bestimmt. Er erhielt sie als $\frac{1}{5}-\frac{1}{6}$ der Lichtgeschwindigkeit und kam daraus zu einer brauchbaren Einengung der Teilchenmasse als 1000–2000 mal kleiner gegenüber einem Wasserstoffatom.[19] Ein Jahr später gab er genauer gemessene Ladung-zu-Masse-Werte der Kathodenstrahlteilchen an. Daraus ergibt sich (mit dem modernen Wert für das Proton) die Masse als ca. 1600 bis 1050 mal kleiner.

Das Jahr 1897 brachte die entscheidende Wende in der Kathodenstrahlforschung. Der endgültige Nachweis ihrer Natur als subatomare Teilchen wurde zur Mehrfachentdeckung. Eine Reihe von Forschern festigte diese These durch Experimente, und es ist müßig, Prioritätsunterschieden nachzugehen. Auf jeden Fall hatten die Versuche zur Bestimmung des Verhältnisses Ladung zu Masse von Joseph John Thomson am meisten Wirkung. Thomsons vorgefaßte Teilchenüberzeugung war durch das Absorptionsverhalten der „Lenard-Strahlen" (also der Kathodenstrahlen außerhalb der Erzeugungsröhre) verstärkt worden. Es gab keine selektive Absorption wie bei Wellen (wo zum Beispiel Glas sehr durchlässig ist), sondern diese hing offenbar nur von der Massendichte des absorbierenden Materials ab. Dann mußte er aber zur Erklärung der Durchlässigkeit der Lenard-Fenster sehr viel kleinere Teilchen als Gasatome annehmen. Und er faßte sie gleich — in dieser Beziehung noch weiter gehend als Wiechert — als konstituierende Teile der gesamten Materie auf:

„Da nun die Träger nicht größer als die Molekeln sind, so bleibt nur noch die Möglichkeit übrig, daß die Träger klein im Vergleich zu den gewöhnlichen Atomen oder Molekeln sind; und diese Annahme ist meiner Ansicht nach mit allem, was wir über das Verhalten dieser Strahlen wissen, verträglich. Auf den ersten Blick mag die Annahme eines weiter unterteilten Zustandes als die der gewöhnlichen Atome etwas sehr seltsam erscheinen, aber eine Hypothese, welche auf ähnlichen Annahmen beruhte — namentlich daß die sogenannten Elemente Zusammensetzungen eines Urelementes sind — wurde zeitweise von verschiedenen Chemikern aufgestellt. So glaubte Prout, daß die Elemente alle aus den Atomen des Wasserstoffes aufgebaut seien, während Norman Lockyer wichtige Gründe, welche auf spectroskopische Betrachtungen gestützt waren, dafür angeführt hat, daß die sogenannten Elemente noch zusammengesetzter Natur sind. Mit Bezug auf die Hypothese Prout's müssen wir schließen, daß, wenn wir die Kathodenstrahlenerscheinungen der Bewegung kleiner Teilchen zuschreiben wollen, diese Teilchen sehr klein, selbst im Vergleich zu einem Wasserstoffatom, sein müssen, so daß von diesem Standpunkte aus das Urelement nicht Wasserstoff sein kann.

Wir wollen einmal die Consequenzen aus der Annahme ziehen, daß die Atome der Elemente Anhäufungen sehr kleiner Teilchen sind, die alle einander gleich sind. Wir wollen diese kleinen Teilchen ‚Corpusculi' nennen, sodaß die Atome der gewöhnlichen Elemente aus Corpusculi und Zwischenräumen aufgebaut werden, wobei die Zwischenräume vorherrschen. Wir wollen annehmen, daß an der Kathode einige Atome des Gases in diese Corpusculi zertrennt werden, und daß diese, wenn sie sich mit großer Geschwindigkeit bewegen und mit negativer Elektricität geladen sind, die Kathodenstrahlen bilden. Die Strecke, welche diese Strahlen zurücklegen würden, bevor sie einen gegebenen Bruchteil ihres Momentes verlören, würde der mittleren freien Weglänge der Corpusculi proportional sein. Nun sind die Teilchen, mit denen diese kleinen Corpusculi zusammenstoßen, andere Corpusculi, und nicht die Molekel als ein Ganzes betrachtet; denn wir nehmen weiter an, daß sie imstande sind, ihren Weg durch die Zwischenräume innerhalb der Molekeln zu nehmen. Dann würde die mittlere freie Weglänge der Corpusculi der Anzahl Corpusculi in der Volumeinheit umgekehrt proportional sein und nicht der Zahl der Molekeln. Da nun jedes dieser Corpusculi dieselbe Masse besitzt, so ist die Anzahl Corpusculi in der Volumeinheit der Masse der Volumeinheit proportional, d.h. der Dichtigkeit der Substanz, welches auch immer ihre chemische Natur oder ihr physikalischer Zustand sein mag. Daher hängt die mittlere freie Weglänge der Corpusculi, und infolgedessen der Weg, den die Kathodenstrahlen zurücklegen, nur von der Dichte der Substanz ab, und nicht von ihrer Natur oder ihrem Zustand. Dieses ist genau das Resultat, dessen Richtigkeit Lenard für seine Strahlen nachwies."[20]

Diese kühne Entwicklung eines Atommodells, die er bald zu seiner berühmten „Rosinenpudding"-Hypothese ausdehnte (die negativen Elektronen innerhalb einer räumlich verteilten positiven Ladung regelmäßig angeordnet), hat mit zu seiner großen Wirkung beigetragen. Als Experimentanordnung benutzte er zunächst die magnetische Ablenkung der Kathodenstrahlen und eine Bestimmung ihrer Geschwindigkeit aus der kinetischen Energie ihrer „Corpuskeln", die durch Aufprall in meßbare Wärme verwandelt wurde. Er erhielt das Masse-zu-Ladung-Verhältnis um 500 mal kleiner als beim Wasserstoffion. Berühmt wurde seine Kombination von magnetischer und elektrostatischer Ablenkung der Strahlen. 1897 ließ er dazu das magnetische und das elektrische Feld in gleicher Richtung wirken (Bild 92):

„In einer weit ausgepumpten Röhre, wie sie in Fig. 28 dargestellt ist, sei C Kathode, A Anode, B eine dicke Metallscheibe, die an Erde gelegt ist. Öff-

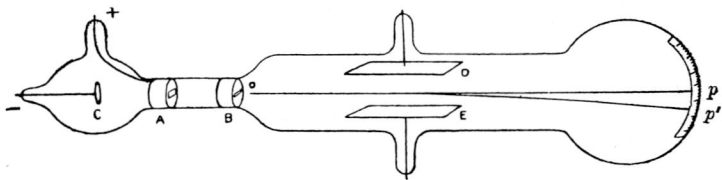

Bild 92 *Apparatur von Thomson zur Bestimmung des Verhältnisses von Masse zur Ladung der Kathodenstrahlen, 1897.*
Hier werden elektrostatische und magnetische Ablenkung kombiniert. Gezeichnet sind jedoch nur die Kondensatorplatten zur elektrostatischen Ablenkung.

nungen von etwa einem Millimeter Durchmesser sind durch die Mitte der Scheibe und durch die Anode gebohrt; einige Kathodenstrahlen, die aus der Nachbarschaft der Kathode kommen, gehen durch diese Öffnungen, demnach haben wir in dem Teile der Röhre, der rechts von der Scheibe ist, einen Strahl negativ elektrischer Teilchen, die längs gerader Linien parallel zur Verbindungslinie der Blenden sich fortpflanzen und den Teil des Glases, auf den sie auftreffen, durch einen leuchtenden Phosphoreszenzfleck p markieren. Wird eine solche Röhre in ein gleichförmiges, magnetisches Feld gebracht, dessen Kraftlinien rechtwinklig zur Bahn des Ions verlaufen, so werden die Ionenbahnen zu Kreisen, deren Radien gleich mv/eH sind, wo m die Masse des Ions, e seine Ladung, v seine Geschwindigkeit und H die Stärke des magnetischen Feldes ist. Die Stelle, an welcher die Teilchen die Röhre treffen, wird nicht länger bei p liegen, sondern an irgend einem anderen Orte p',... Wenn wir also pp' messen und die Verteilung der magnetischen Kraft H längs der Röhre kennen, so können wir aus dieser Gleichung die Werte von e/vm bestimmen. Dies ergibt eine Beziehung zwischen v und m/e. v können wir in folgender Weise bestimmen: Zwei parallele Metallplatten D und E werden in der Röhre so angebracht, daß sie parallel zu den magnetischen Kraftlinien und parallel zur ungestörten Bahn der Strahlen sind; diese Platten werden auf bekanntem Potential gehalten, indem man sie mit den Polen einer Batterie verbindet. Wir haben dann ein elektrisches Feld zwischen den Platten, dessen Kraftlinien rechtwinklig zu den magnetischen Kraftlinien und zur Richtung der Bewegung der Ionen verlaufen; die elektrische Kraft Y ist bestrebt, das Ion mit einer Kraft Ye, die auf das Ion wirkt, abzulenken; die Kraft, die durch das magnetische Feld ausgeübt wird, wirkt in derselben geraden Linie und ist gleich Hev. Wenn wir das Vorzeichen der Potentialdifferenz so einrichten, daß die elektrische und magnetische Kraft einander entgegenwirken, so können wir, wenn wir eine der Kräfte, sagen wir die elektrische, konstant halten, die Größe der anderen variieren, bis die beiden Kräfte sich einander aufheben; der Eintritt dieses Zustandes kann durch Beobachtung des Phosphoreszenzfleckes p', der sich alsdann wiederum in seiner Anfangslage befinden muß, erkannt werden. Ist dies erreicht, so haben wir

$$Ye = Hev$$

oder

$$v = \frac{Y}{H}.$$

Wenn wir also Y/H messen, so können wir die Geschwindigkeit der Ionen, aus denen die Kathodenstrahlen bestehen, angeben. Kennen wir e/vm aus dem Experiment der magnetischen Ablenkung, so können wir auf diese Weise die Werte von e/m und v bestimmen."[21]

Seine Experimentieranordnung ähnelte schon einer „Braunschen Röhre" — wenn auch dort magnetisches und elektrisches Feld senkrecht zueinander und gleichzeitig wirken. Aber die unmittelbare technische Nutzung der

Kathodenstrahlen war damit angelegt: zumindest im Oszillographen[22], schließlich in der Fernsehröhre.

1899 kombinierte Thomson longitudinales elektrisches Feld und transversales magnetisches — jetzt bei Elektronen aus einer ultraviolett bestrahlten Zinkplatte —, so daß die elektrisch beschleunigten Elektronen magnetisch zurückgebogen wurden, bis keine mehr die Anode erreichten. Thomson erhielt bei beiden Methoden das Masse-zu-Ladung-Verhältnis um etwa 800 mal kleiner als beim Wasserstoffion. Das ist kein sehr genauer Wert gegenüber dem modernen von 1836. Hier war Wiechert besser, und auch andere Messungen um diese Zeit übertrafen Thomson[23].

Thomsons Hypothese sprach noch nicht vom Elektrizitätsatom. Doch gab es schon verschiedene andere Entwicklungen, die alle in die gleiche Richtung liefen. Indirekten Einfluß hatte die atomistische Entwicklung der **Chemie** (Periodensystem der Elemente) und der **kinetischen Gastheorie**. Über die **philosophische Atomistik** waren von Ampère bis Weber atomare Vorstellungen in die Elektrizität gelangt, die von Lorentz 1895 als Ergänzung zur Faraday-Maxwellschen Kontinuumsvorstellung wieder aufgegriffen wurden. Direkt wirkte die **Ionentheorie** aus der Elektrochemie, wo schon George Johnstone Stoney in den 70er Jahren[24] und Helmholtz 1881 aufgrund der Faradayschen Elektrolyse-Gesetze von Elektrizitätsatomen gesprochen hatten. Stoney prägte 1891 den Namen Elektron. Der **Zeemann-Effekt** und seine Erklärung durch Zeemann mit Hilfe der Lorentzschen Theorie lieferte 1897, unmittelbar vor Thomsons erster Veröffentlichung, eine quantitative Abschätzung der Masse-zu-Ladung-Verhältnisse von schwingenden Teilchen im Atom zu Wasserstoffionen in der gleichen Größenordnung wie Thomsons Ergebnis (1000), was Thomson sofort triumphierend bemerkte. Vielleicht hatte ihn sogar dieses — aus einem ganz anderen Bereich stammende Ergebnis — endgültig zu seinen Messungen stimuliert?[25] Es scheint jedenfalls, daß die These der soviel kleineren Teilchen, in anderen Forschungsgebieten schon vorbereitet und mit dem allgemeinen Aufwind des Atomismus verknüpft, plötzlich von mehreren Seiten durchbrach und deshalb die Experimente von Thomson, die durchaus von der Wellenseite angreifbar gewesen wären[26], solche Anstoßbedeutung bekamen. Unmittelbar danach war es jedenfalls klar: Die Kathodenstrahlen bestanden aus freien Elektronen.

Man sieht an diesem Beispiel die Macht der Verschränkung vieler verschiedener Argumente gegenüber direkten Erfahrungen in einer langen theoretisch-experimentellen Entwicklung. Freie Elektronen als Elektrizitätsatome waren eigentlich noch längst nicht bewiesen. Es konnte ja auch der *Quotient* Masse zur Ladung fundamental sein, so daß sich Ladung und Masse nur gekoppelt veränderten. Die Mehrheit der Physiker zweifelte jedoch um 1900 nicht mehr am Konzept des Elektrons. Im Gegenteil, dieses Konzept zeitigte sogleich fruchtbare Konsequenzen für erste ausführlichere Atommodelle von Thomson und Lenard. Was R. A. Millikan mehr als zehn Jahre später mit seinen Öltröpfchen-Experimenten bewies (Publikationen ab 1910), hatte im

Grunde nur noch ähnlichen Wert wie die Beweise für die jährliche Bewegung der Erde 300 Jahre nach Kopernikus: Man erhielt genauere Werte für die gesuchte Größe als bisher. Fast jeder erwartete ohne Zweifel, daß man elektrische Ladungen in den kleinstmöglichen Portionen direkt nachwies. Und niemand aus der Phalanx der besten Forscher dachte daran, „Subelektron"-Ladungen in Erwägung zu ziehen. Dabei konnte Millikans Ergebnis diese Hypothese keineswegs ausschließen! Was er nachwies, war, daß sich Ladung auf Öltröpfchen immer nur in ganzzahligen Vielfachen einer Ladungseinheit veränderte. Dabei konnte diese kleinste Einheit durchaus als unzertrennbares Paar

$$\frac{1}{2}e / \frac{1}{2}e$$

auftreten, aufgrund irgendwelcher nicht bekannter Naturgesetze. So ist ja auch die immer gleiche Größe von Wassertropfen aus einem tropfenden Wasserhahn kein Beweis für den Aufbau des Wassers aus solchen „atomaren" Bestandteilen, sondern gesetzmäßig abhängig von den Voraussetzungen an der Hahnöffnung. In der Tat hat die moderne „Quark"-Theorie elektrische Ladungen kleiner als diese Einheit angenommen. Verschiedene indirekte Experimente sprechen heute für deren Existenz. Doch sind diese „Quarks" noch nie frei beobachtet worden.

Unabhängig von dieser modernen Entwicklung gab es im 20. Jahrhundert noch drei entscheidende Entdeckungen zur Natur des Elektrons. Bei zweien hatten theoretische Vorhersagen Vorrang, bei einer (dem Spin) kann man gar keine exakte experimentelle Entdeckung angeben, da mehrere Erfahrungen erst durch ein theoretisches Konzept die gleiche Ursache erkennen ließen. Gefunden wurden
1. der Elektronenspin 1925 als Postulat von G.E. Uhlenbeck und S.A. Goudsmit, um eine Reihe spektroskopischer Erfahrungen (zum Beispiel die Feinstruktur des Wasserstoffspektrums) zu erklären. Das Elektron bekam also ein magnetisches Moment. Es konnte nicht mehr als einfache ruhende elektrische Ladung aufgefaßt werden, sondern mußte eine Art quantisierte Rotation besitzen.[27]
2. die Elektronenbeugung, veröffentlicht 1927 von C.J. Davisson, L.H. Germer und unabhängig von G.P. Thomson, von ihnen gefunden aufgrund theoretischer Überlegungen von Louis de Broglie, Erwin Schrödinger u.a. zur Wellennatur aller Materie. Diese Entdeckung gab der Wellenthese von Hertz, Lenard und anderen von einem höheren Standpunkt aus, dem der Quantenmechanik, wieder recht. Selbstverständlich war es keine elektromagnetische Welle mehr, die man nun in das Elektron interpretierte.[28]
3. das positiv geladene Elektron, das „Positron" — gefunden aufgrund theoretischer Forderungen von P.A.M. Dirac 1928 durch C.D. Anderson (veröffentlicht 1932/33).[29]

J. Teichmann

Die Entdeckung der Röntgenstrahlen

In Gilberts „Annalen der Physik" VII, 1801, schrieb ein Herr Treviranus, Professor der Physik in Bremen: „Als ich verwichenen Sommer mit der Fortsetzung meiner Versuche über den Einfluß des galvanischen Agens auf das Pflanzenleben beschäftigt war, ging es mir, wie schon manchem Forscher: Ich entdeckte außer dem, was ich wissen wollte, auch noch etwas, das ich nicht suchte, und welches vielleicht wichtiger als das Gesuchte war."

Die Entdeckung der Röntgenstrahlen stellt wohl den folgenreichsten Fall solcher Erfahrung dar. Bis zum Überdruß befragt, wie er zu der großartigen Entdeckung gekommen sei, antwortete Röntgen immer barsch: durch Zufall! In seinem Bericht vom 28. Dezember 1895 an die Physikalisch-Medizinische Gesellschaft in Würzburg, deren Mitglied er war, steht auch nichts vom Hergang der Entdeckung, nicht was war, sondern was ist:

„Über eine neue Art von Strahlen:

Läßt man durch eine Hittorf'sche Vakuumröhre, oder einen genügend evakuierten Lenard'schen, Crookes'schen oder ähnlichen Apparat die Entladung eines größeren Ruhmkorff gehen und bedeckt die Röhre mit einem ziemlich eng anliegenden Mantel aus dünnem, schwarzem Carton, so sieht man in dem vollständig verdunkelten Zimmer einen in die Nähe des Apparates gebrachten, mit Bariumplatincyanür angestrichenen Papierschirm bei jeder Entladung hell aufleuchten, fluoreszieren, gleichgültig, ob die angestrichene oder die andere Seite des Schirms dem Entladungsapparat zugewendet ist. Die Fluoreszenz ist noch in 2 m Entfernung vom Apparat bemerkbar. Man überzeugt sich leicht, daß die Ursache der Fluoreszenz vom Entladungsapparat und von keiner anderen Stelle der Leitung ausgeht."

Wenden wir uns zuerst dem Vokabular dieser Einleitung zu. Über das Gebiet der Elektrizitätsleitung in Gasen ist an anderer Stelle die Rede, besonders über die Arbeiten Hittorfs, des eigentlichen Endeckers der Kathodenstrahlen. Wenn wir hier noch einmal darauf zurückkommen, so deshalb, weil Röntgen die Hittorfschen Röhren an den Anfang stellt. In Hittorfs bahnbrechender Arbeit von 1869 sind 29 Variationen von mit Zuleitungsdrähten versehenen Vakuumröhren dargestellt. Weitaus die Mehrzahl sind wirkliche Röhren, einige haben Kugelform, und wo sie zitronenförmig sind, nennt er sie Behälter. In der Folge achtete man nicht mehr auf diese Unterscheidung und nannte alle Formen Röhren.

„Während aber die Arbeiten des bescheidenen deutschen Gelehrten nur in Fachkreisen verdiente Anerkennung fanden, verstand es (der Engländer) Crookes, durch elegante Gestaltung der Versuche mannigfaltige und anmuthige Erscheinungen hervorzurufen und damit das Interesse eines größeren Publikums zu erregen... Wenn Crookes sich das nicht gering anzuschlagende Verdienst erworben hat, die Kenntnis der Kathodenstrahlen in weiteren Kreisen zu verbreiten, so erscheint es doch gerecht, die Röhren, in denen sie auftreten, nach dem eigentlichen Entdecker lieber Hittorf'sche Röhren zu nennen." In diesem Zeitungsaufsatz aus der Zeit der Entdeckung schließt sich der Münchner Professor Lommel einer Äußerung Röntgens an. In einem Bericht über dessen Vortrag am 23. Januar 1896 heißt es: „Es ist dies eine von den Röhren, die in den bisherigen Zeitungsberichten gewöhnlich Crookes'sche Röhren genannt werden. Röntgen jedoch möchte lieber, daß man ihnen den Namen Hittorf'sche Röhren beilegt, denn Hittorf habe zuerst mit ihnen Versuche angestellt, Crookes nur verbessernde Modifikationen angebracht."

Crookes Zutat war aber nicht unerheblich. Er gab den Kathoden mehrfach die Form von Hohlspiegeln, wodurch sich die Kathodenstrahlen wie in einem Brennpunkt sammeln ließen. Der Effekt kommt dadurch zustande, daß nach einem Befund Goldsteins die Kathodenstrahlen jeden Teil einer metallischen Fläche senkrecht zu diesem Flächenteil verlassen. Auch Röntgen könnte gerade von diesem Trick profitiert haben. Der Betrieb dieser Röhren kann mit Elektrisiermaschinen, sogenannten Influenzmaschinen, erfolgen. Ungleich wirksamer sind Funkeninduktoren, Ruhmkorffs, wie sie nach ihrem Erfinder Heinrich Daniel Rühmkorff, einem in Paris ansässig gewordenen Hannoveraner, benannt werden. Ein zeitgenössischer Katalog bot sie für Funkenlängen von 1,5 cm bis 50 cm an zum Preis von 58 bis 600 Reichsmark.

Unter „fluoreszieren" versteht man das Leuchten gewisser Mineralien und künstlich hergestellter Verbindungen bei Bestrahlung mit ultraviolettem Licht. Diese Erscheinung entdeckte 1852 der englische Physiker George Gabriel Stokes am Flußspat (CaF_2) oder Fluorit und benannte sie nach ihm, „ähnlich wie Opaleszenz vom Opal hergeleitet ist ... Calcium-, Barium- und Strontiumsalze sind ungemein empfindlich, und ihr Fluoreszenzlicht zeigt verschiedene Abstufungen im Grünen". Der Forscher fand auch die lebhafte Fluoreszenz des Bariumplatincyanürs Ba $(Pt(CN)_4) \cdot 4H_2O$, heute Bariumplatin-(II)-cyanid genannt. Nicht von ungefähr bedachte Röntgen auch Stokes mit einem Sonderdruck seiner ersten Veröffentlichung.

Der Berliner Physiker Eugen Goldstein setzte fluoreszierende Substanzen den Kathodenstrahlen im Innern einer Entladungsröhre aus und fand, daß sie dasselbe Leuchten hervorriefen wie ultraviolettes Licht. Crookes machte davon ausgiebig Gebrauch. Das Phänomen findet heute weltweite Anwendung in den Bildröhren der Fernsehgeräte. (Während die Fluoreszenz nur so lange dauert wie die Bestrahlung, versteht man unter Phosphoreszenz das Leuchten gewisser Stoffe bei Erwärmung oder Sonnenbestrahlung, das wesentliche ist hier das Nachleuchten. Die von John William Draper (1851) stammende Bezeichnung ist allerdings insofern irreführend, als das Leuchten des Phosphors auf einer chemischen Ursache, Oxidation, beruht.)

Nach Röntgens eigener Aussage waren die Versuche Lenards mit Kathodenstrahlen der Anlaß, daß er sich diesem Forschungsgebiet zuwandte. Wie an anderer Stelle geschildert, war es Lenard gelungen, einem Vorschlag Heinrich Hertz' zufolge Kathodenstrahlen durch ein „Fenster" in den Außenraum der Röhre zu holen (1894). Dies war jedenfalls das Ziel. Ob die Strahlen, die dort auftraten, wirklich Kathodenstrahlen waren oder ob während des Durchgangs durch das Fenster eine Umwandlung in eine andere Art stattgefunden hatte, stand noch offen. Deshalb sprach man vorsichtshalber von Lenardstrahlen.

Lenard benutzte zum Nachweis der Strahlung die Fluoreszenz einer organischen Verbindung namens Pentadecylparatolylketon. In geschmolzenem Zustand auf weißes Seidenpapier aufgetragen, erhielt der Forscher einen Schirm, der, zwischen Fenster und Auge gehalten, die Helligkeit der gelbgrünen Fluoreszenz auch von der Rückseite her beurteilen ließ. Es interessierte ja neben der Reichweite der Strahlung die Art der Abnahme mit wachsendem Abstand vom Fenster. Proben der Substanz hatte der in Heidelberg tätige Forscher Röntgen zur Verfügung gestellt. In Lenards Arbeit steht aber auch: „Eine Sammlung von Bariumplatincyanüren gab zum Teil glänzende Erscheinungen, Farbe und Helligkeit stimmte jedesmal mit der im UV des Sonnenspektrums überein."

Was hatte nun Röntgen eigentlich vor? In dem schon erwähnten Vortragsbericht im Würzburger „Fränkischen Courier" heißt es: „Röntgen stellte sich nun nicht die Aufgabe, die Kathodenstrahlen zu untersuchen, sondern er versuchte die Strahlen der Atmosphäre mitzuteilen." Dies war ja Lenard anscheinend gelungen. Aber, so könnte sich der Würzburger Professor gefragt haben, geht es auch ohne Fenster? Bei Lenard steht nämlich: „Geblasene Glashäutchen zeigen merkliche Durchlässigkeit schon bei einer Dicke von 0,02 mm ... es ist nicht ausgeschlossen und sogar wahrscheinlich, daß die genannten Beobachtungen unter anderen Umständen andere Arten von Kathodenstrahlen erzeugten, welche weniger fähig sind, die Materie zu durchdringen..." Warum also nicht auch fähiger?

Wollte Röntgen tatsächlich Kathodenstrahlen außerhalb der Röhre nachweisen — und dies konnte nur mit einer der gelbgrün oder grün fluoreszierenden Substanzen erfolgen —, war erst die grüne Fluoreszenz des Entladungsgefäßes auszuschalten. Deswegen bedeckte er die Röhre „mit einem ziemlich eng anliegenden Mantel aus dünnem, schwarzem Carton", und dies ging bei der birnenförmigen einfacher als etwa bei einer Kugel (Bild 93 a + b). Dünner Karton war erforderlich, weil nach Lenards Angabe ein Karton von

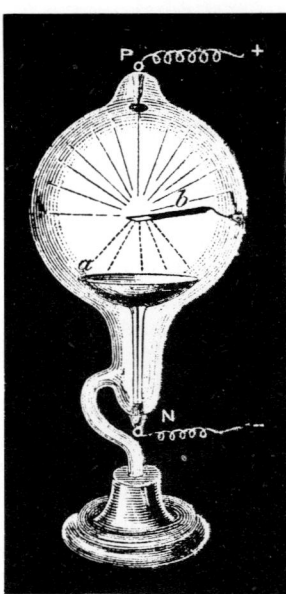

a)   b)

Bild 93a) Eine Crookes-Röhre aus Röntgens Zeit. Sie diente zur Vorführung der Ablenkung von Kathodenstrahlen durch einen Magneten, erkennbar, an der Verschiebung des hellen Fleckes an der Auftreffstelle der Strahlen auf der stumpfen Seite der Birne.
Bild 93b) Mit einer Röhre dieses Musters demonstrierte Crookes bei seinem Vortrag im August 1779 die Erhitzung eines Stückchens Platinblech bis zur Hellglut. Er konnte nicht ahnen, daß er es mit einer perfekten Röntgenröhre zu tun hatte. Platin als Antikathode empfahl Röntgen erst in seiner zweiten Mitteilung.

1,3 mm Dicke, vor das Fenster gehalten, jegliche Strahlung zurückhielt. Wenn es also Röntgen darum ging, eine Strahlung im Außenraum der Röhre zu suchen — anders lassen sich die Vorbereitungen auch nicht verstehen —, mußte er einen fluoreszierenden Indikator in möglichst große Nähe der Röhre halten, und nachdem er sich eng an Lenards Untersuchungen hielt, wird er den von ihm benützten Schirm, das Keton, verwendet haben.

Um so mehr muß es den Professor fasziniert haben, als nach Einschalten des Induktors einige Lichtpünktchen auf dem Tisch in grünem Licht funkelten, während der Lenardschirm dunkel blieb! Sie waren weg, sobald der Ruhmkorff ausgeschaltet war, und wieder zur Stelle, sobald er wieder schnarrte, Glühwürmchen vergleichbar, die auf Kommando strahlten und erloschen. Eine wahrhaft aufregende Geschichte, sie ereignete sich nach Röntgens Aussage am 8. November 1895.

Der Forscher scheint schnell erkannt zu haben, daß es sich bei den Quellen dieses Leuchtens um verstreute Körnchen von Bariumplatincyanür handelte; vielleicht hatte er im Rahmen der Vorbereitungen noch einen Schirm mit diesem Stoff beschichtet, vielleicht verrieten sie ihre Natur auch durch die charakteristische Farbe der Fluoreszenz.

Röntgen war ein zu selbstkritischer Forscher, als daß er sich nicht nach allen Richtungen vergewisserte, ob nicht doch eine Täuschung ihn narrte. Aber nachdem er sich klar geworden war, hier etwas absolut Neuartiges gefunden zu haben, verbrachte er jede Minute, die ihm seine dienstlichen Obliegenheiten ließen, im Laboratorium; er ließ sich sogar das Essen von der Wohnung im ersten Stock des Instituts bringen und später auch das Bett.

Natürlich war nun ein Schirm, ein mit dem Cyanür beschichtetes Stück Pappe, der geeignete Auffänger. Papier, ein Kartenspiel, zwischen Röhre und Schirm gehalten, verdunkelte dessen Leuchten kaum; sogar ein gebundenes Buch von tausend Seiten Dicke ließ ihn noch deutlich leuchten. Bretter von Tannenholz von 3 cm Dicke zeigten sich auffallend durchlässig; eine Aluminiumschicht von 15 mm Dicke war nicht imstande, die Fluoreszenz gänzlich zu unterdrücken, ein Bleiblech hingegen zeigte sich schon bei 1,5 mm Dicke so gut wie undurchlässig. „Hält man die Hand zwischen Entladungsapparat und den Schirm, so sieht man die dunkleren Schatten der Handknochen in dem wenig dunklen Schattenbild der Hand."

Wegen der Schattenbildung mußte sich das sonderbare Agens geradlinig ausbreiten — der Grund, von Strahlen zu sprechen. Ihre Ausgangsstelle war offenbar identisch mit der Stelle, an der die Kathodenstrahlen auf die Glaswand auftrafen, wo das Glas am stärksten fluoreszierte, denn wurden die Kathodenstrahlen mit einem Magneten abgelenkt und damit jene Stelle verschoben, so gingen auch die Schatten mit. Der Befund läßt abermals darauf schließen, daß Röntgen Röhren mit recht definiertem Fluoreszenzfleck benützte, also jedenfalls Röhren vom Crookesschen Typ. Andernfalls hätte er nicht die Knochen seiner Hand erkennen können, wäre nicht das überraschend gute Schattenbild von der Hand seiner Frau gelungen, der krönende Abschluß der ersten Versuchsreihe am Tag vor Weihnachten 1895 (Bild 94).

Daß die Wirkung des X-Strahlen, wie sie der Entdecker nannte, photographische Platten schwärzte, war naheliegend. Goldstein in Berlin hatte ja eine solche Wirkung schon bei Kathodenstrahlen festgestellt und Lenard bei den Lenardstrahlen. Dennoch konnten die X-Strahlen keine Art von Licht sein, denn es war nicht möglich, sie mit einem Prisma erkennbar abzulenken, einerlei, aus welchem Material, ob aus Glas, Wasser, Schwefelkohlenstoff oder Pech, wie Heinrich Hertz sie benützte. Da deswegen photographische Apparate mit Linsen sinnlos waren, ließ Röntgen eine Lochkamera aus Bleiblech fertigen. Mit ihr gelang der direkte Nachweis, daß der Fluoreszenzfleck auf der Röhrenwand die Quelle der X-Strahlen war; aus der mit einem Magneten bewirkten Schattenverschiebung hatte er dies schon früher gefolgert. Aber

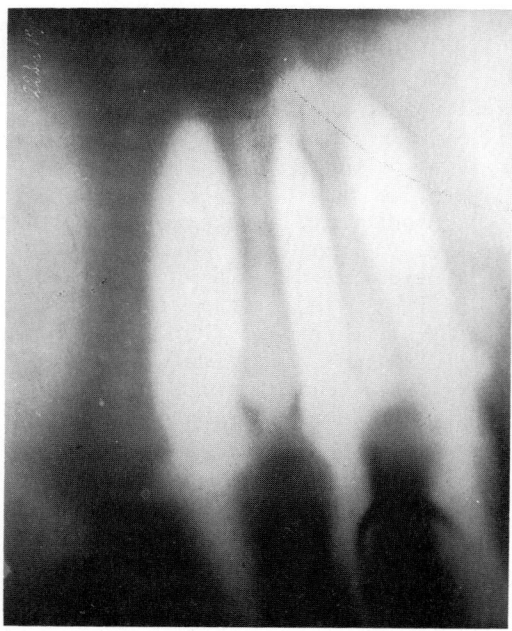

Bild 94 Am 22. Dezember 1895 machte Röntgen
diese Aufnahme von der Hand seiner Frau um zwischen Weihnachten und Neujahr Kopien an Freunde
und Bekannte verschicken zu können.

die Strahlen selbst ließen sich durch Magnete nicht im geringsten ablenken,
ein Befund, der wie von den Kathodenstrahlen grundsätzlich unterscheidet.

Worin aber, um mit Röntgen zu sprechen, bestand nun der Zufall? Offenbar darin, daß der richtige Indikator, Bariumplatincyanür, vorhanden war,
und zwar in der Nähe der Röhre als verstreute Körnchen. Diese Substanz war
in den meisten physikalischen Instituten vorhanden zur Demonstration der
Fluoreszenz und zum Nachweis von ultraviolettem Licht. Daß sie speziell in
dem Raum gegenwärtig war, in dem sich das Geschilderte abspielte, konnte
natürlich auf dem Hinweis Lenards hinsichtlich ihrer vorzüglichen Fluoreszenz bei Erregung durch Kathoden- bzw. Lenardstrahlen beruhen.

Wie Röntgen mit der Lochkamera feststellte, gehen von allen festen
Stoffen X-Strahlen aus, wenn sie von Kathodenstrahlen getroffen werden,
nicht nur von Glas. So strahlte ein 0,3 mm dickes Platinblech sehr kräftig,
aber nur von der getroffenen Seite aus, während ein 1 mm dickes Aluminium-

blech auch auf der Rückseite relativ viele Strahlen abgab. Daher war die Lenardröhre auch eine Röntgenröhre, das Fenster aus 0,01 mm dickem Aluminium nicht nur Durchlaß für Kathodenstrahlen, sondern zugleich Antikathode. So waren tatsächlich schon bei Lenard (1894) die Voraussetzungen zur Entdeckung der X-Strahlen gegeben, nur war Lenards Schirm nicht der richtige Indikator, das Glück war halt mit Röntgen. Noch zwanzig Jahre nach Röntgens Tod schrieb Lenard, der Nobelpreisträger von 1904, giftig: „Röntgen war die Hebamme bei der Geburt der Entdeckung. Diese Helferin hat den Vorzug, das Kind zuerst vorzeigen zu können. Mit der Mutter kann sie nur von Unwissenden verwechselt werden, die vom Entdeckungsvorgang und vom Vorausgegangenen nicht mehr wissen als Kinder vom Storch."

Eine perfekte Röntgenröhre führte Crookes schon 1879 vor, als er, um die Wärmewirkung der Kathodenstrahlen zu demonstrieren, ein im Brennpunkt einer Konkavkathode angebrachtes Stückchen Platin mit Kathodenstrahlen torpedierte. Wie hätte er auch nur ahnen können, was er da in Händen hatte! Der Frankfurter Physiker Walter König, der im Februar 1896 mit dem Crookesschen Typ, vielleicht aus Verlegenheit, da er andere Röhren nicht zur Verfügung hatte, Röntgenaufnahmen versuchte, erhielt schärfere Bilder als der Entdecker selbst, kein Wunder bei fast punktförmigem Brennfleck und optimaler Intensität.

Röntgens Entdeckung kam durch die Indiskretion des Wiener Sonntagblattes „Presse" vom 5. Januar 1896 in die Öffentlichkeit. Von dort aus ging die sensationelle Kunde in wenigen Tagen um die Welt. Röntgens Vortrag vor der Physikalisch-Medizinischen Gesellschaft in Würzburg fand am 23. Januar im großen Physik-Hörsaal statt. Er war und blieb der einzige. Als Höhepunkt der Veranstaltung wurde der Anatom Professor Kölliker gebeten, seine Hand unter eine Röhre auf eine mit einer Trockenplatte versehene, aber geschlossene Holzkassette zu legen. Sofort nach der Bestrahlung wurde die Platte entwickelt und das Ergebnis, vielleicht durch Projektion, der Versammlung vorgezeigt. Besonderen Eindruck machte der Ehering, der um den Fingerknochen zu schweben schien. Daraufhin schlug Kölliker unter tosendem Beifall des Auditoriums vor, die X-Strahlen künftig Röntgenstrahlen zu nennen. In der angelsächsischen Literatur heißen sie heute noch „X-rays" und in der französischen „rayons X".

Natürlich war bei dem Vortrag die Presse vertreten, die lokale vor allem. Was dann von anderen Blättern übernommen wurde, war nicht lauteres Gold, wie folgendes Beispiel aus der oben erwähnten Sammlung zeigt:

„Die Entdeckung der Röntgenschen Strahlen, die durch sonst undurchsichtige Körper hindurchgehen wie anderes Licht durch Spiegelglas, verdankt die Welt wieder einmal einem Zufall, freilich einem Zufall, der nur im Laboratorium des genialen Forschers möglich war, und den ein anderer Mann kaum zu benutzen verstanden hätte. Professor Röntgen experimentierte mit seinem fast luftleer gemachten Glasballon in seiner Dunkelkammer. Als er den

Ballon bereits in dem undurchsichtigen Futteral verwahrt hatte, bemerkte er plötzlich — so wird uns berichtet — daß ein lichtempfindlicher Stoff im Bereiche der gradlinien Kathodenstrahlen zu leuchten begann. Röntgen untersuchte die verblüffende Erscheinung und entdeckte so das Licht, das er selbst X-Strahlen nennt, das aber wohl für alle Zeiten unter dem Namen der Röntgen-Strahlen bekannt bleiben wird."

Der deutsche Kaiser, der am 9. Januar „mit tiefstem Erstaunen in der Zeitung die weltbewegende Entdeckung gelesen" hatte, ließ nach Würzburg telegraphieren: „Wenn sich der Bericht bewahrheitet, so gratuliere ich Ihnen aus vollem Herzen und preise Gott, daß unserem deutschen Vaterlande der neue Triumph der Wissenschaft beschert ist, welcher hoffentlich von reichem Segen für die Menschheit sein wird. Sobald Sie Zeit haben, wäre ich Ihnen dankbar, wenn Sie mir einen Vortrag über Ihre Erfindung halten könnten. — Wilhelm, I.R." Einen Tag darauf telegraphierte der Flügeladjutant vom Dienst, von Arnim: „Seine Majestät wollen den Vortrag Euer Hochwohlgeboren Sonntag, den 12.d.M. nachmittags 5 Uhr hierselbst entgegen nehmen. Sollte ein Laboratorium zur Vorführung der Experimente erforderlich sein, werden Hochwohlgeboren ersucht, sich mit der Berliner Universität in Verbindung zu setzen."

Röntgen packte zusammen, was er brauchte, und war am 11. Januar schon in Berlin. Bei dem Vortrag war kein Journalist zugegen, aber einer der wenigen geladenen Gäste ließ einen Bericht der „Kölnischen Zeitung" zukommen. Der Herr war sicher kein Physiker, aber ein intelligenter und sehr aufmerksamer Zuhörer. Andererseits ist anzunehmen, daß Röntgen, im Anblick der höchsten Herrschaften, anders als bei seinem Vortrag in Würzburg, vielleicht auch auf Fragen hin, den Hergang der Entdeckung erzählte. Und durch diesen Bericht wurde eben die Sache mit den auf dem Tisch verstreuten Körnchen bekannt; sie ist so echt aus dem Laboratorium gegriffen, daß sie der Berichterstatter nicht zusammenphantasiert haben kann. Man achte bei der Lektüre auf das Fortschreiten von Geißlerröhren über Hittorföhren zu den Crookesschen Röhren, ... wie er die Crookessche Röhre umhüllt ... und die ihm durch Zufall gewiesene Spur verfolgt. Wie vorteilhaft sich dieser Text, einer der schönsten der Physikgeschichte, von der obigen Kostprobe abhebt, wolle der Leser selbst beurteilen:

„Vermischtes. Professor Röntgen beim Kaiser. Über den neulichen Vortrag des Professors Röntgen im königlichen Schlosse wird der Köln. Zeitung geschrieben: Der Kaiser war durch eine Zeitungsnotiz auf die Entdeckung der X-Strahlen durch den Professor in Würzburg aufmerksam geworden. Das lebhafte Interesse, das er allen wichtigern Erscheinungen des öffentlichen Lebens, sei es auf socialem, sei es auf wissenschaftlichem Gebiet entgegenbringt, wandte sich sofort diesem neuen bedeutsamen Gegenstande zu. Da die Zeitungsnotiz in ihrer Kürze der Aufklärung bedürftig und die Meldung außerdem mit den bisher bekannten physicalischen Gesetzen im

Widerspruch zu stehen schien, wurde zunächst bei dem Professor Röntgen telegraphisch angefragt, ob die von ihm gemachte Entdeckung den Zeitungsnachrichten entspreche, und, nachdem der Gelehrte dies bestätigt, ließ der Kaiser ihn noch am selben Tage ersuchen, nach Berlin zu kommen, um durch persönlichen Vortrag die Majestäten über die von ihm gefundene neue Erscheinung zu orientieren. Schon am nächsten Tage traf Professor Röntgen in Berlin ein und in den Nachmittagsstunden stand er in dem rasch zu provisorischen Laboratorium umgewandelten Sternensaal des königlichen Schlosses, um einem kleinen, aber erlesenen Auditorium die Auffindung der XStrahlen zu erläutern. Außer dem Kaiser und der Kaiserin wohnte die Kaiserin Friedrich dem Vortrage bei. Seine Majestät hatte es der Wichtigkeit der neuen Entdeckung angemessen erachtet, dem Cultusminister zu dem Vortrag befehlen zu lassen, zu dem noch ferner der Chef des Geheimen Civil-Cabinets, der Generalarzt Professor Dr. Leuthold, sowie das Berliner Hauptquartier Seiner Majestät und das Gefolge der Kaiserin geladen war. Professor Röntgen wird auch auf seiner Universität keine aufmerksamern Zuhörer gehabt haben. Mit größter Spannung folgten die Anwesenden, allen voran der Kaiser, dem klaren und lichtvollen Vortrag, der sich stellenweise fast dramatisch belebte. Der Professor erklärte zuerst das Wesen der Geißlerschen Röhren, besprach sodann die Hittorffschen Versuche, ging zur Erläuterung der Kathodenstrahlen über und kam endlich zu den Crookesschen Röhren. Er unterstützte seinen Vortrag durch praktische Vorführungen, in dem er die Erscheinungen zeigte, welche der elektrische Strom in den vorbenannten Apparaten hervorruft. Nun kam der Professor auf seine eigentliche Entdeckung zu sprechen. Er führte die Zuhörer im Geist in sein Arbeitszimmer, er erzählte, wie er die in den Strom eingeschaltete Croocessche Röhre umhüllt habe, um dem Wesen der Kathodenstrahlen nachzuforschen, und wie dann seine Augen von dem Fluoresciren einiger zufällig auf dem Tisch verstreuten Körnchen eines chemischen Salzes angezogen worden seien. Wie er sofort aufmerksam geworden, sich gefragt habe, was ist das? — woher kommt das? — wie er unablässig die ihm durch den Zufall gewiesene Spur verfolgt habe, wie er, um die Quelle der unsichtbaren Kraft zu finden, erst ein Kartenblatt, dann ein Buch, schließlich eine Aluminiumplatte zwischen die Röhre und die fluorescirende Masse gehalten habe, wie alle diese Körper die ausströmende Kraft nicht geschwächt hätten und wie er sich schließlich habe sagen müssen, hier findet die Äußerung einer Kraft statt, die alle diese Körper durchdringen muß. Er ließ seine Zuhörer nun alle Zweifel des Forschers an dieser dem Physiker gänzlich unbekannten Erscheinung nacherleben, er erzählte, wie er mißtrauisch geworden sei gegen sein eigenes Wahrnehmungsvermögen, gegen seine eigenen Sinne, und wie er sich schließlich gesagt habe: das menschliche Auge kann sich täuschen, die photographische Platte aber täuscht sich nicht. Und nun folgte die Darstellung der ersten Versuche mit dem photographischen Apparat, die Entwicklung der ersten Bilder, die, von unsichtbaren Lichtstrahlen hervorgerufen, den Beweis erbrachten, daß hier eine Kraft vorliege, die Holz und andere leichte Stoffe durchdringt und der nur schwere Körper einen Widerstand bieten. Nun drängten sich die Versuche, bis schließlich das allgemeine Gesetz gefunden wird, daß die Durchdringungskraft der X-Strahlen abhängig ist von der Schwere der Körper. Zahlreiche Photographieen, von dem durch einen Holzkasten hindurch photographierten Gewichtssatz und dem klaren Bilde der in einen Holzblock eingeschlossenen Metallspirale bis zu dem durch die Weichteile hindurch photographirten Knochengerüst der menschlichen Hand unterstützten den Vortrag und gingen während desselben von Hand zu Hand. Zuletzt führte der Professor noch eine Crookessche Röhre vor, die letzte, die ihm noch geblieben und die er mitgebracht hatte. Die Kürze der Zeit hatte es ihm nicht erlaubt, sich neue Röhren zu verschaffen, und bekanntlich nimmt die Evacuirung einer solchen Röhre, die nur mit der Quecksilber-Luftpumpe gemacht werden kann, vier Tage in Anspruch. Die in eine Pappumhüllung eingeschlossene Röhre wurde in den Strom eingeschaltet. „Man muß auf Kaiserglück bei dem Versuch rechnen," hatte der Professor vorher gesagt, „denn die Röhren sind sehr empfindlich und werden oft schon bei dem ersten Versuch zerstört" — und er hatte Kaiserglück, denn in dem verdunkelten Raum zeigte sich deutlich das Fluoresciren der mit Salzlösung getränkten Platte, die in die Nähe der Röhre gebracht wurde. — Hiermit war der Vortrag beendet, an den sich eine lebhafte Discussion schloß."

„Der gestrige Hofbericht meldete, daß der Kaiser sich Abends um $6\frac{1}{2}$ Uhr zu einem Vortrage des Professors Slaby in der Technischen Hochschule nach Charlottenburg begeben werde. Dieser Vortrag behandelte, wie wir aus zuverlässiger Quelle erfahren, die Röntgensche Entdeckung. Im Palais war es nicht möglich, dem Kaiser mehr als Photographien zu zeigen, in der Hochschule aber konnten die vollständigen Experimente vorgeführt werden. Professor Slaby ist übrigens unausgesetzt beschäftigt, die neue Entdeckung zu erweitern, und er soll schon überraschende Resultate erzielt haben. Bevor aber die Untersuchungen abgeschlossen sind, wird strenges Stillschweigen beobachtet, nur so viel sei mitgeteilt, daß die Photographien viel besser gelangen als in Würzburg, was durch die ausgezeichneten Mittel der Charlottenburger technischen Hochschule ermöglicht wurde. Es sind sehr scharfe und bestimmte Skeletbilder eines Huhns und einer Maus gewonnen worden."

Röntgens Leben könnte einen glauben machen, er sei von Anfang an zu etwas Besonderem ausersehen gewesen. Wilhelm Conrad Röntgen wurde am 4. Mai 1845 als Sohn eines Kaufmanns und Tuchfabrikanten zu Lennep (Niederrhein) geboren. Nach drei Jahren wanderte die Familie nach Apeldoorn in Holland, der Heimat der Mutter, aus. Die Schuljahre verbrachte er in Privatanstalten; hierauf besuchte er eine technische Schule am Ort. Weil er einen Mitschüler nicht verraten wollte, der auf die Wandtafel eine Karikatur gezeichnet hatte und diese vor Erscheinen des Lehrers nicht mehr entfernen konnte, wurde er von der Schule gewiesen. Der Versuch, das Abitur als Privatschüler zu erlangen, ging ebenfalls fehl. Damit war ihm ein ordentliches Studium an einer Hochschule verwehrt, weshalb er sich an der Universität Utrecht nur als Gasthörer einschreiben konnte. Dort jedoch erfuhr er von einem Schweizer namens Thormann, daß man am Polytechnikum in Zürich, nach Bestehen einer Eignungsprüfung, auch ohne Reifezeugnis studieren könne. Der Pechvogel hatte endlich Erfolg und fand Aufnahme in die mechanisch-technische Abteilung; im Jahre 1868 schloß er mit einem glänzenden Diplom als Maschinenbauingenieur ab. Mit diesem Zeugnis hatte Röntgen Zugang zur Universität und promovierte 1869 mit „Studien über Gase" zum Dr. phil. In Zürich fand er auch seine Lebensgefährtin, die Tochter des Besitzers des Café-Restaurants „Zum grünen Glas".

Als Hörer an der Universität hatte er das Interesse des Physikers August Kundt erregt und ließ sich von ihm für die Physik gewinnen. Er folgte ihm als Assistent an die Universität Würzburg; dort gab es wieder einen Rück schlag: Es wurde ihm die Habilitation wegen fehlenden Abiturs verweigert. Sie gelang ihm an der Universität Straßburg, wohin Kundt einen Ruf erhalten hatte. Nach kurzem Gastspiel als a.o. Professor an der Landwirtschaftlichen Hochschule in Hohenheim (Baden) konnte ihm sein Förderer eine Zweit-Professur in Straßburg verschaffen (1876). Nach drei Jahren wurde er ordentlicher Professor in Gießen. Durch glänzende Arbeiten zu hohem Ansehen gekommen, erreichte ihn 1888 ein Ruf als Nachfolger von Friedrich Kohlrausch nach Würzburg, das ihm einst die Hochschullaufbahn vorenthalten hatte. Im akademischen Jahr 1894 war er Rektor magnificus. 1899, nach Ablehnung eines Rufes nach Leipzig, wurde er Königlich Bayerischer Geheimrat mit dem Titel Exzellenz. Einem Ruf auf den verwaisten Lehrstuhl an der Universität München konnte er sich allerdings nicht versagen, so schmerzlich ihm auch der Abschied von Würzburg (1900) fiel. Als im Jahre 1901 der Nobelpreis zum erstenmal vergeben wurde, war Röntgen der Laureat für Physik. Den Geldbetrag stiftete er der Universität Würzburg.

Röntgen erforschte „die neue Art von Strahlen" so gründlich, daß erst zehn Jahre nach ihrer Entdeckung mit dem Nachweis der Polarisation der Strahlen durch den Engländer Barkla wesentlich Neues dazukam. In München wurde der berühmte Mann nicht heimisch. Überreich an akademischen Ehrungen starb er am 10. Februar 1923.

F. Fraunberger

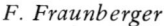

Die Entdeckung der Radioaktivität

Schon ehe Röntgens Name um die Welt gegangen war, wurde er in Fachkreisen geschätzt als Entdecker des Röntgenstroms, wie ihn der große französische Mathematiker und theoretische Physiker Jules Henri Poincaré benannte. Folglich gehörte er zu den Auserwählten, denen der Würzburger Professor einen mit Aufnahmen bereicherten Erstdruck seines Entdeckungsberichts zusandte. In einem nicht datierten, aber sicher noch im Januar 1896 geschriebenen Brief an den Absender schrieb Poincaré: „Man kann sich fragen, ob die X-Strahlen nur durch Kathodenstrahlen hervorgerufen werden können, oder ob sie von den fluoreszierenden Stoffen ausgehen, was auch immer die Ursache ihrer Fluoreszenz sein möge. Bei der Unkenntnis, in der wir uns befinden, sind alle Hypothesen möglich; das Experiment scheint leicht durchführbar, haben Sie es schon einmal versucht?"

In der letzten Januarsitzung der Pariser Académie des Sciences erstattete Poincaré seinen Kollegen Bericht über Röntgens Zusendung, ließ auch die Aufnahmen zirkulieren und wiederholte den Inhalt obiger Zeilen. Wiederum war es ein Glücksfall, daß einer der illustren Runde Henri Becquerel war, Experte, was Mineralien, Phosphoreszenz und Fluoreszenz betraf.

Henri Becquerel (1852—1908) war wie schon sein Vater Edmond und sein Großvater Antoine César Professor am Pariser Musée d'Histoire Naturelle. Während letzterer sich der noch jungen Wissenschaft des Galvanismus und des Elektromagnetismus zugewandt hatte, hielt es der Vater mit der Mineralogie und verwandten Problemen, u. a. schrieb er in seinem Werk „La Lumière" über Spektren phosphoreszierender Substanzen. Als Entdecker der ausgezeichneten Fluoreszenz des hexagonalen Zinksulfids ZnS (Blende von Sidot) erwies er der noch gar nicht existierenden Wissenschaft, die der Sohn eröffnen sollte, bereits einen Dienst. Aber sein größtes Verdienst war, daß er ihn in sein Forschungsgebiet einführte.

Becquerel III. ging auf Poincarés Bemerkung spontan ein, und schon nach einem Monat, in der Sitzung am 24. Februar 1896 — ein denkwürdiges Datum —, konnte er über erste Ergebnisse berichten. In den „Comptes rendus", Band 122, S. 420 steht als Überschrift: „Sur les radiations émises par phosphorescence". Demnach unterschied der Mineraloge nicht zwischen Phosphoreszenz und Fluoreszenz, um welch letztere es sich eindeutig handelte. Denn die erfolgbringende Substanz hatte, wie sein Vater mit seinem

„Phosphoroskop" feststellte, eine Nachleuchtdauer von weniger als $^1/_{100}$ sec. Für ihre Wahl, Kaliumuranylsulfat, nach damaliger Schreibweise SO^4 (OU)K + H_2O, dürfte außer der lebhaften Fluoreszenz entscheidend gewesen sein, daß dieses Doppelsulfat die willkommene Eigenschaft hatte, in Form von Plättchen zu kristallisieren.

Nun zu Becquerels Experiment: „Man umhülle eine photographische Platte (Silberbromidgelatine) mit zwei Blättern schwarzen Papiers so dicht, daß sie, einen Tag lang dem Sonnenlicht ausgesetzt, nicht verschleiert. Dann bringe man an der Außenseite des Papiers eine Platte der phosphoreszierenden Substanz an und setze das Ganze mehrere Stunden dem Sonnenlicht aus. Nach Entwickeln der Platte zeigt die (photographische) Schicht das schwarze Schattenbild („silhouette") der phosphoreszierenden Substanz. Bringt man zwischen phosphoreszierender Schicht und Papier eine Münze oder eine mit Zeichen durchbrochene Metallfolie, sieht man das Bild dieser Objekte auf der entwickelten Platte.

Man kann diese Experimente wiederholen mit einer dünnen Glasscheibe unter der phosphoreszierenden Substanz, um eine mögliche chemische Einwirkung von Dämpfen auszuschließen, die die Substanz als Folge der Sonnenbestrahlung abgeben könnte. Aus diesen Experimenten muß man schließen, daß die phosphoreszierende Substanz Strahlen aussendet, die das lichtundurchlässige Papier durchdringen und das Silbersalz reduzieren."

Poincaré wird dies gerne vernommen haben: Tatsächlich gibt eine fluoreszenzfähige Substanz X-Strahlen ab, während sie von der Sonne bestrahlt wird. Aber schon in der nächsten Sitzung am 2. März war anderes zu hören: Becquerel: „Ich lege besonderen Wert auf den mir eminent wichtig erscheinenden Befund: Dieselben kristallischen Lamellen, die ich unter gleichbleibenden Bedingungen auf photographische Platten anbrachte, aber sie nicht einer Bestrahlung ausgesetzt hatte, rufen auf den Platten die gleichen Bilder hervor.

Auf diesen Sachverhalt bin ich so gekommen: Ich hatte Platten für den 26. und 27. Februar vorbereitet, aber da an diesen Tagen die Sonne nur zeitweise schien, habe ich die wohl vorbereiteten Experimente aufgeschoben und brachte die Kassetten in die Finsternis einer Schublade eines Möbels zurück, die Kristall-Lamellen an ihrer Stelle belassend.

Da sich die Sonne auch an den folgenden Tagen nicht zeigte, entwickelte ich die Platten am 1. März in der Erwartung, (wenigstens) sehr schwache Bilder vorzufinden. Ganz im Gegenteil! Die Schattenbilder waren vorhanden und mit großer Intensität."

Um noch sicherer zu gehen, legte der Forscher in einer Dunkelkammer eine Platte auf den Boden einer Schachtel, auf die Platte gab er einen gekrümmten Kristall mit der konvexen Seite nach unten, so daß er die Gelatineschicht direkt, aber nur an einer sehr begrenzten Stelle berührte, bei einem anderen schaltete er eine Glasschicht dazwischen. Die geschlossene Schachtel kam in eine zweite und dann diese in eine Schublade. Nach 5 Stunden wurden die Platten entwickelt. Es waren wieder die Schattenbilder vorhanden, so, als ob die fluoreszierenden Kristalle bestrahlt worden wären, und an der Stelle, wo eine direkte Berührung eines Kristalls mit der Gelatineschicht stattgefunden hatte, war kaum ein Unterschied zu der umgebenden Partie zu erkennen. Die Glasplatte hatte zu einer nur geringen Schwächung geführt, aber die Lamellen waren sehr gut reproduziert. Ergebnis: Die Strahlen, „die mit den von den Herren Lenard und Röntgen studierten viel Ähnlichkeit besitzen", haben mit der Fluoreszenz des Strahlers nichts zu tun. Der 1. März 1896, an dem dies offenbar wurde, war ein Sonntag. Daß der Arbeitseifer des Forschers auch an diesem Tag nicht ruhte, konnte seinen Grund darin haben, daß am Tage darauf wieder Sitzung war, zu der er ohne Neuigkeiten nicht erscheinen wollte.

Becquerel behauptete noch nicht, die schwärzenden Strahlen seien X-Strahlen. Sie hätten aber Ähnlichkeiten, wie ihre Durchdringungsfähigkeit und die Wirkung auf photographische Schichten. Und Ähnlichkeit auch mit den Lenardschen Strahlen. Auch diese schwärzten Bromsilbersalze, hatten aber überdies die Eigenschaft, einem geladenen Elektroskop seine Elektrizität zu rauben. Es ist nur folgerichtig, daß Becquerel dies auch mit den Strahlen seines Präparats versuchte. Nach einer vorläufigen Mitteilung in einer früheren Sitzung ging er am 23. März ausführlich darauf ein.

Das Zusammenfallen der Goldstreifen im Elektroskop erfolgt um so schneller, je näher das Präparat an das Elektroskop gebracht wird, man kann es mehr oder minder verlangsamen, wenn die Strahlen erst eine Schicht von Aluminium oder Kupfer passieren müssen oder Schichten zunehmender Dicke, wie sie sich durch Aufeinanderlegen von Blattgoldfolien herstellen lassen. Er prüfte dann auch andere Uransalze auf ihr Strahlungsvermögen und fand erhebliche Unterschiede.

Mit der Zeit, die eine vollständige Entladung erfordert oder der Entladungsgeschwindigkeit, anzugeben als die Dauer, die nötig ist, um den Spreizwinkel der Goldstreifen um einen vorgegebenen Betrag zu ändern, war nun ein höchst einfaches Mittel gegeben, die Becquerelstrahlen auch quantitativ zu erfassen. Somit erfuhr das älteste Instrument der Elektrizitätslehre eine Renaissance sondergleichen, es beherrschte den neuen Zweig der Wissenschaft der folgenden Jahre.

Noch ein zweites Hilfsmittel ist zu erwähnen. Es kam mit der Erfindung des Geigerzählers bis auf einen allerdings sehr bedeutenden Fall ganz in Vergessenheit: der Fünkchenzähler oder das Spinthariskop.

Henri Becquerel versuchte 1899, ob die Strahlen seines Salzes andere fluoreszenzfähige Substanzen zum Leuchten bringen. Er legte solche auf eine Schicht des Salzes und sah im Dunkeln seine Erwartung bestätigt, wenn auch in sehr unterschiedlichen Graden. Auffallend war die Helligkeit eines Diamanten, und alle Proben übertraf die von seinem Vater studierte Sidotblende.

Mittlerweile, im Jahr 1898, waren zum Uran neue Strahler gekommen, die von den Curies entdeckten Elemente Thorium, Polonium und Radium sowie die von anderen gefundenen Elemente Aktinium und Emanation. Um die Jahrhundertwende stand dann fest, daß die Strahlen dieser Elemente von dreierlei Art sind, denen Ernst Rutherford die Bezeichnung α, β, γ-Strahlen gab.

Als nun William Crookes gefunden hatte, daß Sidotblende bei Bestrahlung mit α-Strahlen besonders hell leuchtete, aber das Leuchten mehr wie ein Flimmern aussah, betrachtete er den Schirm unter einer Lupe und stellte zu seiner Verwunderung fest, daß die Erscheinung durch lauter aufblitzende und wieder verschwindende Lichtpünktchen zustande kam (März 1903). Als dies bekannt geworden war, meldeten am 27. März 1903 dieselbe Beobachtung Elster und Geitel, beide Oberlehrer am Herzoglichen Gymnasium in Wolfenbüttel bei Braunschweig. Bei Betrachtung eines Schirmes mit Sidotblende bemerkten sie, „daß ein Flimmern des Schirms durch ein Gewimmel diskreter leuchtender Pünktchen bewirkt wird, von denen jedes nur momentan aufblitzt." Crookes betrachtete die Lichtpünktchen als Auftreffstellen der die Sidotblende bombardierenden Teilchen. Als dann noch im selben Jahr Geiger und Rutherford feststellten, daß tatsächlich jedes Teilchen einen Lichtblitz verursacht — vorausgesetzt, daß sich Strahler und Schirm im Vakuum befanden —, hatte man ein Mittel, direkt zu zählen. Leider ist es in diesem Rahmen nicht möglich anzuführen, welch fundamentale Untersuchungen mit diesen Scintillationen möglich wurden.

In Lehrbüchern zur Atomphysik wird dieses Mittel nicht mehr erwähnt. Allerdings haben die Scintillationen im Verein mit elektronischen Hilfsmitteln und Zählwerken ihren Nutzen aufs neue erwiesen. Die Mühe, durch Lupe oder Mikroskop die gerade noch sichtbaren Fünkchen oft stundenlang zu zählen, braucht sich aber heute kein Forscher mehr zu machen.

In den Lehrbüchern bis hinunter zu denen der Grundschulen trifft man hingegen immer noch jene Figur, die die Arten der von radioaktiven Körpern erzeugten Strahlen erläutern soll. Sie stammt von niemand Geringerem als von Madame Curie (1902). Die Skizze klassifiziert die Strahlen hinsichtlich ihrer Ablenkbarkeit in einem magnetischen Feld (Bild 95).

In einem Bohrloch eines Bleiblocks PB befinde sich Radium R (genauer Radium und seine Tochtersubstanzen), ein homogenes Magnetfeld sei senkrecht zur Zeichenebene von vorn nach hinten gerichtet. Die γ-Strahlen erfahren keine Ablenkung, da sie keine elektrische Ladung mit sich führen, sie sind von der Art der Röntgenstrahlen, nur viel kurzwelliger. Die β-Strahlen sind eine Teilchenstrahlung, bewegte Elektronen mit Geschwindigkeiten bis $9/10$ der Lichtgeschwindigkeit. Da sie das Radium mit unterschiedlicher Geschwindigkeit verlassen, beschreiben sie Bahnen mit unterschiedlichen Radien, was hier durch 4 Bögen angedeutet wird. Beim Auftreffen auf die photographische Platte AC rufen sie ein breites schwarzes Band hervor. Die

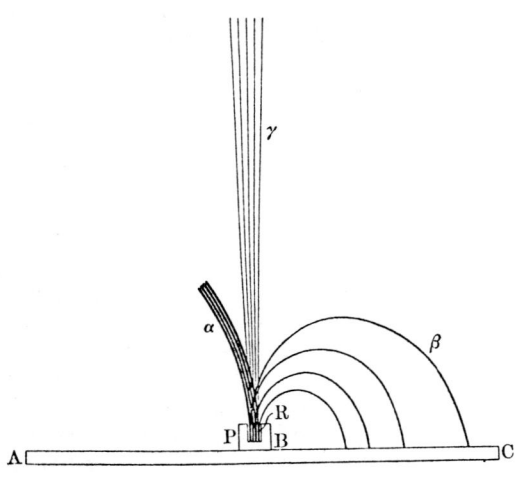

Bild 95 Unterscheidung von Alpha-, Beta und
Gammastrahlen durch ihre magnetische Ablenkbarkeit. Die Figur stammt aus einer Veröffentlichung
von Madame Curie

α-Strahlen, Kerne des Elementes Helium, werden wegen ihrer positiven Ladung nach der anderen Seite abgelenkt. Das Maß der Ablenkung und mit
ihr der Grad der Krümmung ist übertrieben groß dargestellt. Ernst Rutherford
stellte fest, daß α-Teilchen eines bestimmten Strahlers in dem schon sehr
starken Feld von 10000 Einheiten (Oersted) einen Kreis von 40 cm Radius
beschrieben, in welchem β-Strahlen derselben Geschwindigkeit zu Kreisen
von $\frac{1}{20}$ mm Radius schrumpfen würden. Der Grund für diesen Unterschied:
Die Masse der α-Teilchen ist fast 8000 mal größer als die der β-Teilchen. Ohne
diese Bemerkungen ist die Figur irreführend, sie entspricht keinem wirklichen
Experiment.

F. Fraunberger

Schwarze Körper und schwarze Strahlung

Körper, die viel Wärme absorbieren, strahlen, wenn erwärmt, auch viel Wärme aus. Diese Befunde Rumfords und Leslies ergänzte Ritchie durch einen sehr hübschen Versuch: Zwei einander gleiche, nehmen wir an würfelförmige Blechgefäße bilden mit dem zweimal geknickten Glasrohr ein luftdichtes Thermoskop (Bild 96). Die dem Würfel B gegenüberliegende Fläche von A ist mit Ruß geschwärzt, die A gegenüberliegende von B sei blankes Metall. Der Tropfen W bildet ein Manoskop. Wird ein mit heißem Wasser gefüllter dritter Würfel C, ebenfalls mit einer berußten Fläche versehen, so in die Mitte zwischen A und B gebracht, daß je einer berußten eine blanke Fläche gegenübersteht, so bleibt das Wasser an der Stelle, während es bei einem Gegenüber von berußten Flächen sofort in Bewegung kommt.

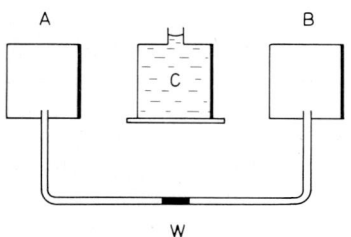

Bild 96
Ritchie's Demonstration des Zusammenspiels von Emission und Absorption von Wärmestrahlen.

Bleiben wir beim ersten Fall: Da die Ausdehnungstendenz der Luft in A ebenso groß ist wie in B — weswegen ja das Wasser im Glasrohr stehen bleibt —, müssen beide Gefäße dieselbe Wärmemenge aufgenommen haben. Da die von A empfangene Wärmemenge proportional sein wird dem Absorptionsvermögen A_r des Rußes und dem Emissionsvermögen E_m des Metalls, entsprechend für die andere Seite, so zeigt der Versuch $E_m \cdot A_r = E_r \cdot A_m$. Setzen wir das Absorptionsvermögen des Rußes = 1, so erhalten wir $E_m/A_m = E_r$. Das Verhältnis von Emissionsvermögen zu Absorptionsvermögen des Metalls ist zahlenmäßig gleich dem Emissionsvermögen des Rußes.

Wäre dem Ruß nicht eine blanke Fläche gegenübergestanden, sondern eine mit einer Farbe bestrichene oder mit einem Gewebe beklebte, hätte sich dasselbe ergeben.

Ritchies Ergebnis bezieht sich auf Wärmestrahlen oder dunkle Strahlen, wie man seinerzeit sagte, hinsichtlich der Temperatur ist weiter nichts gesagt, als daß der Strahler C wärmer sein muß als die Gefäße A und B. Im Zusammenhang mit der Erklärung des Zustandekommens der Fraunhoferschen Linien des Sonnenspektrums kam Gustav Robert Kirchhoff (1824—1887) zu grundlegenden Erkenntnissen, die Ritchies Ergebnisse nicht widerlegen, aber weit über sie hinausgehen. Neu war, daß die Strahlung durch Wellenlängen charakterisiert wird und daß die Temperatur ihre entscheidende Rolle erhält. An die Stelle des Rußes trat in seiner Überlegung der sogenannte „schwarze Körper" als ein Körper von verschwindender Dicke, der Strahlen jeder Wellenlänge vollkommen absorbiert.

Über die elektromagnetische Natur der Licht- und Wärmestrahlen wußte man zu jener Zeit noch nichts, man betrachtete die Phänomene als Schwingungen in einem hypothetischen Äther, und so definierte Kirchhoff das Emissionsvermögen als „die lebendige Kraft (kinetische Energie) des Äthers, die die Einheit einer strahlenden Fläche senkrecht zur Fläche in der Zeiteinheit abgibt", entsprechend das Absorptionsvermögen. Ausdrücklich bemerkte Kirchhoff, daß Wärmestrahlen wesensgleich den Lichtstrahlen seien, nur unterschieden durch die verschiedenen Wellenlängen.

Bezeichnen wir das Emissionsvermögen eines schwarzen Körpers — vorausgesetzt, daß es einen solchen gibt — bei einer Temperatur T mit e und mit E und A das Emissions- und Absorptionsvermögen eines beliebigen Körpers bei derselben Temperatur, so gilt $E/A = e$, einerlei, ob es sich um monochromatische Strahlen von einer Wellenlänge oder um ein Gemisch von Strahlen verschiedener Wellenlängen handelt. Nur muß es sich um reine Temperaturstrahlung handeln, also um Strahlen, die allein von der Temperatur herrühren wie die der erhöhten Temperatur des Körpers C bei Ritchie oder eines heißen Stücks Kupfer.

Dieses Gesetz war eine sehr weittragende Aussage: Das Verhältnis E/A jedes (festen) Körpers ist durch das Emissionsvermögen des schwarzen Körpers festgelegt. Wie diese Abhängigkeit aussieht, war vorerst allein durch Messungen des Emissionsvermögens eines vollkommen schwarzen Körpers bei verschiedenen Temperaturen und Wellenlängen zu ermitteln. „Der experimentellen Bestimmung derselben stehen große Schwierigkeiten im Wege; trotzdem scheint die Hoffnung begründet, sie durch Versuche ermitteln zu können da sie unzweifelhaft von einfacher Form ist, wie alle Funktionen es sind, die nicht von den Eigenschaften einzelner Körper abhängen. Erst wenn diese Aufgabe gelöst ist, wird die ganze Fruchtbarkeit des bewiesenen Satzes sich zeigen können."

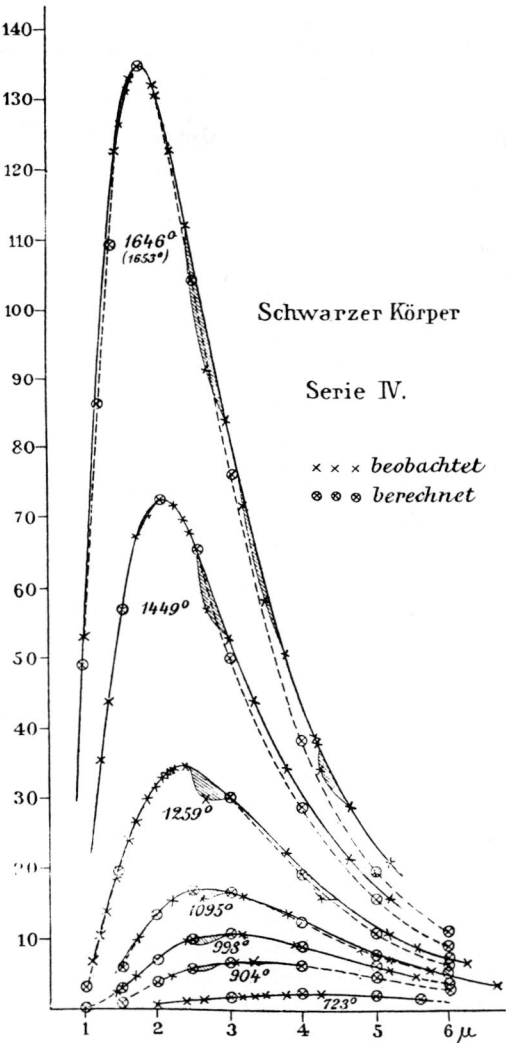

Bild 97 Verteilung der Strahlungsenergie eines schwarzen Körpers (Hohlraumstrahlers) auf die Wellenlängen von 1 bis 6 μ. Vergleich von Messung und Theorie. Die gerechneten Werte beruhen auf dem Strahlungsgesetz von Willy Wien. Die Abweichungen auf der langwelligen Seite sind bei noch längeren Wellen noch markanter. (Lummer O. und E. Pringsheim, November 1899)

Kirchhoff hatte den Satz auf der Grundlage des Energiegesetzes und eines Hauptsatzes der Wärmelehre abgeleitet. Am Ende des 19. Jahrhunderts war das Problem durch die Zusammenarbeit einer Reihe hervorragender Forscher gelöst, Otto Richard Lummer und Ernst Pringsheim konnten im November 1899 in Berlin folgendes Bild vorlegen (Bild 97): Über der Achse der Wellenlängen (in μ = $^1/_{1000}$ mm) sind Energiewerte aufgetragen, die verschiedenen Kurven gelten für die angeschriebenen Temperaturen (absolut). Man beachte, daß die Kurven alle im Ultrarot liegen, 0,5 μ entspräche dem Grün, 0,65 μ der Grenze des Sichtbaren. Jede der Kurven besitzt ein Maximum, und die Maxima liegen bei um so kürzeren Wellenlängen λ_m, je höher die Temperatur ist. Es gilt das Wiensche Verschiebungsgesetz $\lambda_m \cdot T$ = konstant. Mit Kenntnis des Wertes der Konstanten c = 1,898 $\cdot$ 10^3 erhält man die Temperatur des Strahlers. Die Sonne hat das Maximum bei 0,5 μ, somit ist ihre ,,schwarze" Oberflächentemperatur 5 796 K.

Den Theoretikern war nun die Aufgabe gestellt, die experimentell ermittelten Kurven in einen mathematischen Ausdruck zu kleiden. Dies gelang endgültig Max Planck. Was niemand ahnen konnte: Die Suche nach einer physikalischen Begründung der Formel führte auf zwei neue Naturkonstanten, vor allem auf das sogenannte Plancksche Wirkungsquantum h, und dieser Größe war es vorbehalten, Schlüssel zu werden zur Erklärung der Lichtemission der Atome und Moleküle. Dies ist der Grund, weshalb wir den Eigenschaften der Wärmestrahlung so viel Raum und Gewicht beimessen.

Probleme und Schwierigkeiten der Meßtechnik und ihre Überwindung: Es ging um folgendes: 1. Ausdehnung der Temperaturmessung auf wenigstens 1 500 K, 2. Auffindung von schwarzen Strahlern, 3. Zerlegung der Strahlung in ihre Spektren, die bei den erreichbaren Temperaturen durchwegs im Ultrarot lagen, 4. Messung der Intensitäten in Abhängigkeit von der Wellenlänge bei konstanter Temperatur (Isothermen) oder bei konstanter Wellenlänge in Abhängigkeit von der Temperatur (Isochromaten).

Im einzelnen: Die Temperaturmessung erfolgte mit Thermoelementen, vorzüglich mit Drähten aus Platin und Platin + 10 % Rhodium. Ihre Eichung geschah mit dem Wasserstoffthermometer, wie es Jolly angegeben hatte (S. 57). Als Behälter bewährten sich bis 1 500 K anstelle der Glaskugel Gefäße aus Porzellan, die wegen der gleichmäßigen Erhitzbarkeit zylindrische Form besaßen und in gasbeheizten Muffelöfen steckten. Als Strahlungsquelle benützte Paschen durch Stromdurchgang beheizte Platinbleche, die, einmal gefaltet, zwischen den Blättern die Lötstelle des Thermoelementes aufnahmen. Als Schwärzung dienten Ruß, elektrolytisch niedergeschlagenes Platinmohr, elektrolytisch erzeugtes Eisenoxyd. Durch Absorptionsmessungen (durch Reflexion) mußte geprüft werden, ob die Strahler oder in welchem Bereich sie ,,schwarz" waren. So erwies sich, daß Ruß im fernen Ultrarot geradezu durchsichtig ist. Den endgültigen Erfolg brachten die Hohlraumstrahler, deren Einführung auf eine Bemerkung Kirchhoffs von 1882 zurückging. Ein gleichmäßig erhitztes, bis auf eine kleine Öffnung geschlossenes, im Innern berußtes Gefäß gibt durch die Öffnung eine ideal schwarze Strahlung ab. Bis etwa 800° konnte die Erhitzung in Bädern geschmolzener Salze erfolgen. Darüber hinaus half nur elektrische Beheizung. Die Hohlkörper, Kugeln oder Zylinder, waren aus Porzellan oder Würfel aus Platinblech, Schmelzpunkt 1770 °C.

Die Zerlegung der Strahlung erfolgte mittels Prismen aus Steinsalz, Sylvin (KCI), Flußspat, Quarz, die erst sorgfältig auf Absorptionseigenschaften zu prüfen waren, welche ja im Ultrarot ganz anders sein konnten als im sichtbaren Bereich. Prismen haben gegenüber Gittern den Vorzug, viel hellere Spektren zu liefern, sie haben aber den Nachteil, daß die Zuordnung zu Wellenlängen erst auf Umwegen möglich ist (Bild 98). Ein Glücksfall, daß H. Rubens zusammen mit E. F. Nichols 1896 ein Verfahren erfand, aus einem Wellenlängengemisch hinreichend monochromatische Strahlen auszusondern. Diese sogenannte Reststrahlenmethode beruht auf der Entdeckung, daß sich ein Gemisch verschiedener Wellenlängen nach wiederholter Reflexion an gleichartigen Kristallflächen auf nahezu monochromatische Strahlen reduziert (Steinsalz 51,2 μ, Flußspat 24,5).

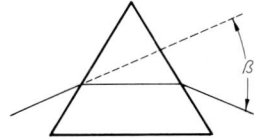

Bild 98 In mühsamen Voruntersuchungen mußten Absorption und Dispersion der Prismen bei bis dahin nicht gebrauchten Wellenlängen erforscht werden. Dabei spielte das Minimum der Ablenkung (symmetrischer Strahlenverlauf) eine besondere Rolle.

Zur Abtastung der Intensitäten entlang dem Spektrum stand vorerst die lineare Thermosäule zur Verfügung, wie sie schon Nobili und besonders Melloni benützten. Man darf aber nicht vergessen, daß die Strahlungsintensitäten bei Temperaturen unter 2000° an sich noch gering sind, und zwar um so geringer, je größere Wellenlängen zu erfassen sind, je ferner vom sichtbaren Teil das zu untersuchende Ultrarot-Gebiet liegt. Außerdem läßt der enge Spalt nur einen winzigen Teil der auffallenden Energie passieren. Thermospannungen sind aber von Natur aus sehr gering, ca. 10^{-5} Volt pro Lötstelle und Grad Temperaturerhöhung.

Einen „die Nobilisäule weit übertreffenden Strahlungsmesser" entwickelte der schwedische Astronom Adolph Friedrich Svanberg in Anwendung des von Humphry Davy 1821 entdeckten Effekts, daß sich der elektrische Widerstand eines metallischen Leiters mit zunehmender Temperatur vergrößert. Sein Strahlungsempfänger war ein zu einer ebenen Spirale gewundener Kupferdraht, als Zweig einer Widerstandsmeßbrücke geschaltet. Zur Ausmessung eines Spektrums war das Gerät natürlich nicht geeignet. Der amerikanische Astronom Samuel Pierpont Langley (1834–1906) hatte aber gerade dieses zum Ziel. Sein Strahlungsempfänger war ein Platindraht von 10 mm Länge und $\frac{1}{100}$ bis $\frac{1}{1000}$ mm Dicke, aufgespannt auf einen Rahmen aus Elfenbein oder Schiefer, der parallel zu den Fraunhoferschen Linien eines von einem Gitter oder Prisma entworfenen Spektrums verschiebbar war. Auch hier wurde die durch die Bestrahlung hervorgerufene Widerstandsänderung des Drahtes mit einer Brücke verfolgt.

„Ich habe viele Jahre auf das Studium der strahlenden Wärme der Sonne mit der Thermosäule verwandt... Gleichwohl fand ich, daß die erhaltenen Resultate zu unbestimmt waren, um einen besonderen Wert beanspruchen zu können, und daß die Wissenschaft keinen Apparat besaß, der so kleine Mengen strahlender Wärme zu messen gestattete. Denn die mittlere Wärme in den Gitterspektren erreicht unter den günstigsten Umständen nicht ein Zehntel derjenigen von prismatischen Spektren und ist gewöhnlich noch viel kleiner.

Ich versuchte daher, ein empfindlicheres Instrument als die Thermosäule zu ersinnen, das zugleich ein wirklicher ‚Meßapparat‘ und nicht bloß ein ‚Anzeiger‘ für das Vorhandensein einer schwachen Strahlung ist, und gelangte durch fast ein Jahr lang dauernde Versuche zur Konstruktion des Bolometers." (Griech. „bolo" = Strahl, besonders Sonnenstrahl, das Verbum bedeutet eigentlich werfen, also geworfene Strahlen.)

In der Physikalischen Reichsanstalt in Berlin, wo die uns hier interessierenden Messungen zur Hauptsache stattfanden, ersetzte man die Drähte durch sehr dünne Streifen von Platin, je dünner die bestrahlte Masse, um so größer die Erwärmung bei Bestrahlung. Außerdem waren Streifen gleichmäßiger zu berußen als Drähte. Die endlich erreichte Dicke erhielt man durch Walzen von handesüblichem Platinblech zwischen Silberblechen und dann zwischen Kupferblechen, sie betrug nur Bruchteile eines halben μ, also weniger als ein 2 000stel mm. Die Berußung erfolgte über einer Petroleumlampe.

Das Endziel, das Emissionsvermögen des Strahlers im Energiemaß zu erhalten, erreichte Kurlbaum wie folgt: Der Platinstreifen als Zweig der Meßbrücke werde vom Strom J_1 durchströmt und habe ohne Bestrahlung den Widerstand W_1. Bei Bestrahlung vergrößere er sich auf W_2. Nach Wegnahme der Bestrahlung steigere man die Stromzufuhr zur Brücke, so daß der Widerstand des Platinstreifens wieder W_2 werde, die Stromstärke durch den Streifen sei dann J_2. Die pro Sekunde aufgenommene Strahlungsenergie wird als identisch mit der zugeführten Stromwärme angesehen, nach dem Jouleschen Gesetz beträgt sie $(W_2 J_2{}^2 - W_1 J_1{}^2) \cdot C$ cal/sec (C = elektrisches Wärmeäquivalent = 0,24 cal/Wattsec.). Um das Emissionsvermögen zu erhalten, ist dann noch auf die Flächeneinheit umzurechnen und noch einiges zu berücksichtigen, was hier übergangen werden muß. Schließlich feierte unter den Händen von Heinrich Rubens auch die Thermosäule ihre Wiederkehr, die dann im Endstadium der Untersuchungen zum Sieg führte.

242

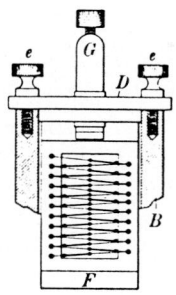

Bild 99

Als Strahlungsempfänger verwendete Heinrich Rubens noch einmal die Thermosäule, aber eine nach eigener Konstruktion. Sie bestand aus Drähten von Eisen und Konstantan (60 % Cu, 40 % Ni), die zu bestrahlenden 20 Lötstellen in einer Reihe von 2 cm Länge angeordnet. Sie führte zum Ziel und half auch später Friedrich Paschen beim Nachweis der von Walter Ritz prophezeiten ultraroten Spektrallinien des Wasserstoffs (1908).

Thermosäulen aus Antimon und Wismut, wie sie seit Seebecks Entdeckung benützt wurden, hatte den Nachteil, daß man diese Metalle nicht zu dünnen Drähten ziehen konnte, weil die Metalle zu spröde sind. Deswegen hatten die Thermosäulen eine zu große Masse und damit zu große Wärmekapazität, d. h. Wärmeableitung, und folglich eine zu große Einstelldauer. Rubens griff zu Drähten aus Eisen und Konstantan von 0,1 bis 0,15 mm Durchmesser, die so auf einen Rahmen aus Elfenbein gespannt wurden, daß die zu bestrahlenden Lötstellen sich in der Mitte befanden, die nicht bestrahlten Lötstellen waren längs der Innenränder des Rahmens, die dicken Punkte bezeichnen Messingstiftchen zur Halterung der Drähte. Die Elemente waren in Reihe geschaltet. Zusammen mit einem Galvanometer mit Spiegelablesung, das bei einem Strom von 1 Millionstel Ampère einen Ausschlag von 3 600 mm lieferte, konnten besonders während der störungsfreien Nachtstunden Temperaturerhöhungen der Lötstellen von weniger als 1 Millionstel Grad mit Sicherheit gemessen werden (Bild 99).

Max Planck ist es dann gelungen, für die Kurven (s. Bild 100), welche die Energiebeträge in Abhängigkeit von der Wellenlänge bei verschiedenen Temperaturen darstellen, einen mathematischen Ausdruck zu finden und sie auf eine Größe zurückzuführen, die den Namen Plancksches Wirkungsquantum erhielt — eine der glanzvollsten Leistungen der theoretischen Physik! Aber erst mußte der Verlauf der Kurven gefunden werden, und dies war, wie gezeigt, eine nicht minder bedeutende Leistung der Meßphysik als Sonderzweig der Experimentalphysik.

F. Fraunberger

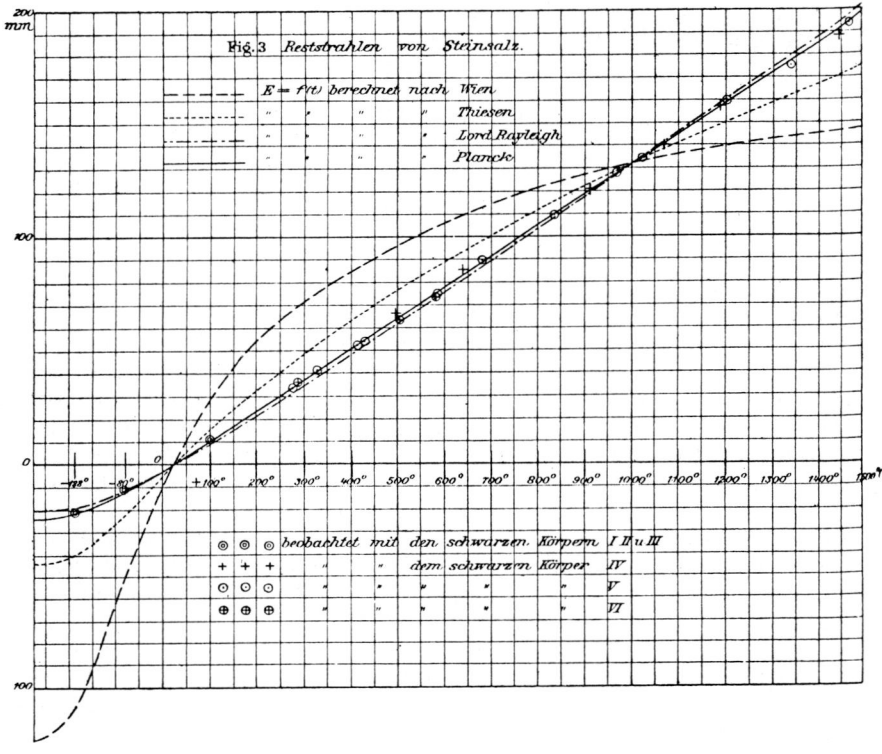

Fig.3 *Reststrahlen von Steinsalz.*

$E = f(t)$ berechnet nach Wien
" " " Thiesen
" " " Lord Rayleigh
" " " Planck

◎	◎	◎	beobachtet mit den schwarzen Körpern	I II u III
+	+	+	" " dem schwarzen Körper	IV
○	○	○	" " " " "	V
⊕	⊕	⊕	" " " " "	VI

Bild 100 Anläßlich eines Besuchs mit seiner Frau bei Plancks am Sonntag, den 7. Oktober 1900, erzählte Rubens, daß seine Messungen eine Formel des Engländers Lord Rayleigh zur schwarzen Strahlung im sehr langwelligen Rot vorzüglich bestätigten, umso weniger die Wiensche. Noch am Abend änderte Planck diese und teilte sie umgehend auf einer Postkarte seinem nachmittäglichen Besucher mit. Rubens verglich sie mit seinen Resultaten und fand sie der Rayleigh'schen ebenbürtig, noch mehr, ihre Gültigkeit erstreckte sich über den gesamten meßtechnisch erfaßbaren Bereich der schwarzen Strahlung. In der vorliegenden Darstellung wurde der Maßstab der einzelnen Kurven so geändert, daß die auf Wellenlänge 51,2 μ entfallenden Energien bei 1 000° und 0° übereinstimmten. (Rubens H. und F. Kurlbaum, 1901)

244

Experimente zum Transistor

Die geschichtliche Entwicklung der experimentellen Physik im 20. Jahrhundert ist meist viel schwieriger zu verfolgen als vor dieser Zeit, vor allem wenn sie schon mit technischen Interessen gekoppelt ist und ganz besonders, wenn sie im Vorfeld einer „Großtechnik"-Entwicklung steht. Die Anzahl der Wissenschaftler hat rapide zugenommen, viele Entwicklungen laufen an mehreren Orten gleichzeitig und ähnlich ab. Es gibt zahlreiche Verknüpfungen zwischen Spezialwissenschaften und -techniken — im Falle der Halbleiterforschung etwa experimentelle und theoretische Arbeiten zwischen Physik, Chemie, Metallurgie — und viele differierende Interessen: rein wissenschaftliche, anwendungsbezogene, stärker technische, ökonomische. Das heißt, die Quellensuche und der Vergleich werden recht kompliziert (Patentschriften, Firmenarchive, entlegene Veröffentlichungen usw.). Dazu kommen zwei Weltkriege, die Entwicklungen abbrechen, Veröffentlichungen verhindern oder geheim halten — bei der Halbleiterforschung im wesentlichen der Zweite Weltkrieg. Auch die Entwicklung des „Teamwork" (zum Beispiel die Gruppe um Shockley in den USA nach 1945) macht Zuordnungen des wirklichen Geschichtsgangs schwieriger, da es im nachhinein oft unterschiedliche Sichten zu den verschiedenen Beiträgen gibt.

Trotzdem soll eine Schilderung versucht werden, die aber nur exemplarische Linien aufzeigen, keinen vollständigen Überblick geben kann, denn dies würde ein eigenes Buch erfordern. Besonders interessant ist dabei die für die Spätentwicklung vieler Bereiche der Physik typische Erscheinung, daß Grundlagenexperimente unmittelbar in technische Forschung übergehen, ohne daß exakte Grenzen deutlich werden. Sicher kann man dann die Frage stellen, ob eine solche Entwicklung — wie die zum Transistor — in ihren Endphasen überhaupt noch zur Physik als „reiner" Wissenschaft gezählt werden soll und nicht eher zur Technik, d. h. zur „angewandten" Forschung. Doch hat das Nobelpreiskomitee schon 1956 eine Antwort darauf gegeben und für die grundlegenden Arbeiten zum Transistor den Nobelpreis für Physik verliehen. Eine Passage aus der Rede des Mitpreisträgers Shockley gibt weitere Aufschlüsse über diese moderne Ambivalenz der Forschung: „Bevor ich das Thema Industrieforschung verlasse, möchte ich gern einige Ansichten über Wörter äußern, die oft benutzt werden, um Forschungsarten in der Physik zu kennzeichnen; z. B. rein, angewandt, unbegrenzt, grundlagenbedeutsam, basislegend, akademisch, industriell, praktisch etc. Es scheint mir, daß einige dieser Wörter allzu häufig in einem herabsetzenden Sinne verwendet werden, einmal um die praktischen Zwecke, etwas Nützliches zu produzieren, zu schmälern und zum anderen, um dem möglichen Langzeitwert von Forschungen auf neuen Gebieten, in denen ein nützliches Ergebnis nicht vorhergesehen werden kann, eine Abfuhr zu erteilen. Ich wurde häufig gefragt, ob ein von mir geplantes Experiment reine oder angewandte Forschung ist; für mich ist es wichtiger zu wissen, ob das Experiment neue und wahrscheinlich dauerhafte Erkenntnis über die Natur liefert. Wenn anzunehmen ist, daß solche Erkenntnis gewonnen werden kann, handelt es sich nach meiner Meinung um gute Grundlagenforschung; und das ist viel wichtiger, als wenn die Motivation entweder nur rein ästhetische Befriedigung für den Experimentator bedeutet oder eine Stabilitätsverbesserung eines Hochenergietransistors anstrebt. Man braucht beide Arten der Forschung, um ‚größten Nutzen für die Menschheit zu erreichen‘, wie er nach Nobels Willen gesucht wird.‘‘[1]

Stoffe, die bezüglich ihrer elektrischen Eigenschaften zwischen Metallen und Isolatoren stehen mußten, wurden schon im 19. Jahrhundert bekannt. So entdeckte Michael Faraday 1833, daß Silbersulfid (Ag_2S) bei erhöhter Temperatur elektrisch leitend wie Metall war, aber daß sein Widerstand bei Temperaturabnahme stark anwuchs — ganz im Gegensatz zu den Metallen. In der Folge wurden auch die weiteren Grundeigenschaften der Halbleiter entdeckt: 1873 der verringerte Widerstand bei Lichteinstrahlung (dies führte 1875 zum Selen-Fotometer durch Werner von Siemens als erster technischer Nutzung), 1876 die Gleichrichterwirkung, im selben Jahr das Auftreten von elektrischen Spannungen bei Lichteinfall, d.h. die direkte Verwandlung von Lichtenergie in elektrische Energie, sodann die Möglichkeit von positiven Ladungsträgern (über den Hall-Effekt 1879).[2] Doch setzte erst im 20. Jahrhundert ein vermehrtes physikalisches Interesse ein, stark stimuliert auch durch technische Interessen, vor allem die Entwicklung von Trockengleichrichtern aus Selen und Kupferoxydul (nach heutiger Nomenklatur: Kupferoxid) ab 1925. Doch war diese Entwicklung zunächst weitaus mehr „Kunst“ als Wissenschaft. Es fehlte fast alles eingehende Verständnis der Leitungsvorgänge in Halbleitern. Hier geschah nun zunächst in den dreißiger Jahren einiges.

Eine Kurzbiographie von Walter Schottky (1886—1976), der entscheidende theoretisch-physikalische Arbeiten beisteuerte, ist besonders aufschlußreich, weil sie die Verquickung von technischen und wissenschaftlichen Interessen selbst in der Person eines theoretischen Physikers deutlich zeigt und auch die theoretischen Voraussetzungen der experimentellen Entwicklung bzw. die Folgerungen daraus andeutet. Schottky promovierte 1912 bei Max Planck über ein Thema aus der speziellen Relativitätstheorie Einsteins, war von 1914—1923 Leiter der Nachrichtenlabors von Siemens und Halske in Berlin, wo er Drei- und Mehrelektrodenröhren mitentwickelte (die Vakuumverstärkerröhre war 1910 erfunden worden). 1920 habilitierte er bei Max

Wien. 1923 wurde er Professor für theoretische Physik in Rostock, wo er über bestimmte Fragen der Nachrichtentechnik arbeitete sowie über Thermodynamik. Ab 1927 war er endgültig bei Siemens, wo er etwa die Experimente von Pohl und Mitarbeitern zu den sogenannten Alkalihalogeniden (z.B. Kochsalz) mit dem Schottkyschen Fehlordnungsmodell und anderen Überlegungen anging. Das Interesse dazu kam aus der physikalischen Problematik der technisch so bedeutsamen Gleichrichterwirkung von Kupferoxydul und Selen. Er führte auch einige experimentelle Arbeiten über fotoelektrische Vorgänge durch. Kurz vor dem Zweiten Weltkrieg fand er (neben anderen) die berühmte Randschichttheorie: Entscheidend für das Gleichrichterverhalten ist eine sehr dünne Schicht von ungefähr $1/1000$ mm Dicke, in der, grob gesprochen, keine beweglichen Elektronen oder Löcher (als positive Ladungen) mehr vorhanden sind — die Kristallatome sind hier „vollständig"ionisiert. Schon 1931 übrigens war die noch junge Quantenmechanik von A.H. Wilson auf die Energieverhältnisse im Halbleiter angewandt worden. Dieser begründete damit das Bändermodell, nach dem Elektronen nur in bestimmten Energiestadien (d.h. Bändern) vorhanden sind, zwischen denen „verbotene" Wertbereiche liegen. Im idealen reinen Halbleiter z.B., am absoluten Nullpunkt der Temperatur, sollen alle Elektronen nur im Valenzband sein, während das Leitungsband, das die elektrische Leitfähigkeit bestimmt, vollkommen leer sein muß.

Der Gleichrichtereffekt bei Halbleitern war technisch analog zu dem von Röhrendioden: beide Male mit zwei Metallanschlüssen und einem gleichrichtend wirkenden Zwischenraum. Entsprechend lag die Versuchung nahe, nach Halbleiterverstärkern analog zur Verstärkerröhre zu fahnden. Dazu mußte man in das Halbleitermaterial zwischen den Metallkontakten ein Steuergitter einbauen. Ein Patent eines Gleichrichters mit Steuerwirkung der „Allgemeinen Electrizitäts-Gesellschaft in Berlin" (AEG) geht bis 1929 zurück (Bild 101).[3]

Solche Versuche und Überlegungen wurden auch von anderen angestellt, auch von Schottky. Doch haben alle diese Versuche keinen dauernden technischen Erfolg gehabt; die $1/1000$ mm dünne entscheidende Schicht war ein zu großes Handikap für ein Metallgitter. Außerdem dürfte wohl die Entwicklung der Verstärkerröhre zum Massenartikel das technische Interesse an solch schwierigen Forschungen gebremst haben.

Interessant in diesem Zusammenhang sind „Modell"-Versuche von Hilsch und Pohl 1938 in Göttingen, die Kaliumbromidkristalle (10 x 5 x 2 mm) benutzten, in denen diese Sperrschicht die Größenordnung 1 cm annehmen konnte (Bild 102):

„Die Steuerung elektrischer Ströme ist mit einer anderen Aufgabe, der Gleichrichtung von Wechselströmen, innerlich verknüpft. In beiden Fällen muß die Leitung überwiegend von Elektrizitätsträgern *eines* Vorzeichens herrühren und diese dürfen nur aus *einer* der beiden Elektroden austreten. Die andere Elektrode muß für den Austritt der Träger gesperrt sein.

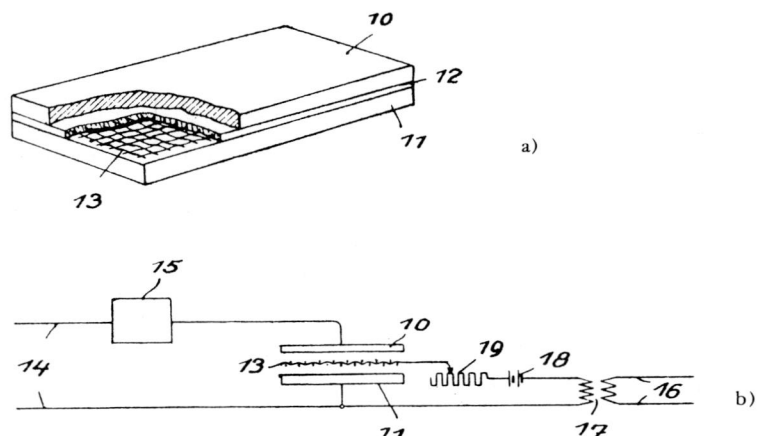

Bild 101 Ein Halbleitergleichrichter mit Steuerelektrode, von 1929. Hier sind 10, 11 zwei Metallplatten, 13 ein Drahtgitter als Steuerelektrode, 12 eine Zwischenschicht aus Magnesiumtellurid. Im Schaltungsbeispiel wird der durch den Verbraucher 15 fließende Gleichstrom durch eine Wechselspannung (16, 17) mit einer Gleichvorspannung (18) gesteuert. Zwar wurde im Patent behauptet, daß sich dieser Steuereffekt wirklich gezeigt hat, doch bleibt ein Erfolg höchst zweifelhaft.

Am besten wird diese Bedingung in Vakuumröhren mit einer glühenden Kathode erfüllt. Doch kann man auch bei gleichzeitiger Anwesenheit von Ionenströmen, also in gasgefüllten Entladungsröhren, gute Ergebnisse erzielen. Bekannt ist endlich auch für den Zweck der *Gleichrichtung* die Anwendung fester Körper, nämlich von Kristallen mit überwiegender Elektronenleitung. Wir nennen die Trockengleichrichter aus Selen oder Kupferoxydul. Ein befriedigendes Modell für diese festen Gleichrichter fehlt bisher. — Unseres Wissens fehlt ferner eine Steuerung elektrischer Ströme in festen Körpern mit Hilfe eines Steuergitters. Auf die grundsätzliche Möglichkeit haben wir schon vor Jahren hingewiesen. Mehrere Anfragen von technischer Seite veranlassen uns jetzt, einige Versuche mitzuteilen. Sie sind mit Hilfe von Kaliumbromidkristallen ausgeführt worden. Diese Kristalle haben uns schon bei unseren bisherigen Arbeiten über die Elektronenleitung in festen Körpern vortreffliche Dienste geleistet. Zuletzt haben wir mit ihrer Hilfe die Entstehung der lichtelektrischen Sekundärströme qualitativ und quantitativ aufklären können. — In dieser Mitteilung bringen wir ein Modell eines

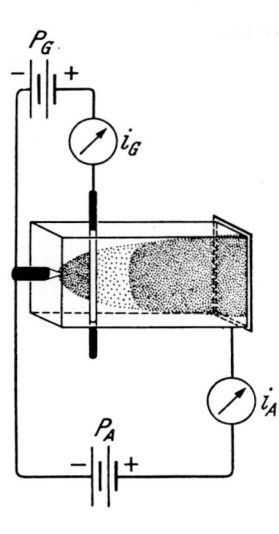

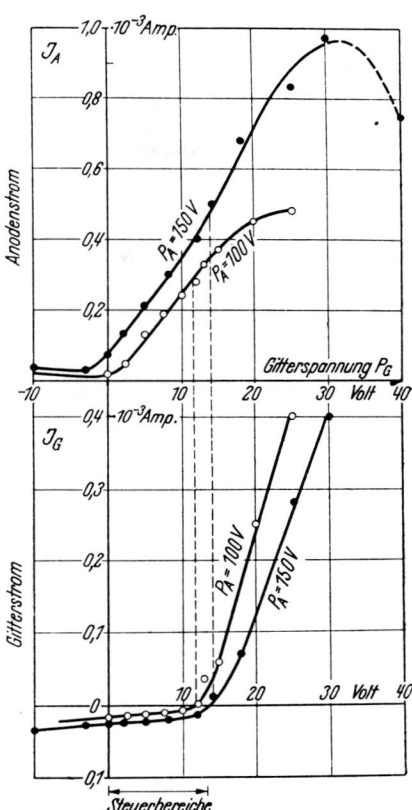

Bild 102 Versuche zu einem Kristallverstärker von Hilsch und Pohl 1938. Man erkennt das Prinzip der Dreielektrodenröhre im Kaliumbromidkristall — von links nach rechts: Kathode, Steuergitter, Anode. Die Temperatur betrug 490 °C.

Sperrschicht-Gleichrichters und seine Steuerung durch ein eingebautes Gitter. Wir wollen dem Dreielektrodenrohr einen Dreielektrodenkristall an die Seite stellen...

Der KBr-Kristall mit nur *einer* elektronenliefernden Elektrode, also das Modell einer Sperrschicht, entspricht einem Zweielektroden-Vakuumrohr mit einer glühenden Elektrode. Das Vakuumrohr wird durch Einbau einer dritten Elektrode, kurz Gitter genannt, zum Steuerorgan.

In entsprechender Weise haben wir in das KBr-Sperrschichtmodell ein Steuergitter eingeschaltet und es dadurch in ein Steuerorgan verwandelt. Das Gitter bestand aus einem Platindraht von 0,2 mm Dicke etwa 2 mm vor der Kathode. Der Draht war in den Kristall eingeschmolzen. Das Verfahren haben wir schon vor Jahren veröffentlicht: Ein elektrisch geheizter Platindraht dringt genau so in KBr-Kristalle ein, wie ein warmer Kupferdraht in einen Eisklotz. Der Einkristall bleibt dabei erhalten.

Die Schaltung dieses Dreielektrodenkristalles ist aus Fig. 6 ersichtlich. Gemessen wurde der Anodenstrom i_A und der Gitterstrom i_G in Abhängigkeit von der Gitterspannung P_G. Diese Messungen wurden bei zwei verschiedenen Anodenspannungen ausgeführt, nämlich P_A = 100 Volt und = 150 Volt. Die Messungen sind in Fig. 7 und 8 graphisch dargestellt. Die Kurven gleichen durchaus den bekannten Kennlinien eines Dreielektrodenrohres...

Dieser als Beispiel gewählte Dreielektrodenkristall steuert einen Strom von 0,4 Milliampere mit einen Gitterstrom von 0,02 Milliampere. Man hat also hier eine 20fache Verstärkung. Das ist keineswegs eine obere Grenze. Wir haben auch Verstärkungen über 100fach hergestellt. Dazu braucht man höhere Werte von δ [= Elektronenstrom/Ionenstrom]. Doch wird bei diesen Verstärkungen die Trägheit selbst für einen Modellversuch zu groß, wenn man nicht den Elektrodenabstand verkleinern will.

Wir haben mit den Versuchen keinerlei technische Ziele verfolgt, uns interessierte nur die grundsätzliche Seite der Frage. Für den Steuervorgang sind die Einzelheiten der Elektronenbewegung ohne Belang. Die langsame Diffusion der Elektronen im Kristall wirkt nicht anders als ihre beschleunigte Bewegung im Hochvakuum. Wesentlich ist nur, daß die Elektronen den überwiegenden Anteil des Stromes tragen und (wenigstens überwiegend) nur der einen Elektrode entstammen.

Die Trägheit der Ströme in einem langen Dreielektrodenkristall ist für Schauversuche ein Vorteil. Sie gibt die Möglichkeit, den zeitlichen Ablauf der Erscheinungen sowohl mit dem Strommesser wie mit dem Auge bequem zu verfolgen. So sieht man beispielsweise bei einer Verminderung der Gitterspannung den größten Teil der Elektronenwolke zwischen Gitter und Anode verschwinden. Das ist in Fig. 6 skizziert.

Für technische Zwecke wird man stets Steuerorgane geringer Trägheit erstreben. Dann muß man von einem Modell mit dünner Sperrschicht ausgehen und das Gitter in die Sperrschicht selbst verlegen, nicht in den vorgelagerten leitenden Teil ..."[4]

Die Trägheit in diesem Versuch zu verringern, d.h. ihn technisch brauchbar für Frequenzen über 10 Hertz zu machen, war in der Tat nicht möglich. Zusätzlich flossen starke Ionenströme, die den Kristall schnell „altern" ließen. Man erkennt aber sehr deutlich die Lage der ganzen Problematik zwischen Physik und Technik. An Hochschulinstituten (hier in Göttingen) waren Grundlagenversuche interessant, die die Technik (zum Beispiel in

Deutschland AEG, Siemens, in den USA Bell-Telephone-Laboratories) nicht interessierten, aber doch neue Stoßrichtungen anregen konnten. So griff H. Welker, der sich im Kriege vor allem mit der Entwicklung der Germanium-gleichrichterdiode für Radarzwecke beschäftigte, um 1940 wieder auf ein anderes Steuerungsprinzip zurück, das auch schon vorgeschlagen und patentiert worden war: den Feldeffekt.

Der Feldeffekttransistor, der heute so große Bedeutung gewonnen hat (zum Beispiel als MOS-FET, d. h. Metal/oxide/semiconductor-field/effect/transistor), war als Vorschlag sogar älter als andere Steuerungsprinzipien. So hatte der Physiker J. E. Lilienfeld (von 1916–1926 Professor in Leipzig, danach in der Industrie der USA tätig) 1925 ein Patent angemeldet, in dem durch elektrostatische Wirkung ein Strompfad in einer Halbleiteroberfläche eingeschnürt bzw. erweitert wurde. (Bild 103) Es gab noch weitere Vorschläge dieser Art – so etwa von O. Heil 1934, auch bei Shockley vor 1940. H. Welkers eingehende Untersuchungen führten zu immer konkreteren Arbeiten in Deutschland bis Frühjahr 1945.

Das Ende des Weltkrieges warf alle Chancen nach den USA, wo unabhängig von den deutschen Forschungen und ebenfalls geheim Gleichrichter aus Germanium und Silizium als Radardedektoren entwickelt worden waren,

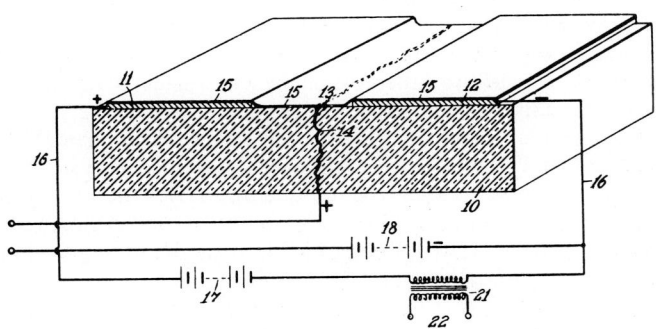

Bild 103 Kristallverstärker nach Lilienfeld 1925. In der Bruchstelle (14) einer Glasplatte (10) ist eine Aluminiumfolie eingelegt. Durch die halbleitende Schicht von Kupfersulfid (15) fließt ein Strom, der durch zwei Metallelektroden (11, 12) zugeführt wird. Dieser Strom wird durch das elektrische Feld an der Aluminiumfolie gesteuert.

und nun alle Kapazität geordnet für zivile Zwecke frei wurde. Auch lag nun dem Sieger die Forschungstätigkeit in anderen Ländern — soweit überhaupt greifbar — wieder offen vor. Dazu kam, daß Wissenschaftler, die im Krieg ganz andere Dinge zu tun hatten, mit frischem Blick den Gesamtforschungsstand musterten und andererseits mit Fachleuten zusammenarbeiteten, die halbleitererfahren aus dem Krieg kamen.

William Shockley war schon 1936 zu den Bell-Telephone-Laboratories gekommen. Gereizt hatte ihn vor allem, daß er unter C. J. Davisson arbeiten konnte, welcher 1937 den Physiknobelpreis für die Entdeckung der Elektronenbeugung 1927, d. h. den experimentellen Nachweis der Welleneigenschaften des Elektrons bekam. Der Forschungsdirektor von Bell teilte Shockley unter anderem seinen Idealwunsch mit, die Elektronik so weit zu entwickeln, daß man auf Metallkontaktschalter in der Telefonie ganz verzichten konnte. Trotzdem bekam Shockley die Freiheit zur Grundlagenforschung in der Festkörperphysik! Da er sich schon in seiner Doktorarbeit mit Elektronen in Kristallen befaßt hatte (Energiebänderstruktur in Natriumchlorid) und ihm auch die technischen Interessen nicht gleichgültig waren, sondern ihn in Richtung möglicher Anwendungen seiner Grundlagenarbeit offen sein ließen, kam er schon 1939 zu ersten Kristallverstärkerversuchen auf Feldeffektbasis. Sie mißlangen. Dann stoppte der Krieg diese Entwicklung, da Shockley im Pentagon beschäftigt war.

1945 wurde er Mitleiter einer Festkörperforschungsgruppe, wieder bei Bell-Telephone. Von Anfang an zielte er auf die Entwicklung von Halbleiteranordnungen mit Feldeffektverstärkung ab. Als Hauptaufgabe wurde dabei die Entwicklung des genauen Verständnisses aller Halbleitervorgänge in Silizium und Germanium auf atomtheoretischer Basis angesetzt. Zu ihrem phänomenalen Verständnis war im Krieg einiges getan worden (etwa über die Wirkung von Verunreinigungen als „Donatoren" oder „Akzeptoren" von zusätzlichen Elektronen). Diese Materialien waren außerdem physikalisch-chemisch nicht so komplex wie Kupferoxydul und Selen. Der theoretische Stand war unbefriedigend: Das meiste von Wilson, Schottky und anderen stimmte nur qualitativ, nicht quantitativ. Versagten hier die Theorien grundsätzlich, oder waren nur die Materialien sehr unideal? In der Arbeitsgruppe bei Bell-Telephone forschten Physiker, Chemiker und Metallurgen gemeinsam.

Wieder mißlangen Shockleys Versuche, durch das elektrostatische Feld einer Metallplatte die Leitungsvorgänge in dünnen Silizium- oder Germaniumfilmen verstärkend zu beeinflussen (durch Ladungsinfluenz). Seine theoretische Vorhersage hatte einen Effekt 1 000 mal über der Meßgrenze erwarten lassen. John Bardeen aus der Arbeitsgruppe fand den theoretischen Schlüssel: Ein Faktor bis 100 ließ sich durch die geringere Beweglichkeit der Ladungsträger in der Filmausführung des Materials erklären, ein wichtiger Faktor 10 jedoch durch ein ganz neues Konzept: Fixierte Oberflächenzustände von influenzierten Ladungen schirmten das Innere des Halbleiters ab. Shockley und Pearson fanden schließlich auch experimentell, daß nur 10 % der influenzierten Ladungsträger frei beweglich waren.

Die experimentelle Untersuchung dieser Zustände, die die Feldeffektwirkung verhinderten, führte schließlich durch Bardeen und Brattain 1948 zum Spitzentransistor als neuem und nun auch technisch brauchbaren Steuerungsprinzip. Zunächst wurde vermutet, daß solche Zustände an einer freien Halbleiteroberfläche durch Lichteinstrahlung beeinflußbar sein müßten. Dies erwies sich als richtig. Weitere Versuche dazu benutzten zum Schutz der Oberfläche vor Luftfeuchtigkeitseinflüssen Isolierungsflüssigkeiten. Besaßen diese jedoch teilweise Elektrolyteigenschaften, beeinflußten sie die durch Lichteinwirkung erzeugte Spannung — je nach dem Potential, auf das sie gegenüber der Halbleiteroberfläche gelegt wurden: Das war der so lange gesuchte Feldeffekt!

In der Folge gelang Brattain und Bardeen eine erste Verstärkeranordnung — also ein Feldeffekttransistor. Er war aber nur bis etwa acht Hertz brauchbar. (Bild 104) Sie vermuteten, daß dies auf die langsame Wirkung des Elektrolyten zurückzuführen wäre, und versuchten es nun mit einem festen Material, Gold, als Feldelektrode. Dabei passierte etwas Neues: „... Wir hatten aus Versehen den Oxidfilm weggewaschen, der im Wasser löslich war. Das Gold war auf eine frisch anodisierte Germaniumoberfläche aufgedampft worden. Als eine kleine positive Spannung an das Gold [das ist die spätere ‚Emitter'-Elektrode] gelegt wurde, flossen Lächer in die Germaniumoberfläche, die damit den Strom vom Germanium zum Punkt, der auf ein hohes negatives Potential gelegt war [das ist die später sogenannte ‚Kollektor'-Elektrode], bedeutend anwachsen ließen."[5] Das war das Prinzip des Spitzentransistors!

Brattain war Experimentalphysiker. Interessant ist der Berufsweg von Bardeen. Er war zuerst Elektrotechnikingenieur, kam dann zur Geophysik bei den Gulf-Forschungslabors und stellte immer mehr Interesse für theoretische Forschung bei sich fest. Mit 25 Jahren fing er 1933 an, mathematische Physik zu studieren, und promovierte 1936 in Princeton über Festkörperprobleme.

Am 23.12.1947 fand das erste transistorverstärkte Telefongespräch der Welt durch Bardeen und Brattain statt (Bild 105 a, b) — der Name Transistor wurde erst später von J. R. Pierce vorgeschlagen. Die erste Patentanmeldung zum Spitzentranssistor stammt vom 26.2.1948, die erste Veröffentlichung vom 25.6. 1948.[6] (Bild 106) In der deutschen Patentanmeldung vom 28.6. 1951 hört sich der Erfolg so an: „Es sind bereits Versuche gemacht worden, feste Gleichrichter, welche Selen, Kupfersulfid oder andere Halbleitermaterialien benutzen, in Verstärker zu verwandeln unter Zuhilfenahme des Kunstgriffs, eine gitterähnliche Elektrode in einer dielektrischen Schicht einzubetten, welche zwischen der Kathode und der Anode des Gleichrichters angeordnet ist. Man nimmt an, daß das Gitter dadurch, daß es eine Feldwirkung an

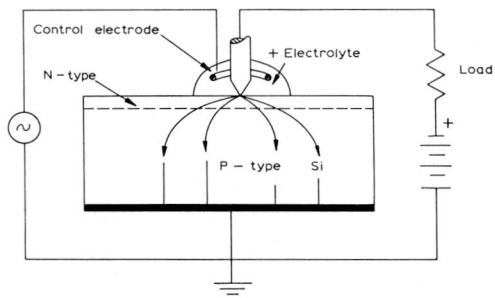

Bild 104 Die erste Verstärkeranordnung von Brattain und Bardeen 1947 unter Aus-nutzung des Feldeffekts. Der Spitzenkontakt (in Sperrichtung gepolt) war isoliert von einem Wassertropfen umgeben, der als Steuerelektrode die Oberflächenzustände, d. h. die Leitfähigkeit einer dünnen n-leitenden Schicht beeinflußte. Damit konnte der Elektronenstrom durch diese Schicht zur Spitze gesteuert werden. Doch war die Anordnung nur für eine Frequenz von ein paar Hertz brauchbar.

Bild 105a) u. b) Der erste Spitzentransistor der Welt vom 23.12.1947..
Auf die Schmalseiten eines Kunststoffdreiecks war eine Goldfolie (nach Bardeen 1956: goldaufgedampft) die an der Dreieckspitze (unten) so scharf geteilt wurde, daß die zwei Enden weniger als 1/20 mm Abstand erhielten.
Die Drähte links und rechts sind die Zuleitungen zu diesem Emitter- bzw. Kollektorende.
Der Griff in der Mitte diente zum festen Aufdrücken auf den Germaniumblock darunter.
Im Größenvergleich mit dem ersten Flächentransistor erkennt man die Gesamtanordnung, einschließlich der Basiszuleitung.

254

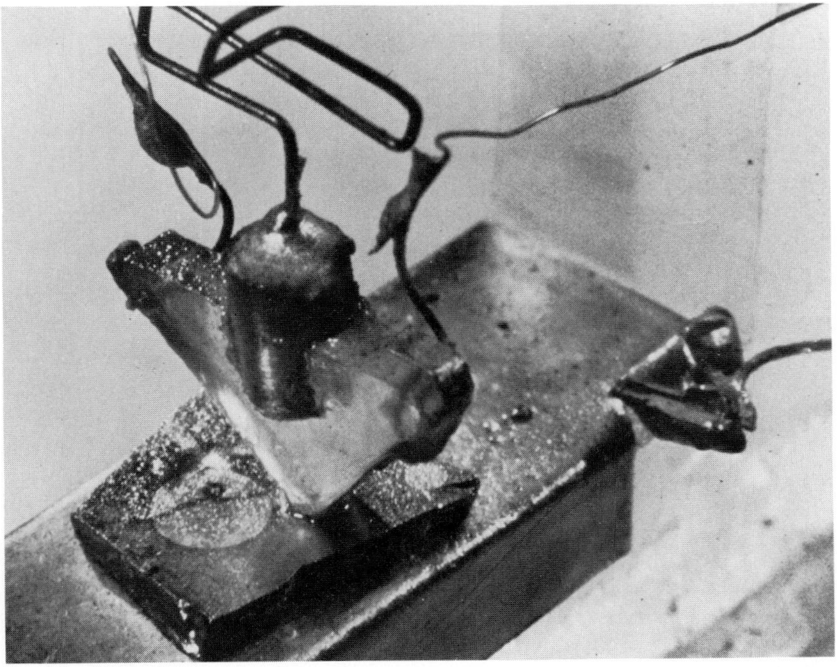

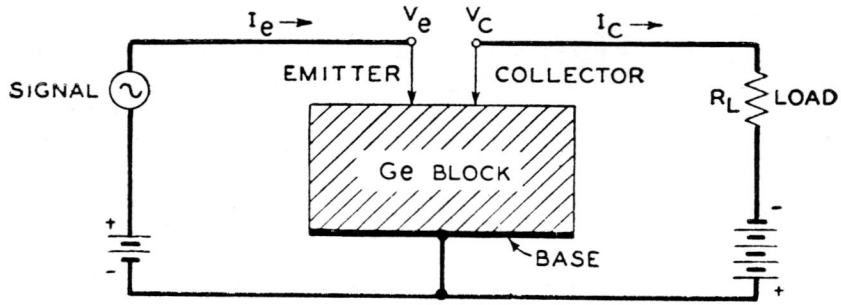

Bild 106 Schemazeichnung des ersten Spitzentransistors aus der Originalveröffentlichung 1948. Der Abstand der Emitter- und Kollektorspitzen voneinander war kleiner als 1/10 mm.

der Oberfläche der Kathode ausübt, deren Emission beeinflußt und auf diese Weise den Kathoden-Anoden-Strom ändert. Es ist dazu notwendig, ein Gitter in eine Schicht einzubetten, welche so dick ist, daß sie das Gitter von den anderen Elektroden isoliert, und trotzdem so dünn ist, daß sie Stromfluß zwischen ihnen gestattet.

Es wurde auch bereits vorgeschlagen, einen Strom von einem Ende zum anderen Ende eines Streifens aus isotropem Halbleitermaterial fließen zu lassen und durch das Anlegen eines starken transversalen elektrostatischen Feldes den Widerstand des Streifens und dadurch den durchfließenden Strom zu steuern.

Soweit bekannt ist, können diese früheren Vorschläge in der für eine Verstärkung erforderlichen Feinheit nicht verwirklicht werden. Auf jeden Fall scheinen sie keinen praktischen Erfolg gehabt zu haben...

Die Erfindung macht zur Verwirklichung einer Verstärkung von Halbleitergleichrichtern Gebrauch. Die Erfindung bezieht sich auf ein elektrisch steuerbares Schaltelement, welches aus einem Halbleiterelement und drei daran angebrachten Elektrodenanschlüssen besteht.

Die Besonderheit der Erfindung besteht im Gegensatz zu den bekannten elektrisch steuerbaren Schaltelementen darin, daß an einem Halbleiter wie Germanium oder Silizium einerseits eine Basiselektrode und andererseits zwei je mit der Basiselektrode eine gleichrichtende Wirkung ergebende Elektroden angeordnet sind und daß jede dieser Elektroden in einem zur Ausdehnung der gemeinsamen Oberflächenschicht kleinen Bereich Kontakt macht und sie so angeordnet sind, daß bei einer Vorspannung der einen Elektrode (Emitter) mit Bezug auf die Basis in Sperrichtung durch den Emitter Ladungsträger, deren Vorzeichen demjenigen der in dem Gebiet der Basiselektrode vorhandenen Ladungsträger entgegengesetzt ist, in das Gebiet der Basiselektrode eingeführt werden und wenigstens zum Teil zu dem Kollektor fließen.

Beim Fehlen eines Emitterstromes kommt der zu dem Kollektor fließende Strom ausschließlich von der Basiselektrode und wird durch den hohen Widerstand dieses Kollektorkontaktes behindert. Das Vorzeichen des Kolektorvorspannpotentials ist derart, daß es die Träger von entgegengesetztem Vorzeichen, welche bei Betrieb von dem Emitter kommen, anzieht. Der Kollektor ist mit Bezug auf den Emitter so angeordnet, daß ein großer Teil des Emitterstromes zu dem Kollektor gelangt. Der Teilstrom hängt teils von der geometrischen Anordnung ab und teils von den angelegten Vorspannpotentialen. Da der Emitter in der Richtung leichten Stromflusses vorgespannt ist, ist der Emitterstrom von kleinen Potentialänderungen zwischen dem Emitter und der Basis abhängig.

Das Anlegen einer kleinen Spannungsänderung zwischen Basis und Emitter hat eine relativ große Änderung des Stromes zur Folge, welcher von dem Emitter in den Halbleiter eintritt, und dementsprechend eine große Änderung des zu dem Kollektor fließenden Stromes. Eine auf der Änderung des Emitterstromes beruhende Wirkung besteht darin, daß der zu dem Kollektor fließende Gesamtstrom geändert wird, so daß die Gesamtänderung des Kollektorstromes größer sein kann als die Änderung des Emitterstromes. Der Kollektorkreis kann eine Belastung von hoher, an den inneren Widerstand des Kollektors angepaßter Impedanz enthalten. Der innere Widerstand des Kollektors ist groß, da er in Sperrichtung vorgespannt ist. Infolgedessen werden Spannungsverstärkung, Stromverstärkung und Leistungsverstärkung des Eingangssignals erhalten...

Fig. 1 (Bild 107) zeigt einen Block 1 aus Germanium, welcher in der vorangehenden Weise behandelt wurde, und Fig. 1a zeigt den mittleren Teil des Blockes 1 im Schnitt und in einem vergrößerten Maßstab. In Fig. 1 und 1 a ist der untere Teil des Blockes 1, dessen Oberfläche mit dem Metallfilm 2 plattiert ist, welcher als Basiselektrode dient, als n-Typ bekannt. Die dünne Schicht 3 an der oberen Oberfläche ist vom p-Typ, in welchem Falle bekanntlich die Grenzschicht 4, welche diese p-Typ-Schicht von dem n-Typ-Material des Hauptkörpers des Blockes trennt, sich wie eine hochohmige gleichrichtende Sperrschicht verhält. Eine erste, in an sich bekannter Weise als Spitzenelektrode ausgeführte Elektrode 5, die Emitterelektrode, macht mit der Oberseite des Blockes Kontakt, d.h. mit der p-Typ-Schicht 3, und zwar zweckmäßig in deren Mitte oder wenigstens mehrere Spitzendurchmesser von der nächsten Kante entfernt. Dieser Kontakt kann aus einem gebogenen Draht aus federndem Material von 0,01 bis 0,1 mm im Durchmesser bestehen, welcher

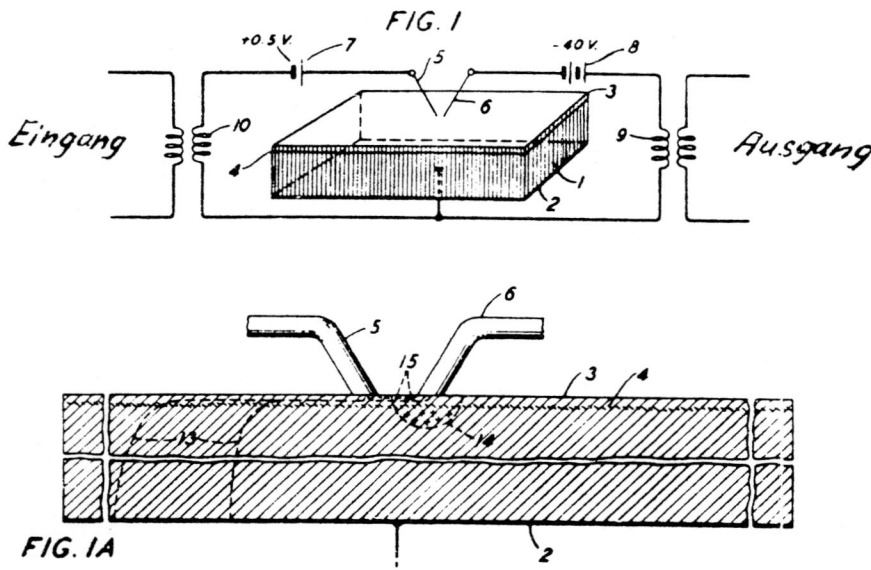

Bild 107 Das Prinzip des Spitzentransistors in der deutschen Patentanmeldung 1951.

vorzugsweise an der Kontaktstelle angespitzt ist, und zwar elektrolytisch oder durch Schleifen. Die Drahtspitze wird in Kontakt mit der Oberseite 3 des Blockes mit einer Kraft von 1 bis 10 g in Kontakt gebracht, wodurch ein Kaltfluß des die Spitze bildenden Metalls stattfindet, der das Metall befähigt, sich jeder kleinsten Unregelmäßigkeit der Blockoberfläche anzupassen. Zu diesem Zweck sollte der Draht der Spitze weich sein im Vergleich mit dem Blockmaterial. Wolfram, Kupfer und Phosphorbronze sind Beispiele von geeigneten Materialien.

Eine zweite Elektrode 6, die Kollektorelektrode, macht mit der Oberseite 3 des Blockes an einer Stelle Kontakt, die nahe an der Emitterelektrode 5 liegt. Die besten Ergebnisse wurden erzielt, wenn der längs der Blockoberfläche gemessene Abstand zwischen der Kollektorelektrode und der Emitterelektrode zwischen 0,01 bis 0,1 mm beträgt. Diese Elektrode 6 kann wie die Elektrode 5 aus einem zugespitzten Federdraht bestehen, der so geformt und angeordnet ist, wie es weiter oben mit Bezug auf die Emitterelektrode 5 beschrieben wurde. Sie kann aber auch aus einem kleinen Metallfleck, z.B. Gold, bestehen, welcher durch Verdampfung auf der Oberseite des Blockes während des abschließenden Trockenvorgangs aufgebracht wurde und durch

258

welchen ein zentrales Loch gebohrt wurde oder durch welchen hindurch ein diametraler Schlitz geschnitten wurde. Eine dritte Verbindung wird beispielsweise durch Anlöten an dem die Basiselektrode darstellenden Metallfilm 2 angebracht, welcher auf die Unterseite des Blockes 1 aufplattiert wurde. Auf Grund der gleichrichtenden Sperrschicht ist erkennbar, daß sowohl der Emitter als auch der Kollektor mit der Basis Gleichrichter bilden."[7]

Besondere Schwierigkeiten hatten Bardeen und Brattain anfangs gehabt, die zwei Spitzen auf die notwendige Nähe von $1/20$ mm oder weniger auf der Halbleiteroberfläche aneinander zu bringen, da die dünnsten Drähte immer noch $1/10$ mm dick waren. Auch dies war ein Teil ihrer experimentellen Meisterleistung.

Shockley war natürlich betrübt, daß er trotz seines zähen Glaubens an den Transistor nun gerade nicht zu den Erfindern gehörte. Doch wurde er bald dafür entschädigt. Bei Untersuchungen zum Spitzentransistor von Bardeen und Brattain erfand er den Flächentransistor. Zwar boten sich seiner industriell brauchbaren Herstellung zunächst große Schwierigkeiten, doch begann er nach 1951 — nach Einsatz neuer Techniken wie der Kristallziehung aus der Schmelze, sowie dem Legierverfahren —, den Spitzentransistor zu überflügeln. Dessen Herstellung war ohnehin ein schwieriger „Hexenprozeß", wie die Erfinder damals feststellten. Er ist heute in der Massenfertigung längst verschwunden.

Und auch der Feldeffekttransistor gelang Shockley schließlich doch noch (1952). Wegen seines hohen Eingangswiderstandes ist er der Elektronenröhre am ähnlichsten und für viele technischen Zwecke besonders interessant. Industriell setzte er sich erst nach 1960 mit der Entwicklung der Planar-Technik durch.

Der Nobelpreis 1956 für alle drei Erfinder — oder waren es doch eher „Entdecker"? — war mehr als gerechtfertigt. Trotzdem war die ganze Forschung eindeutig — aber ohne genaue Grenze in die reine Technik hinüber-„diffundiert". (Bardeen erhielt übrigens 1972 noch einen zweiten Physiknobelpreis, bisher einzig in der Geschichte, für seine Arbeiten zur Supraleitung.)[8]

J. Teichmann

Anmerkungen und Literaturverzeichnis

Einleitung: Die Physik und das Experiment

1 Mittelstrass, Jürgen: *Neuzeit und Aufklärung*. Berlin/New York. 1970.
2 Kant, Immanuel: *Kritik der reinen Vernunft*. Band 2 der Ausgabe von W. Weischedel (6 Bände). Wiesbaden 1956—64. Hier die Vorrede.
3 Duhem, Pierre: *Ziel und Struktur der physikalischen Theorien*. Deutsch von Friedrich Adler. Leipzig 1908, S. 189, 248/249. (Französische Vorlage 1906.)
4 Dingler, Hugo: *Über die Geschichte und das Wesen des Experimentes*. München 1952.
5 Planck, Max: *Vorträge und Erinnerungen*. 5. Auflage. Stuttgart 1949. Nachdruck Darmstadt 1969. Hier: Die Physik im Kampf um die Weltanschauung (1935), S. 294.
6 Heisenberg, Werner: *Wandlungen in den Grundlagen der Naturwissenschaft*. 9., erweiterte Auflage. Stuttgart 1959. Hier: Die Goethesche und die Newtonsche Farbenlehre im Lichte der modernen Physik (1941), S. 99/100.
7 Allgemeine Werke zur Geschichte des Experimentes in der Physik:

Gerland, Ernst, und F. Traumüller: *Geschichte der physikalischen Experimentierkunst*. Leipzig 1899. Nachdruck Hildesheim 1965.
Ramsauer, Carl: *Grundversuche der Physik in historischer Darstellung*. Band I: Von den Fallgesetzen bis zu den elektrischen Wellen (nur der erschienen). Berlin u.a. 1953. Siehe auch Anmerkung 4.

Das Experiment in der Antike

Drachmann, A. G.: *Ktesibios, Philon, Heron*. Kopenhagen 1948.
Harsdörfer, Georg Philipp: *Deliciae mathematicae et physicae, Der mathematischen und philosophischen Erquickstunden zweyter Theil*. Nürnberg 1651.

Die okkulte Kraft des Magneten

Balmer, Heinz: *Beiträge zur Geschichte der Erkenntnis des Erdmagnetismus*. Aarau 1956.
Buchwald, Eberhard: *Goethe'sche Naturschau*. In: Die Naturwissenschaften 33 (1946).
Maurer, Felix: *Observationes curioso-physicae*. Frankfurt und Leipzig 1713.
Peregrinus, Petrus: *De Magnete*. Augsburg 1558. Hrsg. von Gustav Hellmann, Neudrucke, Rara magnetica. Berlin 1898.

Der freie Fall

1 Galilei, Galileo: *De Motu*. Pisa 1590 (Manuskript). In: Galilei, Le Opere. Edizione nazionale. 3. Auflage, Florenz 1964, Bd. 1, S. 334. (Englische Übersetzung Madison 1960.)

2 Galilei, Galileo: *Unterredungen und mathematische Demonstrationen über zwei neue Wissenszweige, die Mechanik* [= *Maschinenlehre*] *und die Fallgesetze* [*genauer: Ortsbewegung*] *betreffend*. Deutsch von A.J. von Oettingen. Ostwald's Klassiker der exakten Wissenschaften, Band 11, 24, 25. Leipzig 1890—1904. Nachdruck Darmstadt 1973. S. 57—59. (1. italienische Auflage, Leiden 1638.)
3 wie 2, S. 65.
4 Drake, Stillman: *Galileo's experimental confirmation of horizontal inertia*. Unpublished manuscripts. In: Isis, Bd. 64, 1973, S. 291—305.
5 Naylor, R.H.: *Galileo and the problem of free fall*. In: The British Journal for the History of Science. Bd. 7, Juli 1974, S. 105—134.
6 wie 2, S. 162/163.
7 Koyré, Alexandre: *Metaphysics and Measurement*. Essays in Scientific Revolution. Cambridge, London 1968.
8 wie 5. Ferner Teichmann, Jürgen, und E. Ball: *Experimente an der Rekonstruktion der schiefen Ebene Galileis im Deutschen Museum* (unveröffentlicht).

Das Brechungsesetz der Lichtstrahlen

Gerland, Ernst, und F. Traumüller: *Geschichte der physikalischen Experimentierkunst*. Leipzig 1899.
Lohne, Johannes: *Thomas Harriott*. In: Centaurus 6 (1959).
ders.: *Zur Geschichte des Brechungsgesetzes*. In: Sudhoff's Archiv 47 (1963).

Isaac Newton und die Farben

Buchwald, Eberhard: *Goethe'sche Naturschau*. In: Die Naturwissenschaften 33 (1946).
Newton, Isaac: *New Theory about Light and Colours*. In: Philosophical Transactions 6 (1671).
ders.: *Optice*. London 1706.

Gibt es einen luftleeren Raum?

Guericke, Otto von: *Experimenta Nova (ut vocantur) Magdeburgica de vacuo spatio*. Amsterdam 1672. Deutsch von H. Schimank. Düsseldorf 1968.
Leupold, Jacob: *Antlia pneumatica illustrata*. Leipzig 1712 und 1715.
Muschenbroek, Johann van: *Beschreibung der doppelten und einfachen Luftpumpe*. Augsburg 1765.

Experiment, Allegorie, Spiel und Magie

1 Hume, David: *Eine Untersuchung über den menschlichen Verstand*. Leipzig 1893 (englische Vorlage, 1. Auflage 1748). Hier S. 201 (Ende der Abhandlung).
2 Guericke, Otto von: *Neue (sogenannte) Magdeburger Versuche über den leeren Raum*. Deutsch von Hans Schimank. Düsseldorf 1968, S. 60, 61, 63. (Lateinische Vorlage Amsterdam 1672.)
3 Swift, Jonathan: *Lemuel Gullivers Reisen in verschiedene ferne Länder der Welt*. Deutsch von Carl Seelig. Zürich 1955. Hier S. 271/272, 300/301, 302. (1. englische Auflage, London 1726.)

4 Lichtenberg, Georg Christoph: *Schriften und Briefe.* München ab 1967. Band 1, Sudelbücher, S. 301 (D 469).
5 Lichtenberg, Georg Christoph: *Physikalische und mathematische Schriften...* Band 1–4. Göttingen 1803–1806. Band 4, S. 137–138.

Entdeckungen mit dem Thermometer

Black, Joseph: *Vorlesungen über die Grundlagen der Chemie.* Hamburg 1804/05.
Jolly, Philipp von: *Ausdehnungskoeffizient einiger Gase, Luftthermometer.* In: Annalen der Physik, Jubelband, 1874.
Lavoisier, Antoine-Laurent, und Pierre-Simon Laplace: *Zwei Abhandlungen über die Wärme.* Ostwald's Klassiker 40.
Scheuchzer, Joh. Jacob: *Physica oder Natur-Wissenschaft.* Zürich 1711.
Sommerfeld, Arnold: *Das Planck'sche Wirkungsquantum.* In: Physikalische Zeitschrift 12 (1911).

Leidener Flasche und Blitzableiter

1 Nollet, Jean Antoine: *Observations sur quelques nouveaux phénomènes d'électricité.* In: Memoires de mathématique et de physique... de l'Académie Royale des Sciences, 1746, S. 1–33. Hier S. 2 (französische Übersetzung des lateinischen Briefes von Musschenbroek).
2 Heilbron, John L.: *A propos de l'invention de la bouteille de Leyde.* In: Revue d'histoire des sciences. Bd. 19, 1966, S. 133–142.
3 Krüger, Johann Gottlob: *Geschichte der Erde in den allerältesten Zeiten.* Halle 1746. *Anhang von der Electricität.* Darin ein Brief von Kleist an Krüger, S. 178–180.
4 Nollet, Jean Antoine: *Vergleichung der Würkungen des Donners mit den Würkungen der Electricität.* Deutsche Übersetzung, 2., verbesserte Auflage, Prag 1773, S. 86/87.
5 Winkler, Johann Heinrich: *Die Stärke der electrischen Kraft des Wassers in gläsernen Gefäßen, welche durch den Musschenbrökischen Versuch bekannt geworden.* Leipzig 1746.
6 Franklin, Benjamin: *Experiments and observations on electricity.* 4. Auflage. London 1769. Hier: *Additional papers to Peter Collinson,* 29.7.1750, S. 62/63. (Es gibt auch eine deutsche Übersetzung der 1. Auflage von J.C. Wilcke, Leipzig 1758.)
7 Hoppe, Edmund: *Geschichte der Physik.* Braunschweig 1926, S. 364.
Benz, E.: *Theologie der Elektrizität.* Mainz 1970, S. 20.
8 Lichtenberg, Georg Chrisoph: *Von einer neuen Art die Natur und Bewegung der elektrischen Materie zu erforschen.* In: Physikalische und mathematische Schriften. Bd. 1–4. Göttingen 1803–1806. Hier Bd. 4, S. 49–80. Siehe auch G.Ch.L.: Schriften und Briefe. Bd. 3. München 1972.
9 Siehe zum gesamten Kapitel:
Heilbron, John L.: *Electricity in the 17th and 18th centuries.* Berkeley u.a. 1979.
Hackmann, W.D.: *Electricity from glass. The history of the frictional electrical machine 1600–1850.* Alphen aan den Rijn 1978.

Ein elektrisches Experiment mit tödlichem Ausgang

Hartmann, Johann Friedrich: *Anmerkungen über die nöthige Achtsamkeit bey Erforschung der Gewitter-Electricität.* Hannover 1764.

Elektrizität und Heilkunst

Bauer, Fulgenz: *Experimental-Abhandlung von der Theorie und dem Nutzen der Elektricität.* Chur und Lindau 1770.

Bertholon, Pierre, Abbé de St. Lazare: *Anwendung und Wirksamkeit der Elektrizität zur Erhaltung und Wiederherstellung der Gesundheit des menschlichen Körpers.* Weißenfels und Leipzig 1788.

Kratzenstein, Christian Gottlieb: *Abhandlung von dem Nutzen der Electricität in der Arzneywissenschaft.* Halle 1745.

Krüger, Johann Gottlob: *Zuschrift an seine Zuhörer, worinnen er Gedanken von der Electricität mittheilt.* Halle 1745.

Kühn, Karl Gottlob: *Geschichte der medizinischen und physikalischen Elektrizität.* II. Theil. Leipzig 1785.

Sans, Abbé de: *Anweisung, wie die von einem Schlagfluß gelähmte Kranke vermittelst der Electricität sicher und vollkommen geheilt werden können.* Augsburg 1780.

Schäffer, Johann Gottlieb: *Die Electrische Medicin.* Regensburg 1766. Faksimilie-Druck, Lindau 1977.

Waldmann, NN: *Der Magnetismus in der Heilkunde.* In: Deutsches Archiv für Geschichte der Medizin, Bd. 1 (1878).

Eine neue Elektrizitätsquelle...

1 Galvani, Luigi: *De viribus electricitatis in molu musculari commentarius.* Bologna 1791. Deutsche Übersetzung von A. J. von Oettingen in Ostwald's Klassiker Nr. 52. Leipzig 1894. Hier S. 22/23.

2 Rothschuh, K. E.: *Von der Idee bis zum Nachweis der tierischen Elektrizität.* In: Sudhoffs Archiv, Bd. 44, 1960, S. 25—44.

3 Volta, Alessandro: *Briefe über tierische Elektrizität von Alessandro Volta (1792).* Leipzig 1900 (Oswald's Klassiker Nr. 114). Herausgegeben und übersetzt von A. J. von Oettingen. Hier S. 80, 87 (2 Briefe an T. Cavallo, Herbst 1792).

4 Volta, Alessandro: *Untersuchungen über den Galvanismus 1796 bis 1800 von Alessandro Volta.* Leipzig 1900 (Oswald's Klassiker Nr. 118). Herausgegeben und übersetzt von A. J. von Oettingen. Hier S. 46 (2. Brief an F.A.C. Gren vom August 1796).

5 wie 4, S. 76—97. Deutsche Übersetzung des englischen Aufsatzes von Volta, Alessandro: *On the electricity excited by the mere contact of conducting substances of different kinds.* (Englische Vorlage in Philosophical Transactions, 1800, S. 403 f.)

6 Ritter, Johann Wilhelm: *Versuche und Bemerkungen über den Galvanismus.* Juli 1803. In: Ritter, J. W.: Physisch-chemische Abhandlungen. 3 Bände. Leipzig 1806. Hier Bd. 3, 1806, S. 113—114.

7 Siehe zum gesamten Kapitel:
Ostwald, Wilhelm: *Elektrochemie. Ihre Geschichte und Lehre.* Leipzig 1896.
Seyffer, Otto Ernst Julius: *Geschichtliche Darstellung des Galvanismus.* Stuttgart und Tübingen 1848.

Experiment und Gesetz...

1 Cavendish, Henry: *An attempt to explain some of the Principal Phaenomena of electricity by means of an Elastic Fluid.* In: Cavendish, H.: The scientific papers of the honourable Henry Cavendish, F.R.S. Volume I. The electrical researches. Herausgeber: Joseph Larmor. Cambridge 1921. (1. Auflage Herausgeber: James Clerk

Maxwell. Cambridge 1879.) Mit einem Vorwort von Joseph Larmor und einer Einführung und Anmerkungen von James Clerk Maxwell. § 1–139. Auch in Philosophical Transactions Bd. 61 (1771), S. 584–677. Hier § 128.

2 Cavendish, Henry: (Manuskript). In: The scientific papers... (wie 1), § 647–683. Hier § 654.

3 Beccaria, Giambatista: *Dell'elettricismo artificiale*. Turin 1772, § 88, § 436.

4 Volta, Allessandro: *Del modo di rendere sensibile la più debole elettricità sia naturale, sia artificiale*. In: Volta, A.: Le Opere. Milano 1917–1929, Bd. 3, S. 269–300. Auch in Philosophical Transactions. Bd. 72 (1782), S. 237). Die englische Übersetzung hier, S. VII–XXXIII, stammt von Tiberio Cavallo. Die französische Version gibt die ursprüngliche ungekürzte und unveränderte Form der Abhandlung wieder, wie sie vor der Royal Society am 14.3.1782 vorgetragen wurde. Der Titel lautet: Volta, A.: *Mémoire sur les grands avantages d'une espèce d'isolement très imparfait*. In: Volta: Le Opere, Bd. 3, S. 311–377. Auch in: Observations sur la physique, ... Bd. 22 (1783). S. 325; Bd. 23 (1783). S. 3, 81.

5 Cavendish, Henry: (Manuskript). In: The scientific papers... (wie 1), § 629 (Januar 1781).

6 Volta, Alessandro: *Della maniera die far servire l'elettrometro atomosferico portatile all'uso di un igrometro sensibilissimo*. In: Volta, A.: Le Opere. Milano 1917–1929. Hier Band 5, S. 309–333, insbesondere S. 322.

7 Volta, Allessandro: *Brief an Martinus von Marum*. 22.6.1802. In: Volta, A.: Le Opere. Milano 1917–1929. Bd. 4, S. 221–230. Hier S. 226–228.

8 Ritter, Johann Wilhelm: *Neue Versuche und Bemerkungen über den Galvanismus*. In: Briefe an L.W. Gilbert. Zweyter Brief. In: J.W. Ritter: *Physisch-chemische Abhandlungen*, Bd. 3, S. 344–388. Leipzig 1806. Hier S. 363–365. (Aus: Annalen der Physik, Bd. 19, 1805.)

9 Ohm, Georg Simon: *Bestimmung des Gesetzes, nach welchem Metalle die Contaktelektricität leiten, nebst einem Entwurfe zu einer Theorie des Voltaischen Apparates und des Schweiggerschen Multiplicators*. In: Journal für Chemie und Physik, Bd. 46, 1826, S. 137–166. Hier S. 149–152.

10 Siehe zum gesamten Kapitel auch:
Teichmann, Jürgen: *Zur Entwicklung von Grundbegriffen der Elektrizitätslehre, insbesondere des elektrischen Stromes bis 1820*. Hildesheim 1974.
ders.: *150 Jahre Ohmsches Gesetz, 1826–1976*. In: Elektrotechnische Zeitschrift, Ausgabe a, Bd. 97, 1976, S. 594–600.
Heilbron, J.L.: *Electricity in the 17th and 18th centuries*. Berkeley u.a. 1979.

Beweise für die tägliche Bewegung der Erde

1 Teichmann, Jürgen: *Wandel des Weltbildes*. München (Deutsches Museum) 2. Auflage 1983. Anmerkung 97.

2 Richer, Jean: *Observations astronomiques et physiques fâites en l'isle de Caienne*. Paris 1679. Hier S. 66.

3 Benzenberg, Johann Friedrich: *Versuche über das Gesetz des Falls, über den Widerstand der Luft und über die Umdrehung der Erde, nebst der Geschichte aller früheren Versuche von Galiläi bis auf Guglielmini*. Dortmund 1804.

4 wie Anmerkung 3.

5 Hagen, J.G.: *La Rotation de la Terre. Ses Preuves Mècaniques Anciennes et Nouvelles*. Rom 1911. In: Publicazioni della Specola Astronomica Vaticana. Serie seconda, Vol. 1, 1910/1911/1912.

6 Burstyn, Harold L.: *Early explanations of the role of the earth's rotation in des circulation of the atmosphere and the ocean*. In: Isis, Band 57, Teil 2, 1966, S. 167–187.

7   Foucault, Léon: *Demonstration physique du mouvement de rotation de la terre au moyen du pendule.* In: ders.: *Recueil des travaux scientifics.* Paris 1878, S. 378—391. Aus: Comptes rendus, Bd. 32, 1851, S. 135 f. Nachdruck Osnabrück 1972. Deutsche Übersetzung in: Annalen der Physik, Bd. 82, 1851, S. 458 f.
8   Siehe zum gesamten Kapitel auch die Kapitel 4.3, 4.4 in 1.

Dreierlei Strahlen der Sonne

Herschel, William: *Untersuchungen über die wärmende und erleuchtende Kraft der Sonnenstrahlen.* In: Philosophical Transactions 90 (1800) und in Annalen der Physik 7, (1801), 10 (1802).
Leslie, John: *Versuche über Licht und Wärme, samt einer Kritik der Herschelschen Untersuchungen über diese Gegenstände.* In: Annalen der Physik 10 (1802).
Picktet, Markus Augustus: *Versuch über das Feuer.* Tübingen 1790.
Ritter, Johann Wilhelm: *Bemerkungen zu Herschel's neueren Untersuchungen über das Licht.* In: Annalen der Physik 7 (1801), 12 (1802).

Neue Instrumente — die Thermoelektrizität

Becquerel, Antoine César: *Untersuchung über die durch Temperaturdifferenzen erzeugte Contactelektrizität und deren Anwendung zur Messung hoher Temperaturen.* In: Annalen der Physik 9 (1827), Auszug aus den Annales de chimie et de physique 31 (1826).
Gehler, Johann Samuel Traugott: *Physikalisches Wörterbuch.* Leipzig 1825—1844. Hier Bd. 9, S. 998 ff. Leipzig 1839.
Nobili, Leopoldo: *Description d'un thermo-multiplicateur ou thermoscope électrique.* In: Bibliothèque universelle 44 (1830). Mit Melloni: Annalen der Physik 27 (1833), 35 (1835).
Seebeck, Thomas: *Magnetische Polarisation der Metalle und Erze durch Temperaturdifferenz.* Ostwald's Klassiker 70.

Das Licht als Wellenvorgang

Gerlach, Walther: *Die Anfänge naturwissenschaftlicher Forschung.* In: Berichte der Naturforschenden Gesellschaft zu Freiburg i. Br. 37 (1942).
Newton, Isaac: *New Theory about Light and Colours.* In: Philosophical Transactions 6 (1671).
ders.: *Optice.* London 1706.
Young, Thomas: *Theory of Light and Colours.* In: Philosophical Transactions 92 (1802) und in Annalen der Physik 39 (1811).

Fraunhoferlinien

1   Priestley, Joseph: *The history and present state of discoveries relating to vision, light an coulours.* London 1772, S. 758 (deutsch Leipzig 1776).
2   Wollaston, William Hyde: *A method of examining refractive and dispersive powers by prismatic reflection.* In: Philosophical Transactions 1802, S. 365—380. Hier S. 377—380.

3 Fraunhofer, Joseph: *Bestimmung des Brechungs- und Farbenzerstreuungsvermögens verschiedener Glasarten, in Bezug auf die Vervollkommnung achromatischer Fernröhre.* In: Denkschriften der Königlich Bayerischen Akademie der Wissenschaften, Band 5 für 1814/15. Klasse Mathematik und Naturwissenschaften. München 1817, S. 193—226. Auch in: Gesammelte Schriften, München 1888, S. 3—27. Hier S. 1, 10—14, 24—27.
4 Siehe zum gesamten Kapitel auch:
   Kayser, Heinrich: *Handbuch der Spectroscopie.* Bd. 1, Leipzig 1900. Hier Kapitel 1: Geschichte der Spectroscopie.

Spektralanalyse

Kirchhoff, Gustav, und Bunsen, Robert: *Chemische Analyse durch Spectralbeobachtungen.* In: Annalen der Physik 110 (1860) und Ostwald's Klassiker 72.
Roscoe, Henry Enfield: *Die Spektralanalyse.* Braunschweig 1870.
Swan, William: *Über die prismatischen Spectra der Flammen von Kohlenwasserstoffen.* In: Annalen der Physik 100 (1857).

Das Beugungsgitter

Biot, Jean Baptiste: *Traité de physique expérimentale et mathématique*, IV. Paris 1816.
Fraunhofer, Joseph: *Gesammelte Schriften.* München 1888.

Die Entdeckung der elektromagnetischen Induktion

1 De la Rive, Auguste: *Mémoire sur l'Action, qu'exerce le globe terrestre sur une portion mobile du circuit voltaique.* In: Ampère, André Marie: *Recueil d'observations électro-dynamiques.* Paris 1822, S. 262—292. Hier S. 285—286. Auch in: Annales de chimie et de physique, Band 21, 1822, S. 29—53. Hier S. 47—48. Die genaue Beschreibung des Apparats findet sich im Recueil (siehe oben) S. 170.
2 Ampère, André Marie: *Correspondance du grand Ampère.* Herausgegeben von L. de Launay. 3 Bände. Paris 1936—1942. Hier Band 2, S. 763—770, Brief von Ampère an Faraday, 13.4.1833 — siehe speziell S. 766.
3 Ampère, André Marie: *Extrait d'un Mémoire, presenté à L'Académie Royale des Sciences, dans la séance du 16 september 1822.* In: Recueil d'observations électrodynamiques. Paris 1822. S. 319—324. Hier S. 322.
4 Marsh, James: *An account of the experiments of Mr. Barlow of the Royal Military Academy, and those of M. Arago, on the magnetism induced or exhibited in iron, and in other metals, by rotation (communicated by Prof. Barlow).* In: Edinburgh Philosophical Journal, Vol. 13 (1. April—1. Oktober 1825), S. 119—125. Hier S. 124—125.
5 Faraday, Michael: *Faraday's Diary.* 7 Bände, London 1932—1936. Band 1, S. 367.
6 Faraday, Michael: *Die Baker-Vorlesung* (gelesen am 12.1.1832). In: Experimental-Untersuchungen über Elektricität. 3 Bände. Berlin 1889—1891. Hier Bd. 1 (übersetzt nach der engl. Auflage 1839). II. Reihe, S. 64—65 (Artikel 249—254).

Eine Formel weiß mehr — die Balmerformel

Balmer, Johann Jakob: *Notiz über die Spectrallinien des Wasserstoffs.* In: Verhandlungen der Naturforschenden Gesellschaft Basel 7 (1885) und in Annalen der Physik 25 (1885).

Lyman, Theodore: *The Spectrum of Hydrogen in the Region of Extremely Short Wavelengths.* In: Astrophysical Journal 23 (1906).

ders.: *The Extension of the Spectrum beyond the Schumann Region.* In: Astrophysical Journal 43 (1916).

Ritz, Walter: *Zur Theorie der Serienspektren.* In: Annalen der Physik 12 (1903).

ders.: *Gesammelte Werke.* Hrsg. von der Schweizer Physikalischen Gesellschaft. Paris 1911.

Die Bestimmung der Lichtgeschwindigkeit

Arago, François: *Populäre Astronomie IV.* Leipzig 1865.

Fizeau, Armand Hippolyte: *Sur une expérience relative à la vitesse de la propagation de la lumière.* In: Comptes rendus 29 (1849) und in Annalen der Physik 79 (1850).

Die Loschmidtsche Zahl

Bernoulli, Daniel: *Hydrodynamica.* Straßburg 1738. Aus dem Lateinischen übersetzt und kommentiert: Veröffentlichungen des Forschungsinstitutes des Deutschen Museums für die Geschichte der Naturwissenschaft und der Technik. München 1965.

Exner, Franz: *Zur Erinnerung an Joseph Loschmidt.* In: Die Naturwissenschaften 9 (1921).

Loschmidt, Joseph: *Zur Größe der Luftmoleküle.* In: Wiener Sitzungsberichte 54 (1866).

Perrin, Jean: *Die Brown'sche Bewegung und die wahre Existenz der Moleküle.* Dresden 1910.

Kathodenstrahlen und Elektron

1 Mile, J.: *Neue hydrostatische Luftpumpe ohne Kolben, Hähne, Klappen und Stöpsel.* In: Dinglers Polytechnisches Journal, Band 30, 1828, S. 1—6. Zur Entwicklung der Luftpumpen siehe auch Fraunberger, F.: *Vom horror vacui zur Luftpumpenkunst*, 3 Teile. In: Physikalische Blätter, Band 26, 1970, S. 536—542. Band 28, 1972, S. 101—106, S. 536—542.

2 Hertz, Heinrich, in Annalen der Physik, Band 19, 1883, S. 782.

3 Plücker, Julius: *Über die Einwirkung des Magneten auf die elektrischen Entladungen in verdünnten Gasen.* In: Annalen der Physik und Chemie, Band 103, 1858, S. 88—106, S. 151—157. Hier S. 94 und S. 151/152, Artikeldatum 27.12.1857.

4 Hittorf, Wilhelm: *Über die Elektricitätsleitung der Gase.* In: Annalen der Physik und Chemie, Band 136, 1869, S. 1—31, S. 197—234. Hier S. 215, S. 222/223. Artikeldatum 9.10.1868.

5 Goldstein, Eugen: *Über die Entladung der Elektricität in verdünnten Gasen.* In: Monatsberichte der Königlich Preußischen Akademie der Wissenschaften zu Berlin, 1880. Berlin 1881, S. 82—106, S. 106—124. Artikeldatum 20.10.1879.

6 Crookes, William: *Strahlende Materie oder der vierte Aggregatzustand.* Deutsche Übersetzung, 1. Auflage, Leipzig 1879.

7 Goldstein, Eugen: *Über elektrische Lichterscheinungen in Gasen.* In: Annalen der Physik und Chemie, Band 12, 1881, S. 90—109. Artikeldatum 20.10.1879.

8 Hertz, Heinrich: *Versuche über die Glimmentladung.* In: Annalen der Physik und Chemie, Band 19, 1883, S. 782—816. Hier S. 807.

9 Nach Laue ist der Nachweis immer noch nicht geglückt. Laue, Max von: *Geschichte des Elektrons.* In: Physikalische Blätter, Band 15, 1959, S. 105—111. Hier S. 106. Nach Frenkel gelang der Nachweis A.F. Joffe 1913. V.Ya. Frenkel: A.F. Joffe (in Englisch). In: Sov. Phys. Usp. 23 (9), 1980, S. 531—50, hier S. 538.

10 Kaufmann, W., und D. Aschkinass in Annalen der Physik und Chemie, Band 62, 1897, S. 589.

11 Goldstein, Eugen: *Eine neue Form elektrischer Abstoßung.* Berlin 1880.

12 Hertz, Heinrich: *Über den Durchgang der Kathodenstrahlen durch dünne Metallschichten.* In: Annalen der Physik und Chemie, Band 45, 1892, S. 28—32.

13 Lenard, Philipp: *Über Kathodenstrahlen in Gasen von atmosphärischem Druck und im äußersten Vacuum.* In: Annalen der Physik und Chemie, Band 51, 1894, S. 225—267. Hier S. 229/230 und S. 267. Laut eigenen Angaben (S. 250) war die erste Veröffentlichung in den Berliner Berichten 1893, S. 7.

14 Wiechert, Emil: *Experimentelle Untersuchungen über die Geschwindigkeit und die magnetische Ablenkbarkeit der Kathodenstrahlen.* In: Annalen der Physik und Chemie, Band 69, 1899, S. 739—766. Hier S. 739.

15 Perrin, Jean: *Nouvelles propriétés des rayons cathodiques.* In: Comptes rendus Hebdomaires des séances de l'Académie des Sciences. Band 121, 1895, S. 1130—1134.

16 Wien, Willy: *Untersuchungen über die electrische Entladung in verdünnten Gasen.* In: Annalen der Physik und Chemie, Band 65, 1898, S. 440—452. Hier S. 441.

17 Wiechert, Emil: *Über das Wesen der Elektricität.* In: Naturwissenschaftliche Rundschau, Band 12, Nr. 19—21, Mai 1897. 3 Teile. Hier Schlußteil S. 261—263, insbesondere S. 262.

18 Wiechert, Emil: *Experimentelle Untersuchungen über die Geschwindigkeit und die magnetische Ablenkbarkeit der Kathodenstrahlen.* In: Annalen der Physik und Chemie, Band 69, 1899, S. 739—766. Hier S. 740.

19 wie 18. Hier S. 741, S. 766.

20 Thomson, Joseph John: *Die Entladung der Elektricität durch Gase.* Deutsche Übersetzung Leipzig 1900 (englische Vorlage 1897). Hier S. 136—138.

21 wie 20 — zweite (veränderte) Auflage. Leipzig 1906. Hier S. 91—93. Siehe die Originalarbeit J.J.Th.: *Cathode Rays.* In: Philosophical Magazine, Band 44, 1897, S. 293—316 (Oktober). Hier S. 307—309 (mit mehr experimentellen Details).

22 Siehe Braun, Ferdinand, in Annalen der Physik und Chemie, Band 65, 1898, S. 372, ferner Band 64, 1898, S. 623.

23 Siehe Kaufmann, W.: *Die magnetische Ablenkbarkeit electrostatisch beeinflußter Kathodenstrahlen.* In: Annalen der Physik und Chemie, Band 65, 1898, S. 431—439. Wien, Willy: *Untersuchungen über die electrische Entladung in verdünnten Gasen.* Wie vorstehend, S. 440—452.

24 O'Hara, J.G.: *George Johnstone Stoney, F.R.S. and the concept of the electron.* In: Notes and records of the Royal Society, London, Band 29, 1975, S. 265—276.

25 Owen, G.E.: *The discovery of the electron.* In: Annals of science, Band 11, 1955, S. 173—182.

26 siehe Anmerkung 16.

27 Goudsmit, Samuel A.: *Die Entdeckung des Elektronenspins.* In: Physikalische Blätter, Band 21, 1965, S. 445—453. Auch in: Plenarverträge der Physikertagung Frankfurt-Höchst, 1965. Stuttgart 1965, S. 1—11.

Siehe auch Richter, Steffen: *Wolfgang Pauli und die Entstehung des Spin-Konzepts.* In: Gesnerus, Band 33, 1976, S. 253–270.
28 Thomson, George Paget: *Die Geschichte des Elektrons.* In: Naturwissenschaftliche Rundschau, Band 19, 1966, S. 127–132.
29 Hanson, Norwood Russell: *Discovering the positron.* In: British Journal for the philosophy of science, Band 12, 1961–1962 (Nachdruck 1966), S. 194–214, S. 299–313.
ders.: *The concept of the positron. A philosophical analysis.* Cambridge 1963.
30 Siehe zum gesamten Kapitel auch:
Anderson, David L.: *The discovery of the electron.* Princeton u.a. 1964.
Fraunberger, Fritz: *Vom Kompaß bis zum Elektron.* Köln 1970.
Gerlach, Walter: *Die Analyse der Kathodenstrahlen in den Jahren 1893–1899.* In: Nova acta Leopoldina, N.F. Bd. 27 (Nr. 167), 1963.
Schimank, Hans: *Hundert Jahre Teilchennatur der Elektrizität.* In: Strahlentherapie, Bd. 97, H. 1, 1955.

Die Entdeckung der Röntgenstrahlen

Draper, John William: *On the Phosphorescence of Bodies.* In: Syllimans Journal (4) 1 (1851).
Glasser, Otto: *W.C. Röntgen und die Geschichte der Röntgenstrahlen.* Berlin und Heidelberg 1958.
Lenard, Philipp: Wissenschaftliche Abhandlungen 3. Leipzig 1944. (Siehe Glasser, S. 72/73.)
Röntgen, Wilhelm Conrad: *Über eine neue Art von Strahlen.* In: Annalen der Physik 6 (1898).
Stokes, George Gabriel: *On the Change of Refrangibility of Light.* In: Philosophical Transactions 1852 und 1853, deutsch in Annalen der Physik, 4. Ergänzungsband (1854), Fußnote S. 205.

Die Entdeckung der Radioaktivität

Becquerel, Henri: *Sur les radiations émises par phosphorescence.* In: Comptes rendus 122 (1896), 123 (1896).
Curie, Marie: *Untersuchungen über die radioaktiven Substanzen.* In: Die Wissenschaft. Braunschweig 1948.
Poincaré, Jules Henri: *Brief an W.C. Röntgen,* veröffentlicht in: Röntgenblätter 18 (1965).

Schwarze Körper und schwarze Strahlung

Hettner, Georg: *Die Bedeutung von Rubens Arbeiten für die Plancksche Strahlungsformel.* In: Die Naturwissensch. 10 (1922).
Langley, Samuel Pierpont: *Bolometer and Radiant Energy.* In: Proceedings of the American Academy of Arts and Science 16 (1881). Siehe auch: Annalen der Physik 255 (1883), 258 (1884).
Rubens, Heinrich: *Über eine neue Thermosäule.* In: Zeitschrift für Instrumentenkunde 18 (1898).

Experimente zum Transistor

1 Shockley, William: *Transistor technology evokes new physics.* (Nobel lecture, 11.12. 1958). In: *Nobel lectures — including presentation speeches and Laureates biographies. Physics 1942—1962.* Amsterdam u.a. 1964. Hier S. 345.

2 Goetzeler, Herbert: *Zur Geschichte der Halbleiter-Bausteine der Elektronik.* In: Technikgeschichte, Bd. 39, 1972, S. 31—50. Hier S. 33—36.

3 Österreichisches Patent Nr. 130102 vom 15.5.1932 (Anmeldung 11.7.1930, Priorität in den USA vom 11.7.1929).

4 Hilsch, R., und R.W. Pohl: *Steuerung von Elektronenströmen mit einem Dreielektrodenkristall und ein Modell einer Sperrschicht.* In: Zeitschrift für Physik, Bd. 111, 1938/39, S. 399—408. Hier S. 399/400, S. 406—408.

5 Zitiert nach Trigg, George L.: *Landmark experiments in twentieth century physics.* New York 1975. Hier Kap. 9: The transistor, S. 148.

6 Bardeen, J., und W.H. Brattain: *The transistor, a semi-conductor triode.* In: Physical review, Bd. 74, 1948, S. 230—231.

7 Deutsches Bundespatent Nr. 966492, gültig ab 20.1.1949 (angemeldet am 28.6.1951, erteilt 1.8.1957, Priorität in den USA vom 26.2. und 17.6.1948). Erfinder: John Bardeen und Walter House Brattain.

8 Siehe zum gesamten Kapitel:
Hoddeson, L.: *The discovery of the pointcontact transistor.* In: Historical studies in the physical sciences, 1981, S. 41—76.
Braun, E., und S. Mac Donald: *Revolution in miniature.* London 1978.
Hofmeister, Ernst: *50 Jahre Feldeffekttransistor.* In: Funkschau 1976, S. 857—860.
Kelly, M.J.: *The first five years of the transistor.* In: Bell Thelephone Magazine, Bd. 22, 1953, S. 73—86.
Lark-Horovitz, Karl: *The new electronics.* In: Brackett, F.S. (Hrsg.): The present state of physics. Washington 1954. Hier S. 57—127 (darin ausführliche Bibliographie von 350 Titeln bis 1951).
Pearson, G.L., und W.H. Brattain: *History of semiconductor research.* In: Proceedings of the Institute of Radio Engineers, Bd. 43, 1955, S. 1794—1806 (118 Titel in der Bibliographie).
Renard, G.: *La découverte et le perfectionnement des transistors.* In: Revue d'histoire des sciences et de leurs applications. Tome XV, 1962, S. 323—358 (97 Titel in der Bibliographie).
Trigg, George L.: siehe 5.
Weiss, Herbert: *Steuerung von Elektronenströmen im Festkörper.* In: Physikalische Blätter, Bd. 31, 1975, S. 156—165, S. 208—212.

Quellenverzeichnis zu den Bildern

Bild 1   Maurer Felix, Observationes curioso — physicae, Nürnberg 1713

Bild 2   ehemaliges Vorlesgungsmaterial, Herkunft nicht mehr bekannt

Bild 3   wie Bild 2

Bild 4   Einzelblattsammlung, Herkunft nicht bekannt, Staatliche Bibliothek Bamberg

Bild 5   Harsdörfer Philipp, Mathematische und philosophische Erquickstunden (Deliciae mathematicae et physicae), Nürnberg 1651

Bild 6   wie Bild 2

Bild 7a   Skizze nach Angaben d. Verf.

Bild 7b   Boyle, Robert, Nova Experimenta physico-mechanica de vi aeris elastica, Rotterdam 1169

Bild 8   Stradanus Joannes, Nova Reperta, Amsterdam, um 1580

Bild 9a, 9b   Aus Isis. Bd. 64, 1973. S. 297 f.

Bild 10   Deutsches Museum, Studienlabor

Bild 11   G. Atwood: A treatise on the rectilinear motion and rotation of bodies. Cambridge 1784, Fig. 78—83

Bild 12   Gerland E. und F. Traumüller, Gesch. d. physical. Experimentierkunst, Leipzig 1899

Bild 13   wie Bild 7a

Bild 14   s'Gravesande Guil. Jac., Physices elementa mathematica experimentis confirmata, Leiden 1742 und 1748

Bild 15   wie Bild 14

Bild 16   Scheuchzer Joh. Jacob, Physica, Zürich 1711

Bild 17   wie Bild 16

Bild 18   wie Bild 7a

Bild 19   Leupold Jacob, Kurze Beschreibung und Vorstellung einer neuen Antlia oder Luftpumpe, Leipzig 1715

Bild 20   wie Bild 14

Bild 21   A. Kircher: Ars magna lucis et umbrae. Amsterdam 1671. Titelkupfer

Bild 22   Kupferstich um 1800 (oder später). Deutsches Museum, Plansammlung

Bild 23   E. G. Robertson: Mémories récreatives scientifiques et anecdotiques. Paris 1833. Frontispiz, Bd. II

Bild 53	Roscoe, Henry Enfield, Die Spectralanalyse. Braunschweig 1870
Bild 54	Annalen d. Physik und Chemie, 20 (1832), 27 (1833)
Bild 55	wie Bild 7a
Bild 56	wie Bild 7a
Bild 57	wie Bild 49
Bild 58	wie Bild 49
Bild 59	wie Bild 7a
Bild 60	Senguerd Wolferd, Philosophia naturalis, Leiden 1685
Bild 61	Rüchardt Eduard, Sichtbares und unsichtbares Licht, 2. Aufl. Berlin 1959
Bild 62	Bergmann-Schaefer, Lehrbuch d. Experimentalphysik III., 6. Aufl. Berlin 1974
Bild 63	wie Bild 7a
Bild 64	wie Bild 7a
Bild 65	Philos. Trans. 92 (1802)
Bild 66	Philosphical Transactions 1802. Teil 1. Taf. XIV, Fig. 3
Bild 67	Denkschriften der Königlich Bayerischen Akademie der Wissenschaften. Bd. 5 für 1814/15. Klasse Mathematik und Naturwissenschaften. München 1817. Taf. I
Bild 68	Deutsches Museum, Sammlungen (Inv. Nr. 4034)
Bild 69	Deutsches Museum, Sondersammlungen
Bild 70	Ann. Phys. und Chem. 100 (1857)
Bild 71	wie Bild 70
Bild 72	wie Bild 53 oder Ostw. Klassiker No. 72
Bild 73	wie Bild 53
Bild 74	wie Bild 53
Bild 75	wie Bild 49
Bild 76	Fraunhofer Joseph, Gesammelte Schriften, München 1888
Bild 77	wie Bild 7
Bild 78	A. M. Ampère: Recueil d'observations électrodynamiques. Paris 1822. Taf. 6
Bild 79, 80	M. Faraday: Diary, London 1932. Bd. 1
Bild 81	Deutsches Museum, Plansammlung
Bild 82a	D. Mus., Bildstelle
Bild 82b	wie Bild 7a
Bild 83	wie Bild 7a
Bild 84a, 84b	Perrin Jean: Die Brownsche Bewegung u. die wahre Existenz d. Moleküle, Dresden 1910
Bild 85	Annalen der Physik. Bd. 12. 1881. Taf. III
Bild 86	Annalen der Physik. Bd. 103. 1858. Taf. I
Bild 87	Annalen der Physik. Bd. 136. 1869. Taf. II

Bild 68 zu Seite 150 **Farbtafel I**

Prismenspektroskop von Fraunhofer.

Für den bezaubernden, über Jahrzehnte, wenn nicht länger währenden Glanz der aus Messing und Silber gefertigten Teile sorgte ihre Lackierung mit speziellen Firnissen. Ein Rezept verriet schon Abbé Nollet in seiner „Kunst, physikalische Versuche anzustellen", Band I:

„Man nehme 2 Unzen Gummilack, 2 Unzen gelben Bernstein, 40 Gran Drachenblut in Tränen, 1/2 Quentlein Safran, 40 Unzen Weingeist. Man lasse alles in einer Vorlage in einem sehr gelinden Sandbade einweichen und digerieren und schüttle es von Zeit zu Zeit herum. Wenn die Gummata aufgelöst sind, so muß man den Liquor durch eine feine und weiße Leinwand laufen lassen und ihn in einer mit Kork verstopften Flasche aufbewahren."

Fußnote: „Bei dem Firnis kommt viel auf die Art an, wie man ihn gebrauchet. Das Stück Messing muß rein sein, im Wasser säubern und überall alle Theile, welche glänzend werden sollen, polieren. Und nichts Schmutziges drauf lassen. Das also zubereitete Messing muß so warm gemacht werden, daß man kaum die Hand daran halten kann."

(„Gummilack" = Schellack, „Drachenblut" = ein dunkelrotes indisches Baumharz, „digerieren" = ziehen lassen.)

275

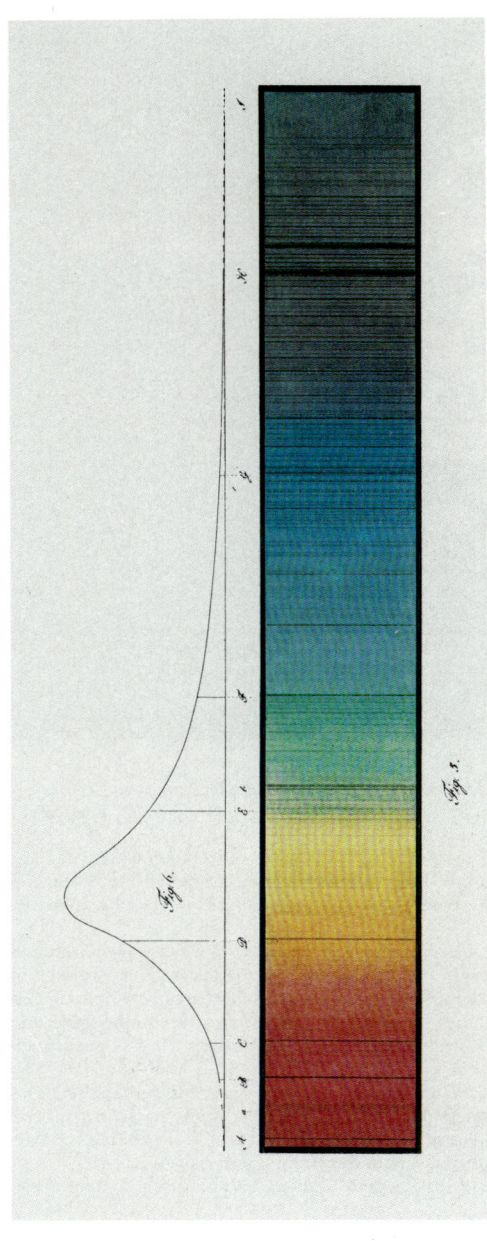

Farbtafel II

Bild 69 zu Seite 152
Von Fraunhofer eigenhändig gezeichnetes und koloriertes Sonnenspektrum
mit den von ihm entdeckten dunklen Linien. Die Kurve der Intensitätsverteilung wurde mit einem am Theodolithfernrohr angebrachten Photometer ermittelt.

Farbtafel III + IV:
Farbentreue Reproduktionen aus dem 1870 bei Vieweg Braunschweig erschienenen Buch, siehe Quellenverz. Bild 73 und 74.

SPECTRALTAFEL DER ALKALI- UND ERDALKALI-METALLE.

Nach der Originalzeichnung von BUNSEN & KIRCHHOFF.

Bild 73
zu
Seite 164

Farbtafel III

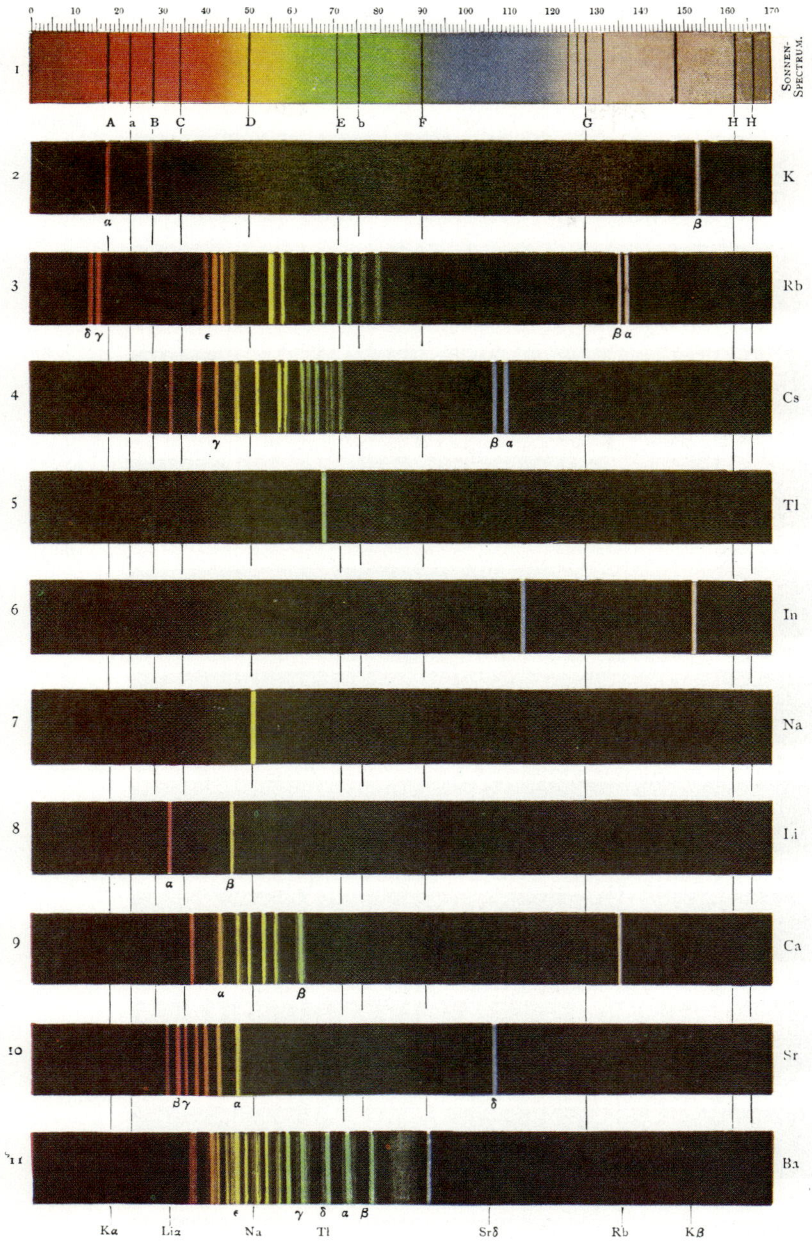

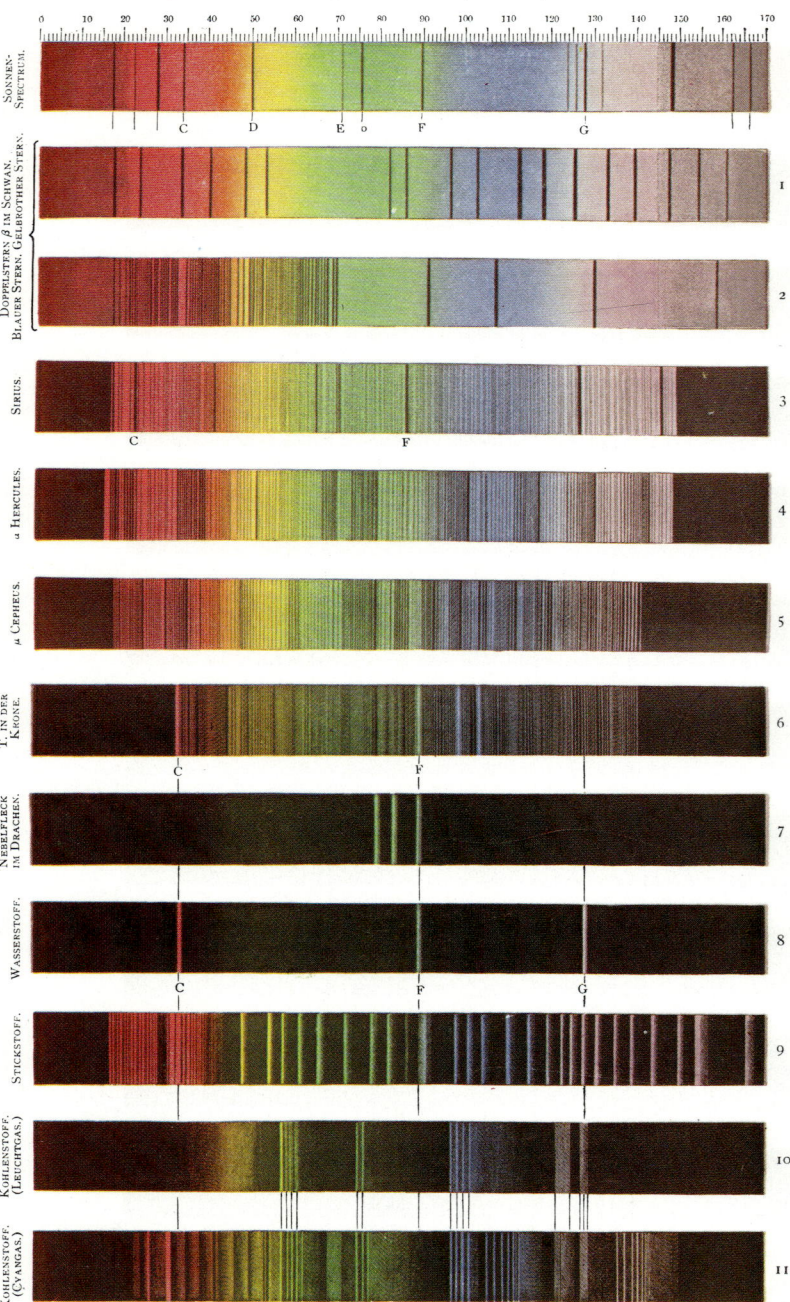

SPECTREN DER FIXSTERNE UND NEBELFLECKEN.

Verglichen mit dem Sonnenspectrum und den Spectren einiger Nichtmetalle.

Bild 74
zu
Seite 165

Farbtafel IV